用实例说话

详解 Altium Designer 电路设计

解　璞　闫聪聪　编著

电子工业出版社

Publishing House of Electronics Industry

北京 · BEIJING

内 容 简 介

　　本书以最新的 Altium Designer 13 为平台，详细讲解了 Altium Designer 13 电路设计的各种基本操作方法与技巧。全书分为 12 章，内容包含 Altium Designer 13 概述、电路原理图环境设置、介绍电路原理图的绘制、原理图高级编辑、层次原理图的设计、印制电路板的环境设置、印制电路板的设计、电路板高级编辑、电路仿真、信号完整性分析、绘制元器件、可编程逻辑器件设计等。

　　随书配送的多功能学习光盘包含全书实例的源文件素材和全部实例操作动画的同步讲解 AVI 文件。

　　本书可以作为大中专院校电子相关专业的教材，也可以作为各种培训机构的培训教材，同时也适合作为电子设计爱好者的自学辅导书。

未经许可，不得以任何方式复制或抄袭本书之部分或全部内容。
版权所有，侵权必究。

图书在版编目（CIP）数据

详解 Altium Designer 电路设计 / 解璞，闫聪聪编著. —北京：电子工业出版社，2014.4
（用实例说话）
ISBN 978-7-121-22580-2

Ⅰ. ①详…　Ⅱ. ①解… ②闫…　Ⅲ. ①印刷电路—计算机辅助设计—应用软件　Ⅳ. ①TN410.2

中国版本图书馆 CIP 数据核字（2014）第 039925 号

策划编辑：许存权
责任编辑：许存权　　　特约编辑：鲁秀敏
印　　刷：三河市鑫金马印装有限公司
装　　订：三河市鑫金马印装有限公司
出版发行：电子工业出版社
　　　　　北京市海淀区万寿路 173 信箱　邮编 100036
开　　本：787×1 092　1/16　印张：24.75　字数：615 千字
印　　次：2014 年 4 月第 1 次印刷
定　　价：59.00 元（含 DVD 光盘 1 张）

前　言

自 20 世纪 80 年代中期以来，计算机应用已进入各个领域并发挥着越来越大的作用。在这种背景下，美国 Accel Technologies Inc 公司推出了第一个应用于电子线路设计的软件包 TANGO。这个软件包开创了电子设计自动化（EDA）的先河。该软件包现在看来比较简陋，但当时给电子线路设计带来了设计方法和方式的革命。人们开始用计算机来设计电子线路，直到今天我国许多科研单位还在使用这个软件包。在电子工业飞速发展的时代，TANGO 日益显示出其不适应时代发展需要的弱点。为了适应科学技术的发展，Protel Technology 公司以其强大的研发能力推出了 Protel For Dos，从此 Protel 这个名字在业内日益响亮。

Altium 系列是最早传到我国的电子设计自动化软件，一直以易学易用而深受广大电子设计者的喜爱。Altium Designer 13 作为最新一代的板卡级设计软件，以 Windows XP 的界面风格为主，同时，Altium Designer 13 独一无二的 DXP 技术集成平台也为设计系统提供了所有工具和编辑器的相容环境。友好的界面环境及智能化的性能为电路设计者提供了最优质的服务。

Altium Designer 13 是一套完整的板卡级设计系统，真正实现了在单个应用程序中的集成。Altium Designer 13 PCB 线路图设计系统完全利用了 Windows XP 平台的优势，具有改进的稳定性、增强的图形功能和超强的用户界面，设计者可以选择最适当的设计途径以最优化的方式工作。

Altium Designer 13 构建于一整套板级设计及实现特性上，其中包括混合信号电路仿真、布局前/后信号完整性分析、规则驱动 PCB 布局与编辑、改进型拓扑自动布线及全部计算机辅助制造（CAM）输出能力等。与 Protel 其他旧版本相比，Altium Designer 13 的功能得到了进一步的增强，可以支持 FPGA（现场可编程的阵列）和其他可编程器件设计及其在 PCB 上的集成。

本书的介绍由浅入深，从易到难，各章节既相对独立又前后关联。在介绍的过程中，编者根据自己多年的经验及教学心得，适当给出总结和相关提示。本书配送了多功能学习光盘，以帮助读者快捷地掌握所学知识。全书内容讲解翔实，图文并茂，思路清晰。

本书由目前电子 CAD 图书界资深专家负责策划，参加编写的作者都是电子电路设计与电工电子教学与研究方面的专家和技术权威，都有过多年教学经验，也是电子电路设计与开发的高手。他们将自己多年的心血融于字里行间，有很多地方都是经过反复研究得出的经验总结。本书所有讲解实例都严格按照电子设计规范进行设计，这种对细节的把握与雕琢无不体现出作者的工程学术造诣与精益求精的严谨治学态度。

　　本书由解璞和闫聪聪主编，参加编写的还有刘昌丽、康士廷、张日晶、杨雪静、卢园、万金环、孟培、王敏、王玮、王培合、王艳池、王义发、胡仁喜等。

　　由于时间仓促，加上编著者水平有限，书中疏漏之处在所难免，望广大读者登录网站 www.sjzsanweishuwu.com 或发送邮件到 win760520@126.com 批评指正，我们将不胜感激。

编著者

目 录

第 *1* 章

Altium Designer 13 概述

· · · · · · · ·

随着电子技术的发展，大规模、超大规模集成电路的使用，使 PCB 板设计越来越精密和复杂。Altium 系列软件是 EDA 软件的突出代表，它操作简单、易学易用、功能强大。

本章主要讲解 Altium 的发展史和特点，软件的安装和启动、电路板设计流程、Altium Designer 13 的集成开发环境。

1.1 Altium 的发展史

随着计算机业的发展，从 20 世纪 80 年代中期计算机应用进入各个领域。在这种背景下，由美国 Accel Technologies Inc 公司推出了第一个应用于电子线路设计的软件包——TANGO，这个软件包开创了电子设计自动化（EDA）的先河。此软件包现在看来比较简陋，但在当时给电子线路设计带来了设计方法和方式的革命，人们纷纷开始用计算机来设计电子线路，直到今天我国许多科研单位还在使用这个软件包。

在电子业飞速发展的时代，TANGO 日益显示出其不适应时代发展需要的弱点。为了适应科学技术的发展，Protel Technology 公司以其强大的研发能力推出了 Protel For Dos 作为 TANGO 的升级版本，从此 Protel 这个名字在业内日益响亮。

80 年代末，Windows系统开始日益流行，许多应用软件也纷纷开始支持Windows操作系统。Protel 也不例外，相继推出了 Protel For Windows 1.0、Protel For Windows 1.5 等版本。这些版本的可视化功能给用户设计电子线路带来了很大的方便，设计者不用再记一些烦琐的命令，也让用户体会到资源共享的乐趣。

90 年代中期，Windows 95 开始出现，Protel 也紧跟潮流，推出了基于 Windows 95 的 3.X 版本。3.X 版本的 Protel 加入了新颖的主从式结构，但在自动布线方面却没有什么出众的表现。另外，由于 3.X 版本的 Protel 是 16 位和 32 位的混合型软件，所以不太稳定。

1998 年，Protel 公司推出了给人全新感觉的 Protel 98，Protel 98 以其出众的自动布线能力获得了业内人士的一致好评。

1999 年，Protel 公司推出了 Protel 99，Protel 99 既有原理图的逻辑功能验证的混合信号仿真，又有 PCB 信号完整性分析的板级仿真，从而构成了从电路设计到真实板分析的完整体系。

2000 年，Protel 公司推出了 Protel 99 SE，其性能进一步提高，可以对设计过程有更大的控制力。

2001 年 8 月，Protel 公司更名为 Altium 公司。

2002 年，Protel 公司推出了新产品 Protel DXP，Protel DXP 集成了更多工具，使用更方便，功能更强大。

2003 年，Protel 公司推出 Protel 2004 对 Protel DXP 进行了完善。

2006 年初，Altium 公司推出了 Protel 系列的最新高端版本 Altium Designer 6 系列。

2008 年 5 月，推出的 Altium Designer Summer 8.0 将 ECAD 和MCAD两种文件格式结合在一起，还加入了对OrCAD和PowerPCB 的支持能力。

2008 年，Altium Designer Winter 09 推出，该年 9 月发布的 Altium Designer 引入新的设计技术和理念，以帮助电子产品设计创新，让用户可以更快地设计，全三维 PCB 设计环境，避免出现错误和不准确的模型设计。

2009 年 7 月，在 Altium 全球范围内推出最新版本 Altium Designer Summer 09。Altium Designer Summer 09 即 v9.1（强大的电子开发系统），为适应日新月异的电子设计技术，Summer 09 的诞生延续了连续不断的新特性和新技术的应用过程。

2011 年 3 月 2 日，全球一体化电子产品开发解决方案提供商 Altium 宣布推出具有里程碑式意义的 Altium Designer 10，同时推出 Altium Vaults 和 AltiumLive，以推动整个行业向前发展，从而满足每个期望在"互联的未来"大展身手的设计人员的需求。

2012 年 3 月 5 日，下一代电子设计软件与服务开发商 Altium 公司宣布推出 Altium Designer 12，这是其广受赞誉的一体化电子设计解决方案 Altium Designer 的最新版本。Altium Designer 12 在德国纽伦堡举行的嵌入式系统暨应用技术论坛上发布，距 AltiumLive 和新 Altium Designer 10 平台的初次发布为时一年。

2013 年是 Altium 发展史上的一个重要的转折点，因为 Altium Designer 2013 不仅添加和升级了软件功能，同时也面向主要合作伙伴开放了 Altium 的设计平台。它为使用者、合作伙伴以及系统集成商带来了一系列的机遇，代表着电子行业一次质的飞跃。

1.2 新版 Altium 的特点

电路设计自动化（Electronic Design Automation，EDA）指的是用计算机协助完成电路设计中的各种工作，如电路原理图（Schematic）的绘制、印制电路板（PCB）的设计制作、电路仿真（Simulation）等设计工作。

1.2.1 Altium Designer 13 的新特点

Altium Designer 13 是完全一体化电子产品开发系统的一个新版本，它的发布是迄今为止所实现的最重大的突破之一，而与一些常年合作的客户之间的互动与合作，恰恰是这一成功的关键。正是与用户之间的协作使得新特性及增强功能能够为整体社区提供最大价值。

作为 Altium 持续内容交付模式的一部分，Altium Designer 12 的许多增强功能已使 Altium Subscription（Altium 年度客户服务计划）的客户从中受益。Altium Designer 13 针对其核心 PCB 和原理图工具增添了多项 PCB 新特性，从而为用户进一步改善了设计环境。

与此同时，全新的 Altium AppsBuilder 也即将推出。该软件将支持客户应用开发，并进一步扩充 Altium DXP 设计环境。

1.2.2　Altium Designer 13 的特性

Altium Designer 13 是第 25 次升级，整合了在过去 12 个月中所发布的一系列更新，它包括新的 PCB 特性以及核心 PCB 和原理图工具更新。其新特性包括：

（1）PCB 对象与层透明度（Layer transparency）设置——新的 PCB 对象与层透明度设置中增添了视图配置（View Configurations）对话框。

（2）丝印层至阻焊层设计规则——为裸露的铜焊料和阻焊层开口添加新检测模式的新规划。

（3）用于 PCB 多边形填充的外形顶点编辑器——新的外形顶点编辑器，可用于多边形填充、多边形抠除和覆铜区域对象。

（4）边形覆盖区——添加了可定义多边形覆盖区的指令。

（5）原理图引脚名称/指示器位置，字体与颜色的个性设置——接口类型、指示器位置、字体、颜色等均可进行个性化设置。

（6）端口高度与字体控制——端口高度、宽度以及文本字体都能根据个人需求进行控制。

（7）原理图超链接——在原理图文件中的文本对象现已支持超链接。

（8）智能 PDF 文件包含组件参数——在 SmartPDF 生成的 PDF 文件中单击组件即可显示其参数。

（9）Microchip Touch Controls 支持——增添了对 Microchip mTouch 电容触摸控制的支持功能。

（10）升级的 DXP 平台——升级的 DXP 平台提供完善且开放的开发环境。

Altium 公司首席营销官 Frank Hoschar 介绍道，Altium Designer 13 的推出具有里程碑式的意义，它开放的设计平台不仅面向 Altium 的用户社区（DXP 平台拥有超过 80 000 名工程师），也同时面向业界合作伙伴社区。除此之外，相较于 Altium Designer 12，Altium Designer 13 的增强功能包括：

（1）新的 Via Stitching 功能，为 RF 和高速设计提供支持。

（2）对于 PCB 设计中重新编排的更高灵活性。

（3）其他 PCB 产能增强特性，包括加强的交叉选择模式、改进的选择控制以及更易操作的多边形填充管理（polygon pour management）。

（4）Mentor PADS PCB、PADS Logic、Expedition 的输入以及 Ansoft、Hyperlynx 输出的加强。

（5）支持 ARM Cortex-M3 离散处理器、SEGGER J-Link 与 Altera Arria2GX FPGA。

1.3 Altium Designer 13 软件的安装和卸载

Altium Designer 13 软件是标准的基于 Windows 的应用程序，它的安装过程十分简单，与之前软件的安装过程类似。

1.3.1 Altium Designer 13 的系统要求

Altium 公司为用户定义的 Altium Designer 13 软件的最低运行环境和推荐系统配置如下。

1. 安装 Altium Designer 13 软件的最低配置要求

（1）Windows XP SP2 Professional1。

（2）英特尔奔腾 1.8 GHz 处理器或同等处理器。

（3）1 GB RAM（内存）。

（4）3.5 GB 硬盘空间（系统安装 + 用户文件）。

（5）主显示器的屏幕分辨率至少 1280×1024（强烈推荐）。

（6）次显示器的屏幕分辨率不得低于 1024×768。

（7）NVIDIA、Geforce、6000/7000 系列，128 MB 显卡 2 或者同等显卡。

（8）并口（连接 NanoBoard-NB1）。

（9）USB2.0 端口（连接 NanoBoard-NB2）。

（10）Adobe、Reader8 或更高版本 。

（11）DVD 驱动器。

2. 安装 Altium Designer 13 软件的推荐配置

（1）Windows XP SP2 Professional 或更新版本 1。

（2）英特尔酷睿 2 双核/四核 2.66 GHz 或同等或更快的处理器 。

（3）256GB RAM 。

（4）10 GB 硬盘空间（系统安装 + 用户文件）。

（5）双重显示器，屏幕分辨率至少 1680×1050 （宽屏）或者 1600×1200 （4:3） 。

（6）NVIDIA、GeForce、80003 系列，256 MB 或更高显卡 2 或者同等显卡 。

（7）并口（连接 NanoBoard-NB1）。

（8）USB2.0 端口（连接 NanoBoard-NB2）

（9）Adobe Reader 8 或更高版本。

（10）DVD 驱动器 。

（11）因特网连接，获取更新和在线技术支持。

1.3.2 Altium Designer 13 的安装

Altium Designer 13 虽然对运行系统的要求有点高，但安装起来却是很简单的。

Altium Designer 13 安装步骤如下：

（1）将安装光盘装入光驱后，打开该光盘，从中找到并双击 AltiumInstaller.exe 文件，弹出 Altium Designer 13 的安装界面，如图 1-1 所示。

图 1-1　安装界面

（2）单击 Next（下一步）按钮，弹出 Altium Designer 13 的安装协议对话框。无须选择语言，选择同意安装 I accept the agreement 复选框，如图 1-2 所示。

图 1-2　安装协议对话框

（3）单击左下角 Advanced（高级）按钮，弹出 Advanced Settings（高级设置）对话框。选择文件安装路径，如图 1-3 所示。单击 OK 按钮，退出对话框。

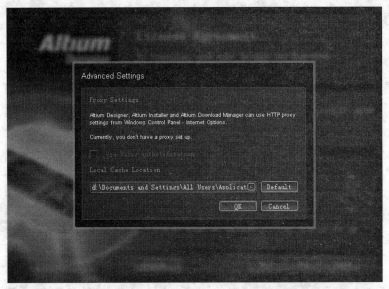

图1-3　设置路径

（4）单击 Next（下一步）按钮，弹出用户信息设置对话框。在此对话框中，用户可以填写自己的姓名、单位等信息，如图1-4所示。

图1-4　用户信息设置对话框

（5）单击 Next（下一步）按钮进入下一个画面，出现安装类型信息的对话框，如果只做PCB 板设计，不用来仿真，选择第一项；同样，如果只用来仿真，而不做 PCB 设计，选择第二项；如果上述两种功能都需要，选择第三项；建议选择最后一项，以备不时之需，占用硬盘空间也只稍多一点。按照所需，选择三种安装形式之一，系统默认为第三种。设置完毕后如图1-5所示。

图 1-5　选择安装类型

（6）填写完成后，单击 Next（下一步）按钮，进入下一个对话框。在该对话框中，用户需要选择 Altium Designer 13 的安装路径。系统默认的安装路径为 C:\Program Files\ Altium Designer 13\，用户可以通过单击 Browse 按钮来自定义其安装路径，如图 1-6 所示。

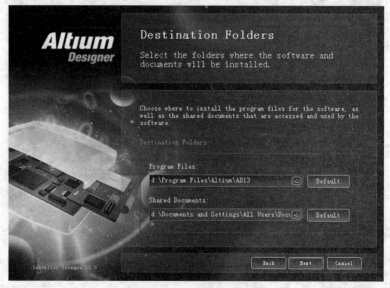

图 1-6　安装路径对话框

（7）确定好安装路径后，单击 Next（下一步）按钮弹出确定安装对话框，如图 1-7 所示。继续单击 Next（下一步）按钮，此时对话框内会显示安装进度，如图 1-8 所示。由于系统需要复制大量文件，所以需要等待几分钟。

图 1-7　确定安装对话框

图 1-8　安装进度对话框

（8）安装结束后会出现一个 Finish（完成）对话框，如图 1-9 所示。单击 Finish 按钮即可完成 Altium Designer 13 的安装工作。

在安装过程中，可以随时单击 Cancel 按钮来终止安装过程。安装完成以后，在 Windows 的"开始"→"所有程序"子菜单中即创建了一个 Altium 级联子菜单和快捷键。

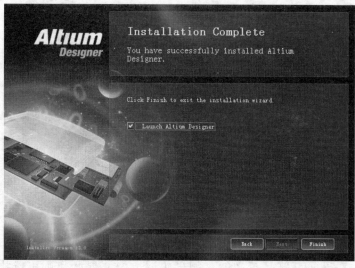

图 1-9　安装完成对话框

1.3.3　Altium Designer 13 的破解

启动软件，进入软件系统界面，单击界面左上角的 DXP →My Account 命令，进入图 1-10 所示的 My Account 界面。从图中可以看出，可以有几种获得 Licensing 的方法。这里介绍的是添加 License 文件的方法。

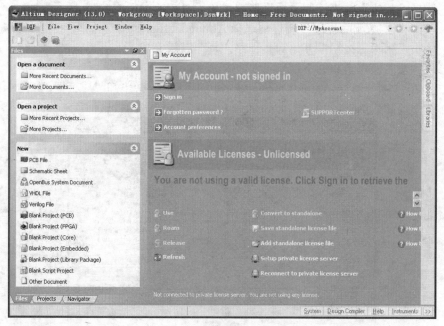

图 1-10　My Account界面

单击 Add standalone license file（添加许可证）按钮，在弹出的对话框中选择证书路径，在安装包解压文件的 Licenses 文件夹中选择前十个中任意一个 ".alf" 文件打开，有效期至 2025 年，如图 1-11 所示。

图 1-11　选择 License 文件

安装完成后界面可能是英文的，如果想调出中文界面，则可以执行菜单命令，在 DXP→Preferences→System→General→Localization 中选中 Use localized resources，保存设置后重新启动程序即可。

1.3.4　Altium Designer 13 的卸载

Altium 卸载有两种方法。

第一种方法的操作步骤如下：

（1）选择"开始"→"控制面板"选项，显示"控制面板"窗口。

（2）双击"添加/删除程序"图标后选择 Altium Designer 13 选项。

（3）单击"删除"按钮，开始卸载程序，直至卸载完成。

第二种方法的操作步骤如下：

（1）在安装文件下双击 AltiumUninstaller.exe 卸载程序，弹出卸载对话框，如图 1-12 所示。

（2）选中要卸载的对象，单击 Uninstall（卸载）按钮，卸载软件。

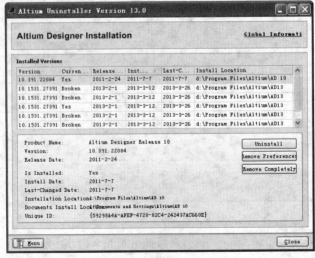

图 1-12　卸载对话框

1.4 Altium 电路板总体设计流程

为了让用户对电路设计过程有一个整体的认识和理解，下面介绍一下 PCB 电路板设计的总体设计流程。

通常情况下，从接到设计要求书到最终制作出 PCB 电路板，主要经历以下几个步骤来实现。

（1）案例分析。这个步骤严格来说并不是 PCB 电路板设计的内容，但对后面的 PCB 电路板设计又是必不可少的。案例分析的主要任务是来决定如何设计原理图电路，同时也影响到 PCB 电路板如何规划。

（2）电路仿真。在设计电路原理图之前，有时候会对某一部分电路设计并不十分确定，因此需要通过电路仿真来验证。还可以用于确定电路中某些重要元器件的参数。

（3）绘制原理图元器件。 Altium Designer 13 虽然提供了丰富的原理图元器件库，但不可能包括所有元器件，必要时需动手设计原理图元器件，建立自己的元器件库。

（4）绘制电路原理图。找到所有需要的原理图元器件后，就可以开始绘制原理图。根据电路复杂程度决定是否需要使用层次原理图。完成原理图后，用 ERC（电气规则检查）工具查错，找到出错原因并修改原理图电路，重新查错到没有原则性错误为止。

（5）绘制元器件封装。与原理图元器件库一样，Altium Designer 13 也不可能提供所有元器件的封装。需要时自行设计并建立新的元器件封装库。

（6）设计 PCB 电路板。确认原理图没有错误之后，开始 PCB 板的绘制。首先绘出 PCB 板的轮廓，确定工艺要求（使用几层板等）。然后将原理图传输到 PCB 板中，在网络报表（简单介绍来历功能）、设计规则和原理图的引导下布局和布线。最后利用 DRC（设计规则检查）工具查错。此过程是电路设计时另一个关键环节，它将决定该产品的实用性能，需要考虑的因素很多，不同的电路有不同要求。

（7）文档整理。对原理图、PCB 图及元器件清单等文件予以保存，以便以后维护、修改。

第**2**章

电路原理图环境设置

本章详细介绍关于原理图设计的一些基础知识，具体包括原理图的组成、原理图编辑器的界面、原理图绘制的一般流程、新建与保存原理图文件、原理图环境设置等。

2.1 电路原理图的设计步骤

电路原理图的设计大致可以分为创建工程、设置工作环境、放置元器件、原理图布线、建立网络报表、原理图的电气规则检查、修改和调整等几个步骤。其流程如图 2-1 所示。

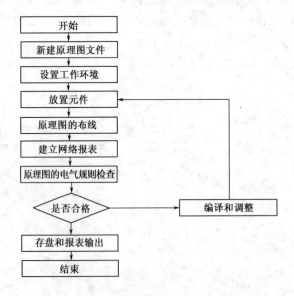

图 2-1　原理图设计流程

电路原理图具体设计步骤如下：

（1）新建原理图文件。在进入电路图设计系统之前，首先要创建新的 Sch 工程，在工程中建立原理图文件和 PCB 文件。

（2）设置工作环境。根据实际电路的复杂程度来设置图纸的大小。在电路设计的整个过程中，图纸的大小都可以不断地调整，设置合适的图纸大小是完成原理图设计的第一步。

（3）放置元器件。从元器件库中选取元器件，放置到图纸的合适位置，并对元器件的名称、封装进行定义和设定，根据元器件之间的连线等联系对元器件在工作平面上的位置进行调整和修改，使原理图美观且易懂。

（4）原理图的布线。根据实际电路的需要，利用 Sch 提供的各种工具、指令进行布线，将工作平面上的元器件用具有电气意义的导线、符号连接起来，构成一幅完整的电路原理图。

（5）建立网络报表。完成上面的步骤以后，可以看到一张完整的电路原理图了，但是要完成电路板的设计，还需要生成一个网络报表文件。网络报表是印制电路板和电路原理图之间的桥梁。

（6）原理图的电气规则检查。当完成原理图布线后，需要设置项目编译选项来编译当前项目，利用 Altium Designer 13 提供的错误检查报告修改原理图。

（7）编译和调整。如果原理图已通过电气检查，那么原理图的设计就完成了。这是对于一般电路设计而言，对于较大的项目，通常需要对电路的多次修改才能够通过电气规则检查。

（8）存盘和报表输出。Altium Designer 13 提供了利用各种报表工具生成的报表（如网络报表、元器件报表清单等），同时可以对设计好的原理图和各种报表进行存盘和输出打印，为印制板电路的设计做好准备。

2.2 原理图的编辑环境

2.2.1 创建、保存和打开原理图文件

Altium Designer 13 为用户提供了一个十分友好且宜用的设计环境，它打破了传统的 EDA 设计模式，采用了以工程为中心的设计环境。在一个工程中，各个文件之间互有关联，当工程被编辑以后，工程中的电路原理图文件或 PCB 印制电路板文件都会被同步更新。因此，要进行一个 PCB 电路板的整体设计，就要在进行电路原理图设计的时候，创建一个新的 PCB 工程。

1. 新建原理图文件

启动软件后进入图 2-2 所示的 Altium Designer 13 集成开发环境窗口。

创建新原理图文件有两种方法。

1）菜单创建

在图 2-2 所示的集成开发环境中，选择菜单栏中的"文件"→"New（新建）"命令，如图 2-3 所示。将弹出如图 2-4 所示的下一级菜单。其中可以新建原理图电路原理图、VHDL 设计文档、PCB 文件、SCH 原理图库、PCB 库、PCB 专案等。

然后选择 Project（工程）命令，进入 Project（工程）子菜单，如图 2-5 所示。

选择 PCB 工程命令，系统弹出 Projects（工程）面板，如图 2-6 所示。

然后在图 2-4 所示的子菜单中，选择"原理图"命令，在当前工程 PCB-Project1. PrjPCB 下建立 Sch 电路原理图文件，系统默认文件名为 Sheetl. SchDoc，同时在右边的设计窗口中将打开 Sheetl. SchDoc 的电路原理图编辑窗口。新建的原理图文件如图 2-7 所示。

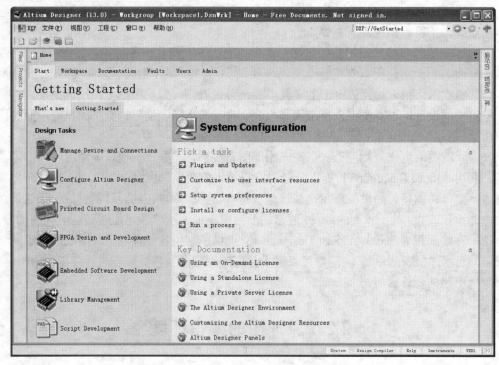

图 2-2　Altium Designer 13 集成开发环境窗口

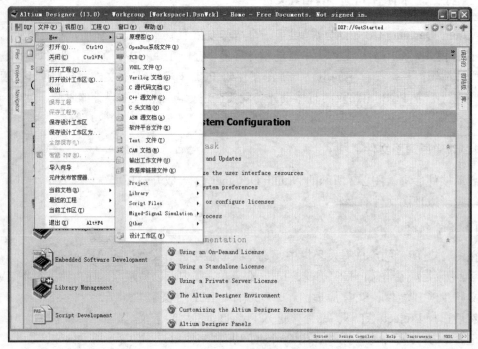

图 2-3　设计管理器主工作界面

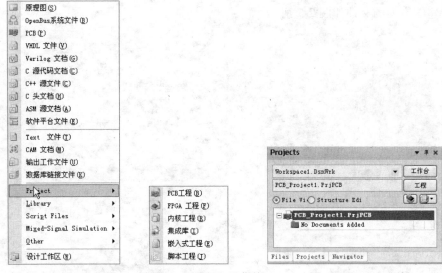

图 2-4　New子菜单　　　图 2-5　"工程"子菜单　　　　图 2-6　Projects面板

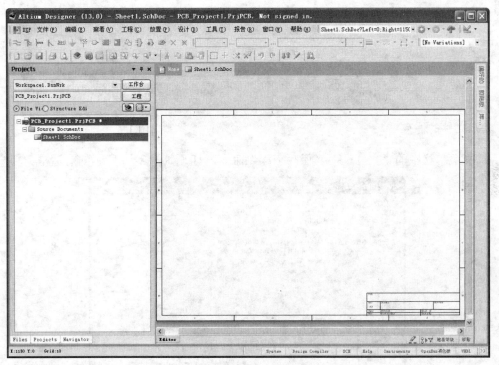

图 2-7　新建的原理图文件

2）Files（文件）面板创建

单击集成开发环境窗口右下角的 System（系统），弹出如图 2-8 所示的菜单。

在 System（系统）菜单中，单击 Files（文件），打开 Files（文件）面板，如图 2-9 所示。然后单击 Blank Project（PCB），弹出图 2-6 所示的 Projects（面板）面板。再在 Files（文件）面板中单击 Schematic Sheet，在当前项目 PCB-Project1. PrjPCB 下建立电路原理图文件，默认文件名为 Sheetl. SchDoc，同时在右边的设计窗口中打开 Sheetl. SchDoc 的电路原理图编辑窗口。新建的原理图文件如图 2-7 所示。

图 2-8　System菜单　　　　　　　　图 2-9　Files（文件）面板

2．文件的保存

选择菜单栏中的"文件"→"保存工程"命令，打开如图 2-10 所示的对话框。

图 2-10　保存若干文件对话框

在保存项目文件对话框中，用户可以更改设计项目的名称、所保存的文件路径等，文件默认类型为 PCB Projects，后缀名为".PrjPCB"。

3．文件的打开

选择菜单栏中的"文件"→"打开工程"命令，打开如图 2-11 所示的对话框。选择将要打开的文件，将其打开。

图 2-11　打开文件对话框

2.2.2　原理图编辑器界面简介

在打开一个原理图文件或创建一个新的原理图文件的同时，Altium Designer 13 的原理图编辑器将被启动，如图 2-12 所示。下面介绍一下原理图编辑器的主要组成部分。

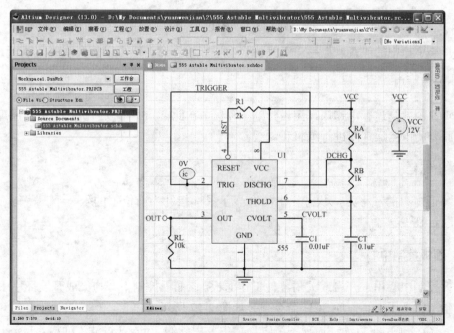

图 2-12　原理图编辑环境

1. 菜单栏

Altium Designer 13 设计系统对于不同类型的文件进行操作时，主菜单的内容会发生相应的改变。在原理图编辑环境中，主菜单如图 2-13 所示。在设计过程中，对原理图的各种编辑都可以通过主菜单中的相应命令来实现。

DXP 文件(F) 编辑(E) 察看(V) 工程(C) 放置(P) 设计(D) 工具(T) 报告(R) 窗口(W) 帮助(H)

图 2-13　原理图编辑环境中的主菜单

2. 主工具栏

随着编辑器的改变，编辑窗口上会出现不同的主工具栏。主工具栏为用户提供了一些常用文件操作快捷方式，如图 2-14 所示。

图 2-14　主工具栏

选择菜单栏中的"查看"→"工具栏"→"原理图标准"命令，可以打开或关闭该工具栏。

3. "布线"工具栏

"布线"工具栏主要用于原理图绘制时，放置元器件、电源、地、端口、图纸标号以及未用管脚标志等，同时可以完成连线操作，如图 2-15 所示。

图 2-15　"布线"工具栏

选择菜单栏中的"查看"→"工具栏"→"布线"命令，可以打开或关闭该工具栏。

4. 编辑窗口

编辑窗口就是进行电路原理图设计的工作区。在此窗口中可以新画一个电路原理图，也可以对原有的电路原理图进行编辑和修改。

5. 坐标栏

在编辑窗口的左下方，状态栏上面会显示鼠标指针当前位置的坐标，如图 2-16 所示。

X:350 Y:480　Grid:10

图 2-16　坐标栏

6. 面板控制中心

面板控制中心用来开启或关闭各种工作面板。该面板控制中心与集成开发环境中的面板控制中心相比，增加了一项 SCH 命令项，如图 2-17 所示。

SCH 命令项用来启动在原理图编辑环境中要用到的 Filter（过滤）面板、Inspector（检查器）面板、List（列表）面板以及图纸框等，如图 2-18 所示。

图 2-17　编辑器面板控制中心

图 2-18　SCH命令项

2.3　图纸的设置

在绘制原理图之前,首先要对图纸的相关参数进行设置。主要包括图纸大小的设置、 图纸字体的设置,图纸方向、标题栏和颜色的设置以及网格和光标的设置等,以确定图纸的有关参数。

2.3.1　图纸大小的设置

1. 打开图纸设置对话框

打开图纸设置对话框有两种方法:

(1)在电路原理图编辑窗口下,选择菜单栏中的"设计"→"文档选项"命令,弹出"文档选项"对话框,如图 2-19 所示。

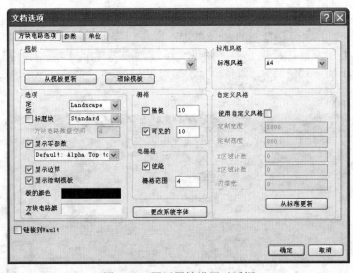

图 2-19　图纸属性设置对话框

(2)在当前原理图上单击鼠标右键,弹出快捷菜单,如图 2-20 所示,从弹出的快捷菜单中选择"选项"→"图纸"命令,同样可以弹出图 2-19 所示对话框。

图 2-20　快捷菜单

2．图纸大小的设置

在图 2-19 所示的图纸属性设置对话框中，单击"标准风格"后面的下三角按钮，即可选择需要的图纸类型。例如，用户要将图纸大小设置成为标准 A4 图纸，把鼠标移动到图纸属性设置对话框中的"标准风格"，单击下拉按钮启动该项，再选中 A4 选项，单击"确定"按钮确认即可，如图 2-21 所示。

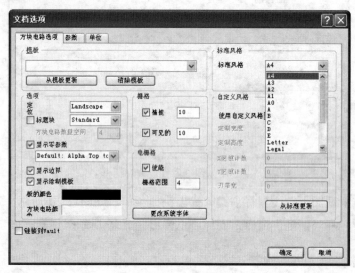

图 2-21　选择图纸类型

Altium Designer 13 所提供的图纸样式有以下几种：

（1）公制：A0、A1、A2、A3、A4，其中 A4 最小。

（2）英制：A、B、C、D、E，其中 A 型最小。

（3）Orcad 图纸：Orcad A、Orcad B、Orcad C、Orcad D、Orcad E。

（4）其他类型：Altium Designer 13 还支持其他类型的图纸，如 Letter、Legal、Tabloid 等。

3．自定义图纸设置

如果图 2-21 中的图纸设置不能满足用户要求，可以自定义图纸大小。自定义图纸大小可以在"自定义风格"选项区域中设置。在"文档选项"对话框的"自定义风格"选项区域选中"使用自定义风格"复选框后，即可以在下面各栏中设置图纸大小，如图 2-22 所示。如果没有选中"使用自定义风格"复选框，则相应的"定制宽度"等设置选项显示灰色，即不能进行设置。

图 2-22　自定义图纸大小

2.3.2　图纸字体的设置

在设计电路原理图文件时，常常需要插入一些字符，Altium Designer 13 可以为这些插入的字符设置字体。

在图 2-19 所示的"文档选项"对话框中，单击 更改系统字体 按钮，即可打开字体设置对话框，如图 2-23 所示。

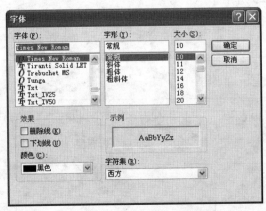

图 2-23　字体设置对话框

在图 2-23 所示对话框中，可以对字体、字形、字符大小以及字符颜色等一系列参数进行设置，设置完成后单击 确定 按钮即可。

在图 2-23 中所显示的是 Altium Designer 13 系统默认的字体设置，如果不对字体属性进行设置，添加到原理图上的字符就是按照默认设置的字体。读者可以根据自己的需要对字体进行设置。

2.3.3　图纸方向、标题栏和颜色的设置

1. 图纸方向设置

对图纸方向的设置是在图纸属性设置对话框"文档选项"的"选项"栏中进行的，如图 2-24 所示。在"定位"栏中有两个选项 Landscape 和 Portrait。其中，Landscape 表示水平方向，Portrait 表示垂直方向。系统默认的设置为 Landscape。

图 2-24　图纸方向设置栏

2. 图纸标题栏设置

在图 2-24 中，选中"标题块"复选框，即可以对图纸的标题栏进行设置。单击下三角按钮，出现两种类型的标题栏供选择：Standard（标准型）如图 2-25 所示，ANSI（美国国家标准协会模式）如图 2-26 所示。

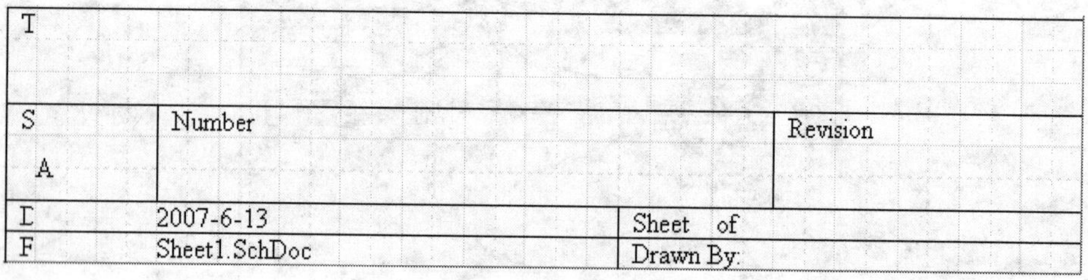

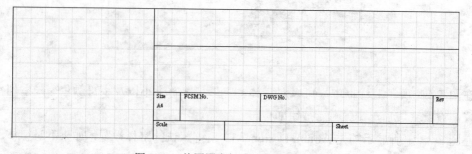

图 2-25　标准型标题栏

图 2-26　美国国家标准协会模式标题栏

3．图纸颜色设置

单击"文档选项"对话框中的"板的颜色"选项，打开"选择颜色"对话框，如图 2-27 所示，即可以对图纸边框颜色进行设置。

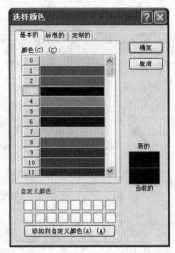

在该对话框中有"基本的"、"标准的"和"定制的"三个选项卡可供选择，在任意一个选项卡中选取想要的颜色后，单击 确定 按钮即可。

单击"文档选项"对话框中的"方块电路颜色"选项，用同样的方法可以对图纸的工作区颜色进行设置。

下面介绍"选项"栏中其他几个复选框的含义：

（1）显示零参数：用来设置是否显示参考图纸边框。

（2）显示边界：用来设置是否显示图纸边框。

（3）显示绘制模板：用来设置是否显示图纸模板图形。

一般情况下，采用系统默认设置的方向、标题栏和颜色即可满足设计要求。当然，用户也可以根据自己的喜好和实际情况选择适合自己的。

图 2-27　颜色选择对话框

2.3.4　网格和光标的设置

1．网格设置

进入原理图的编辑环境后，会看编辑窗口的背景是网格形的。图纸上的网格为元器件的放置、线路的连接带来了极大的方便。由于这些网格是可以改变的，所以用户可以根据自己的需求对网格的类型和显示方式等进行设置。

在"文档选项"对话框的"栅格"栏中，可以对图纸网格进行设置。如图 2-28 所示。

（1）"捕捉"复选框：用来启用图纸上捕获网格。若选中此复选框，则光标将以设置的值为单位移动，系统默认值为 10 个像素点。若不选此复选框，光标将以 1 个像素点为单位移动。

（2）"可见的"复选框：用来启用可视网格，即在图纸上可以看到网格。若选中此复选框，图纸上的网格是可见的。若不选此复选框，图纸的网格将被隐藏。

如果同时选中这两个复选框，且其后的设置值也相同，那么光标每次移动的距离将是一个网格。

在"文档选项"对话框的"电栅格"栏中，可以对图纸的电气网格进行设置，如图 2-29 所示。

图 2-28　图纸网格设置　　　　图 2-29　电气网格设置

若选中"使能"复选框，则在绘制导线时，系统将以光标所在的位置为中心，以"栅格范围"中设置的值为半径，自动向四周搜索电气节点。如果在此半径范围内有电气节点，光标将自动移动到该节点上，并在该节点上显示一个圆点。

Altium Designer 13 提供了两种网格形状，即 Lines Grid（线状网格）和 Dots Grid（点状网格），如图 2-30 所示。

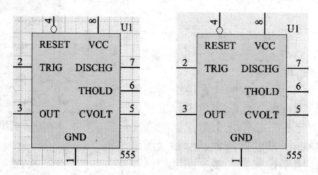

图 2-30 线状网格和点状网格

设置线状网格和点状网格的具体步骤如下：

（1）选择菜单栏中的"工具"→"设置原理图参数命令"或在 SCH 原理图图纸上右击，在弹出的快捷菜单中选择"选项"→"设置原理图参数"命令，打开"参数选择"对话框。在该对话框中选择 Grids（栅格）选项卡，或直接选择"选项"→"栅格"快捷命令，如图 2-31 所示。

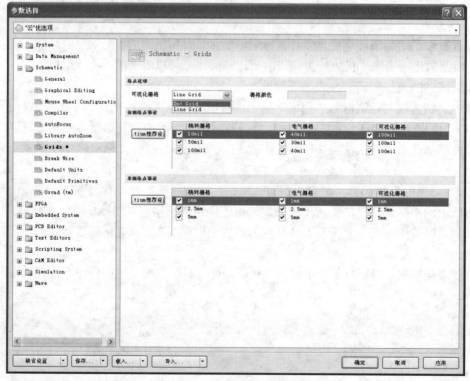

图 2-31 "参数选择"对话框

（2）在"可视化栅格"下拉列表中有两个选项，分别为 Line Grid 和 Dot Grid。若选择 Line

Grid 选项，则在原理图图纸上显示线状网格；若选择 Dot Grid 选项，则在原理图图纸上显示点状网格。

（3）在"栅格颜色"选项中，单击右侧颜色条可以对网格颜色进行设置。

2．光标设置

选择菜单栏中的"工具"→"设置原理图参数"命令或在 SCH 原理图图纸上右击，在弹出的快捷菜单中选择"选项"→"设置原理图参数"命令，打开"参数选择"对话框。在该对话框中选择 Graphical Editing（图形编辑）选项卡，如图 2-32 所示。

图 2-32　"参数选择"对话框

在图 2-32 所示的 Graphical Editing（图形编辑）选项卡的"光标"栏中，可以对光标进行设置，包括光标在绘图时、放置元器件时、放置导线时的形状，如图 2-33 所示。

"指针类型"是指光标的类型，单击下三角按钮，会出现 4 种光标类型可供选择，如图 2-34 所示：Large Cursor 90、Small Cursor 90、Small Cursor 45、Tiny Cursor 45。放置元器件时 4 种光标的形状如图 2-34 所示。

图 2-33　光标设置

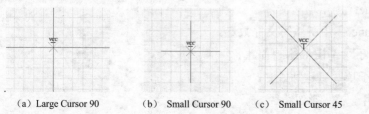

（a）Large Cursor 90　　（b）Small Cursor 90　　（c）Small Cursor 45　　（d）Tiny Cursor 45

图 2-34　4 种光标的形状

2.3.5 填写图纸设计信息

图纸设计信息记录了电路原理图的设计信息和更新信息，这些信息可以使用户更系统有效地对自己设计的电路图进行管理。所以在设计电路原理图时，要填写自己的图纸设计信息。

在"文档选项"对话框中选择"参数"标签，即可进入图纸设计信息填写对话框，如图 2-35 所示。

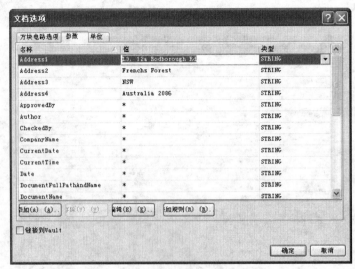

图 2-35　图纸设计信息填写对话框

在该对话框中可以填写的原理图信息很多，简单介绍如下。

（1）Address1、Address2、Address3、Address4：用于填写设计公司或单位的地址。

（2）ApprovedBy：用于填写项目设计负责人姓名。

（3）Author：用于填写设计者姓名。

（4）CheckedBy：用于填写审核者姓名。

（5）CompanyName：用于填写设计公司或单位的名字。

（6）CurrentDate：用于填写当前日期。

（7）CurrentTime：用于填写当前时间。

（8）Date：用于填写日期。

（9）DocumentFullPathAndName：用于填写设计文件名和完整的保存路径。

（10）DocumentName：用于填写文件名。

（11）DocumentNumber：用于填写文件数量。

（12）DrawnBy：用于填写图纸绘制者姓名。

（13）Engineer：用于填写工程师姓名。

（14）ImagePath：用于填写影像路径。

（15）ModifiedDate：用于填写修改的日期。

（16）Organization：用于填写设计机构名称。

（17）Revision：用于填写图纸版本号。

（18）Rule：用于填写设计规则信息。

（19）SheetNumber：用于填写本原理图的编号。

（20）SheetTotal：用于填写电路原理图的总数。

（21）Time：用于填写时间。

（22）Title：用于填写电路原理图标题。

双击要填写的信息项或选中此填写项后，单击 编辑(E) (E) 按钮，弹出"参数属性"对话框，如图 2-36 所示。填写修改完成后单击 确定 按钮即可完成填写。

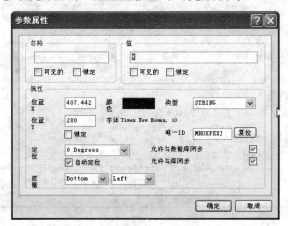

图 2-36 "参数属性"对话框

2.4 原理图工作环境设置

在电路原理图的绘制过程中，其效率性和正确性往往与原理图工作环境的设置有着十分密切的联系。这一节中将详细介绍原理图工作环境的设置，以使用户能熟悉这些设置，为后面的原理图的绘制打下一个良好的开端。

选择菜单栏中的"工具"→"设置原理图参数"命令或在 SCH 原理图图纸上右击，在弹出的快捷菜单中选择"选项"→"设置原理图参数"命令，打开"参数选择"对话框，如图 2-37 所示。

在该对话框中有 12 个选项卡：General（常规设置）、Graphical Editing（几何编辑）、Mouse Wheel Configuration（鼠标滚轮功能设置）、Compiler（编译）、AutoFocus（自动聚焦）、Library AutoZoom（库自动调节）、Grids（网格）、Break Wire（切割导线）、Default Units（默认单位）、Default Primitives（初始默认值）、Orcad(tm)（端口操作）和 Device Sheets（设备图纸）。下面将对这些选项卡进行具体的介绍。

图 2-37　General选项卡

2.4.1　General 选项卡的设置

在"参数选择"对话框中，单击 General（常规设置）标签，弹出 General（常规设置）选项卡，如图 2-37 所示。General（常规设置）选项卡主要用来设置电路原理图的常规环境参数。

1."选项"选项区域

（1）"直角拖曳"复选框：勾选该复选框后，在原理图上拖动元件时，与元件相连接的导线只能保持直角。若不勾选该复选框，则与元件相连接的导线可以呈现任意的角度。

（2）Optimize Wires Buses（最优连线路径）复选框：勾选该复选框后，在进行导线和总线的连接时，系统将自动选择最优路径，并且可以避免各种电气连线和非电气连线的相互重叠。此时，下面的"元件割线"复选框也呈现可选状态。若不勾选该复选框，则用户可以自己选择连线路径。

（3）"元件割线"复选框：勾选该复选框后，会启动元件分割导线的功能。也就是当放置一个元件时，若元件的两个引脚同时落在一根导线上，则该导线将被分割成两段，两个端点分别自动与元件的两个引脚相连。

（4）"使能 In-Place 编辑（启用即时编辑功能）"复选框：勾选该复选框后，在选中原理图中的文本对象时，如元件的序号、标注等，双击后可以直接进行编辑、修改，而不必打开相应的对话框。

（5）"Ctrl+双击打开图纸"复选框：勾选该复选框后，按下 Ctrl 键的同时双击原理图文档图标即可打开该原理图。

（6）"转换交叉点"复选框：勾选该复选框后，用户在绘制导线时，在相交的导线处自动连接并产生节点，同时终止本次操作。若没有勾选该复选框，则用户可以任意覆盖已经存在的连线，并可以继续进行绘制导线的操作。

（7）"显示 Cross-Overs（显示交叉点）"复选框：勾选该复选框后，非电气连线的交叉点会以半圆弧显示，表示交叉跨越状态。

（8）"Pin 方向（引脚说明）"复选框：勾选该复选框后，单击元件某一引脚时，会自动显示该引脚的编号及输入/输出特性等。

（9）"图纸入口方向"复选框：勾选该复选框后，在顶层原理图的图纸符号中会根据子图中设置的端口属性显示输出端口、输入端口或其他性质的端口。图纸符号中相互连接的端口部分不随此项设置的改变而改变。

（10）"端口方向"复选框：勾选该复选框后，端口的样式会根据用户设置的端口属性显示输出端口、输入端口或其他性质的端口。

（11）"未连接从左到右"复选框：勾选该复选框后，由子图生成顶层原理图时，左右可以不进行物理连接。

（12）"使用 GDI+渲染文本+"复选框：勾选该复选框后，可使用 GDI 字体渲染功能，精细到字体的粗细、大小等功能。

2．"包含剪贴板"选项区域

（1）"No-ERC 标记（忽略 ERC 检查符号）"复选框：勾选该复选框后，在复制、剪切到剪贴板或打印时，均包含图纸的忽略 ERC 检查符号。

（2）"参数集"复选框：勾选该复选框后，使用剪贴板进行复制操作或打印时，包含元件的参数信息。

3．"分段放置"选项区域

该选项区域用于设置元件标识序号及引脚号的自动增量数。

（1）"首要的"文本框：用于设定在原理图上连续放置同一种元件时，元件标识序号的自动增量数，系统默认值为 1。

（2）"次要的"文本框：用于设定创建原理图符号时，引脚号的自动增量数，系统默认值为 1。

4．"默认"选项区域

该选项区域用于设置默认的模板文件。可以在"模板"下拉列表中选择模板文件，选择后，模板文件名称将出现在"模板"文本框中。每次创建一个新文件时，系统将自动套用该模板。也可以单击"清除"按钮来清除已经选择的模板文件。如果不需要模板文件，则"模板"列表框中显示"No Default Template 文件（没有默认的模板文件）"。

5. "Alpha 数字后缀（字母和数字后缀）"选项区域

该选项区域用于设置某些元件中包含多个相同子部件的标识后缀，每个子部件都具有独立的物理功能。在放置这种复合元件时，其内部的多个子部件通常采用"元件标识：后缀"的形式来加以区别。

（1）"字母"单选按钮：选中该单选按钮，子部件的后缀以字母表示，如 U:A、U:B 等。

（2）"数字"单选按钮：选中该单选按钮，子部件的后缀以数字表示，如 U:1、U:2 等。

6. "管脚余量"选项区域

（1）"名称"文本框：用于设置元件的引脚名称与元件符号边缘之间的距离，系统默认值为 5mil。

（2）"数量"文本框：用于设置元件的引脚编号与元件符号边缘之间的距离，系统默认值为 8mil。

7. "默认电源零件名"选项区域

（1）"电源地"文本框：用于设置电源地的网络标签名称，系统默认为 GND。

（2）"信号地"文本框：用于设置信号地的网络标签名称，系统默认为 SGND。

（3）"接地"文本框：用于设置大地的网络标签名称，系统默认为 EARTH。

8. "过滤和选择的文档范围"选项区域

该选项区域中的下拉列表框用于设置过滤器和执行选择功能时默认的文件范围，包含以下两个选项。

（1）Current Document（当前文档）选项：表示仅在当前打开的文档中使用。

（2）Open Document（打开文档）选项：表示在所有打开的文档中都可以使用。

9. "默认空图表尺寸"选项区域

该选项区域用于设置默认空白原理图的尺寸，可以从下拉列表框中选择适当的选项，并在旁边给出了相应尺寸的具体绘图区域范围，以帮助用户进行设置。

2.4.2 Graphical Editing 选项卡的设置

在"参数选择"对话框中，单击 Graphical Editing（几何编辑）标签，弹出 Graphical Editing 选项卡，如图 2-38 所示。Graphical Editing 选项卡主要用来设置与绘图有关的一些参数。

1. "选项"选项区域

（1）"剪贴板参数"复选框：勾选该复选框后，在复制或剪切选中的对象时，系统将提示确定一个参考点。建议用户勾选该复选框。

图 2-38　Graphical Editing选项卡

（2）"添加模板到剪贴板"复选框：勾选该复选框后，用户在执行复制或剪切操作时，系统将会把当前文档所使用的模板一起添加到剪贴板中，所复制的原理图包含整个图纸。建议用户不勾选该复选框。

（3）"转换特殊字符"复选框：勾选该复选框后，用户可以在原理图上使用特殊字符串，显示时会转换成实际字符串，否则将保持原样。

（4）"对象的中心"复选框：勾选该复选框后，在移动元件时，光标将自动跳到元件的参考点上（元件具有参考点时）或对象的中心处（对象不具有参考点时）。若不勾选该复选框，则移动对象时光标将自动滑到元件的电气节点上。

（5）"对象电气热点"复选框：勾选该复选框后，当用户移动或拖动某一对象时，光标自动滑动到离对象最近的电气节点（如元件的引脚末端）处。建议用户勾选该复选框。如果想实现勾选"对象的中心"复选框后的功能，则应取消对"对象电气热点"复选框的勾选，否则移动元件时，光标仍然会自动滑到元件的电气节点处。

（6）"自动缩放（Z）"复选框：勾选该复选框后，在插入元件时，电路原理图可以自动地实现缩放，调整出最佳的视图比例。建议用户勾选该复选框。

（7）"否定信号 '\\'"复选框：一般在电路设计中，习惯在引脚的说明文字顶部加一条横线表示该引脚低电平有效，在网络标签上也采用此种标识方法。Altium Designer 13 允许用户使用"\\"为文字顶部加一条横线。例如，RESET 低有效，可以采用"\R\E\S\E\T"的方式为该字符串顶部加一条横线。勾选该复选框后，只要在网络标签名称的第一个字符前加一个

"\"，则该网络标签名将全部被加上横线。

（8）"双击运行检查"复选框：勾选该复选框后，在原理图上双击某个对象时，可以打开 Inspector（检查）面板。在该面板中列出了该对象的所有参数信息，用户可以进行查询或修改。

（9）"确定备选存储清除"复选框：勾选该复选框后，在清除选定的存储器时，将出现一个确认对话框。通过这项功能的设定可以防止由于疏忽而清除选定的存储器。建议用户勾选该复选框。

（10）"掩膜手册参数"复选框：用于设置是否显示参数自动定位被取消的标记点。勾选该复选框后，如果对象的某个参数已取消了自动定位属性，那么在该参数的旁边会出现一个点状标记，提示用户该参数不能自动定位，需手动定位，即应该与该参数所属的对象一起移动或旋转。

（11）"单击清除选择"复选框：勾选该复选框后，通过单击原理图编辑窗口中的任意位置，就可以解除对某一对象的选中状态，不需要再使用菜单命令或者"原理图标准"工具栏中的 ⚒（取消对当前所有文件的选中）按钮。建议用户勾选该复选框。

（12）"'Shift'＋单击选择"复选框：勾选该复选框后，只有在按下 Shift 键时，单击才能选中图元。此时，右侧的"元素"按钮被激活。单击"元素"按钮，弹出如图 2-39 所示的"必须按定 Shift 选择"对话框，可以设置哪些图元只有在按下 Shift 键时，单击才能选择。使用这项功能会使原理图的编辑很不方便，建议用户不必勾选该复选框，直接单击选择图元即可。

图 2-39   "必须按定 Shift 选择" 对话框

（13）"一直拖曳"复选框：勾选该复选框后，移动某一选中的图元时，与其相连的导线也随之被拖动，以保持连接关系。若不勾选该复选框，则移动图元时，与其相连的导线不会被拖动。

（14）"自动放置图纸入口"复选框：勾选该复选框后，系统会自动放置图纸入口。

（15）"保护锁定的对象"复选框：勾选该复选框后，系统会对锁定的图元进行保护。若不勾选该复选框，则锁定对象不会被保护。

2. "自动扫描选项"选项区域

该选项区域主要用于设置系统的自动摇镜功能,即当光标在原理图上移动时,系统会自动移动原理图,以保证光标指向的位置进入可视区域。

(1)"类型"下拉列表框:用于设置系统自动摇镜的模式。有三个选项可以供用户选择,即 Auto Pan Off(关闭自动摇镜)、Auto Pan Fixed Jump(按照固定步长自动移动原理图)、Auto Pan Recenter(移动原理图时,以光标最近位置作为显示中心)。系统默认为 Auto Pan Fixed Jump(按照固定步长自动移动原理图)。

(2)"速度"滑块:通过拖动滑块,可以设定原理图移动的速度。滑块越向右,速度越快。

(3)"步进步长"文本框:用于设置原理图每次移动时的步长。系统默认值为 30,即每次移动 30 个像素点。数值越大,图纸移动越快。

(4)"Shift 步进步长"文本框:用于设置在按住 Shift 键的情况下,原理图自动移动的步长。该文本框的值一般要大于"步进步长"文本框中的值,这样在按住 Shift 键时可以加快图纸的移动速度。系统默认值为 100。

3. "撤销/取消撤销"选项区域

"堆栈尺寸"文本框:用于设置可以取消或重复操作的最深层数,即次数的多少。理论上,取消或重复操作的次数可以无限多,但次数越多,所占用的系统内存就越大,会影响编辑操作的速度。系统默认值为 50,一般设定为 30 即可。

4. "颜色选项"选项区域

该选项区域用于设置所选中对象的颜色。单击"选择"颜色显示框,系统将弹出如图 2-40 所示的"选择颜色"对话框。在该对话框中可以设置选中对象的颜色。

5. "光标"选项区域

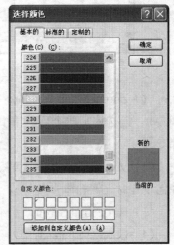

图 2-40   "选择颜色"对话框

该选项区域主要用于设置光标的类型。在"指针类型"下拉列表框中,包含 Large Cursor 90(长十字形光标)、Small Cursor 90(短十字形光标)、Small Cursor 45(短 45°交叉光标)、Tiny Cursor 45(小 45°交叉光标)4 种光标类型。系统默认为 Small Cursor 90(短十字形光标)类型。

其他参数的设置读者可以参照帮助文档,这里不再赘述。

2.4.3 Mouse Wheel Configuration 选项卡的设置

在"参数选择"对话框中，单击 Mouse Wheel Configuration（鼠标滚轮功能配置）标签，弹出 Mouse Wheel Configuration（鼠标滚轮功能配置）选项卡，如图 2-41 所示。Mouse Wheel Configuration（鼠标滚轮功能配置）选项卡主要用来设置鼠标滚轮的功能。

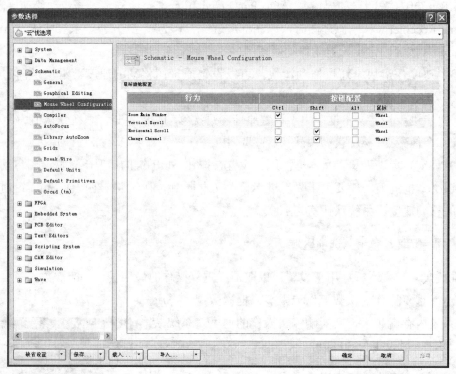

图 2-41　Mouse Wheel Configuration选项卡

（1）Zoom Main Window：缩放主窗口。在它后面有三个选项可供选择，即 Ctrl、Shift 和 Alt。当选中某一个后，按下此键后，滚动鼠标滚轮就可以缩放电路原理图。系统默认选择 Ctrl。

（2）Vertical Scroll：垂直滚动。同样有三个选项供选择。系统默认不选择，因为在不做任何设置时，滚轮本身就可以实现垂直滚动。

（3）Horizontal Scroll：水平滚动。系统默认选择 Shift。

（4）Change Channel：转换通道。

2.4.4 Compiler 选项卡的设置

在"参数选择"对话框中，单击 Compiler（编译）标签，弹出 Compiler（编译）选项卡，如图 2-42 所示。Compiler（编译）选项卡主要用来设置对电路原理图进行电气检查时，对检查出的错误生成各种报表和统计信息。

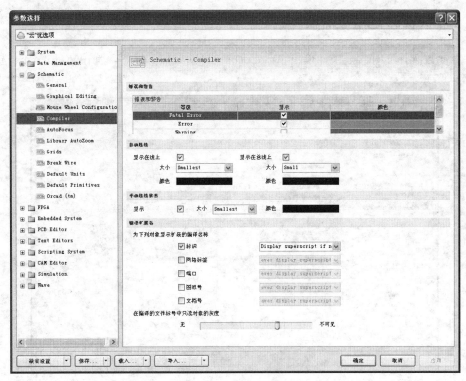

图 2-42　Compiler选项卡

1."错误和警告"选项区域

用来设置对于编译过程中出现的错误，是否显示出来，并可以选择颜色加以标记。系统错误有三种，分别是 Fatal Error（致命错误）、Error（错误）和 Warning（警告）。此选项区域采用系统默认即可。

2."自动链接"选项区域

主要用来设置在电路原理图连线时，在导线的 T 字形连接处，系统自动添加电气节点的显示方式。有两个复选框供选择。

（1）"显示在线上"：在导线上显示，若选中此复选框，导线上的 T 字形连接处会显示电气节点。电气节点的大小用"大小"设置，有四种选择，如图 2-43 所示。在"颜色"中可以设置电气节点的颜色。

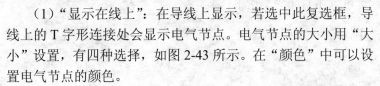

图 2-43　电气节点大小设置

（2）"显示在总线上"：在总线上显示，若选中此复选框，总线上的 T 字形连接处会显示电气节点。电气节点的大小和颜色设置操作与前面的相同。

3."编译扩展名"选项区域

主要用来设置要显示对象的扩展名。若选中"标识"复选框，则在电路原理图上会显示标志的扩展名。其他对象的设置操作同上。

2.4.5 AutoFocus 选项卡的设置

在"参数选择"对话框中，单击 AutoFocus（自动聚焦）标签，弹出 AutoFocus 选项卡，如图 2-44 所示。

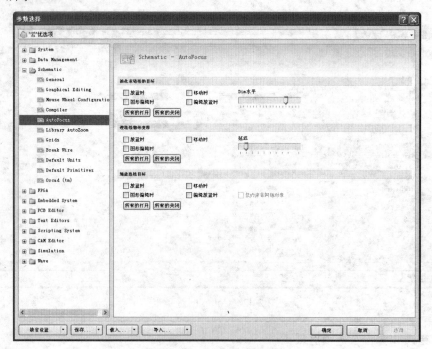

图 2-44　AutoFocus选项卡

AutoFocus（自动聚焦）选项卡主要用来设置系统的自动聚焦功能，此功能能根据电路原理图中的元器件或对象所处的状态进行显示。

1."淡化未链接的目标"选项区域

用来设置对未连接的对象的淡化显示。有 4 个复选框供选择，分别是"放置时"、"移动时"、"图形编辑时"和"编辑放置时"。单击 *所有的打开* 按钮可以全部选中，单击 *所有的关闭* 按钮可以全部取消选择。淡化显示的程度可以由右面的滑块来调节。

2."使连接物体变厚"选项区域

用来设置对连接对象的加强显示。有 3 个复选框供选择，分别是"放置时"、"移动时"和"图形编辑时"。其他的设置同上。

3."缩放连接目标"选项区域

用来设置对连接对象的缩放。有 5 个复选框供选择，分别是"放置时"、"移动时"、"图形编辑时"、"编辑放置时"和"仅约束非网络对象"。第 5 个复选框在选择了"编辑放置时"复选框后，才能进行选择。其他设置同上。

2.4.6 Grids 选项卡的设置

在"参数选择"对话框中,单击 Grids(网格)标签,弹出 Grids 选项卡,如图 2-45 所示。Grids(网格)选项卡用来设置电路原理图图纸上的网格。

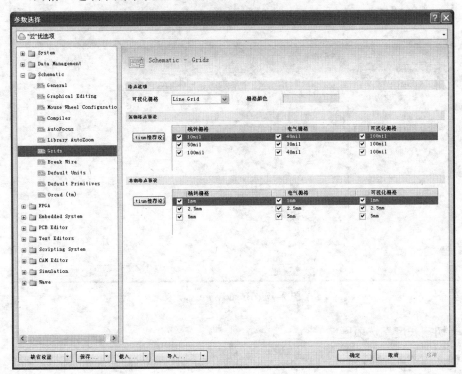

图 2-45 Grids选项卡

在前一节中对网格的设置已经做过介绍,在此只对选项卡中没讲过的部分做简单介绍。

1."英制移点预设"选项区域

用来将网格形式设置为英制网格形式。单击 tium推荐设 按钮,弹出如图 2-46 所示的菜单。

选择某一种形式后,在旁边显示出系统对"跳转栅格"、"电气栅格"和"可视化栅格"的默认值。用户也可以自己点击设置。

图 2-46 "推荐设置"菜单

2."米制移点预设"选项区域

用来将网格形式设置为公制网格形式。设置方法同上。

2.4.7 Break Wire 选项卡的设置

在"参数选择"对话框中,单击 Break Wire(切割导线)标签,弹出 Break Wire 选项卡,如图 2-47 所示。Break Wire(切割导线)选项卡用来设置与"切割导线"命令有关的一些参数。

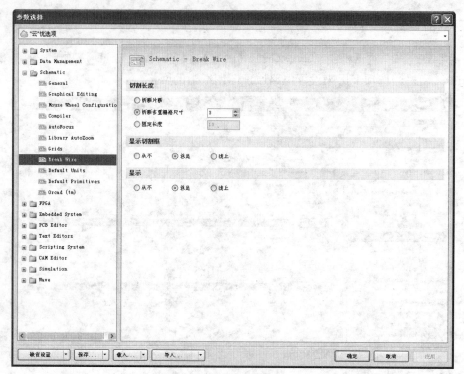

图 2-47　Break Wire选项卡

1．"切割长度"选项区域

用来设置当执行"切割导线"命令时，切割导线的长度。有 3 个选择框。

（1）"折断片段"：对准片断，选择该项后，当执行"切割导线"命令时，光标所在的导线被整段切除。

（2）"折断多重栅格尺寸"：捕获网格的倍数，选择该项后，当执行"切割导线"命令时，每次切割导线的长度都是网格的整数倍。用户可以在右边的数字栏中设置倍数，倍数的大小 2～10。

（3）"固定长度"：固定长度，选择该项后，当执行"切割导线"命令时，每次切割导线的长度是固定的。用户可以在右边的数字栏中设置每次切割导线的固定长度值。

2．"显示切割框"选项区域

用来设置当执行"切割导线"命令时，是否显示切割框。有 3 个选项供选择，分别是"从不"、"总是"、"线上"。

3．"显示"选项区域

用来设置当执行 Break Wire（切割导线）命令时，是否显示导线的末端标记。有 3 个选项供选择，分别是"从不"、"总是"、"线上"。

2.4.8 Default Units 选项卡的设置

在"参数选择"对话框中，单击 Default Units（默认单位）标签，弹出 Default Units 选项卡，如图 2-48 所示。Default Units（默认单位）选项卡用来设置在电路原理图绘制中，使用的是英制单位系统还是公制单位系统。

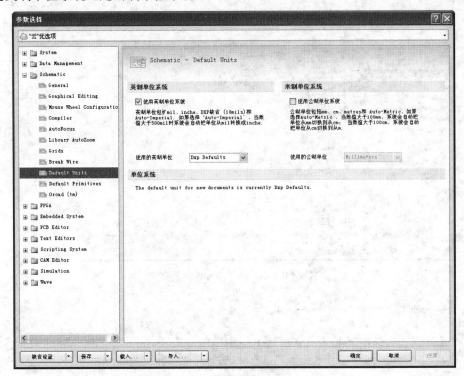

图 2-48　Default Units选项卡

1."英制单位系统"选项区域

当选中"使用英制单位系统"复选框后，下面的"使用的英制单位"下拉列表被激活，在下拉列表中有4种选择，如图 2-49 所示。对于每一种选择，在下面"单位系统"中都有相应的说明。

图 2-49　"使用的英制单位"下拉列表

2."米制单位系统"选项区域

当选中"使用公制单位系统"复选框后，下面的"使用的公制单位"下拉列表被激活，其设置同上。

2.4.9 Default Primitives 选项卡的设置

在"参数选择"对话框中，单击 Default Primitives（初始默认值）标签，弹出 Default Primitives 选项卡，如图 2-50 所示。Default Primitives（初始默认值）选项卡主要用来设置原理图编辑时，常用元器件的初始默认值。

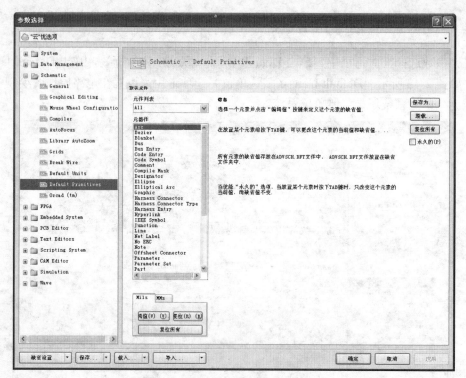

图 2-50　Default Primitives选项卡

1."元件列表"选项区域

在"元件列表"选项区域中，单击其下三角按钮，弹出如图 2-51 所示下拉列表。选择下拉列表中的某一选项，该类型所包括的对象将在"元器件"框中显示。

图 2-51　"元件列表"下拉列表

（1）All：全部对象，选择该项后，在下面的 Primitives 框中将列出所有的对象。

（2）Wiring Objects：指绘制电路原理图工具栏所放置的全部对象。

（3）Drawing Objects：指绘制非电气原理图工具栏所放置的全部对象。

（4）Sheet Symbol Objects：指绘制层次图时与子图有关的对象。

（5）Library Objects：指与元件库有关的对象。

（6）Other：指上述类别所没有包括的对象。

2."元器件"选项区域

可以选择"元器件"列表框中显示的对象，并对所选的对象进行属性设置或复位到初始状态。在"元器件"列表框中选定某个对象，例如选中"Pin（引脚）"，单击 编辑(E) (E) 按钮或双击对象，弹出"管脚属性"对话框，如图 2-52 所示。修改相应的参数设置，单击 确定 按钮即可返回。

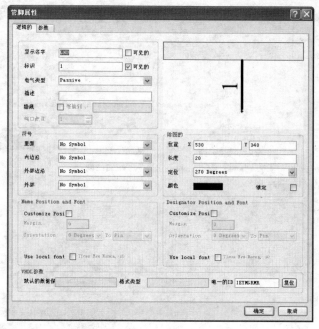

图 2-52　"管脚属性"对话框

如果在此处修改相关的参数，那么在原理图上绘制管脚时默认的管脚属性就是修改过的管脚属性设置。

在原始值列表框选中某一对象，单击[复位]按钮，则该对象的属性复位到初始状态。

3．功能按钮

（1）保存为：保存默认的原始设置，当所有需要设置的对象全部设置完毕，单击[保存为…]按钮，弹出文件保存对话框，保存默认的原始设置。默认的文件扩展名为*.dft，以后可以重新进行加载。

（2）装载：加载默认的原始设置，要使用以前曾经保存过的原始设置，单击[装载…]按钮，弹出"打开文件"对话框，选择一个默认的原始设置档就可以加载默认的原始设置。

（3）复位所有：恢复默认的原始设置。单击[复位所有]按钮，所有对象的属性都回到初始状态。

2.4.10　Orcad（tm）选项卡的设置

在"参数选择"对话框中，单击 Orcad（tm）标签，弹出 Orcad（tm）选项卡，如图 2-53 所示。Orcad（tm）选项卡主要用来设置与 Orcad 文件有关的参数。

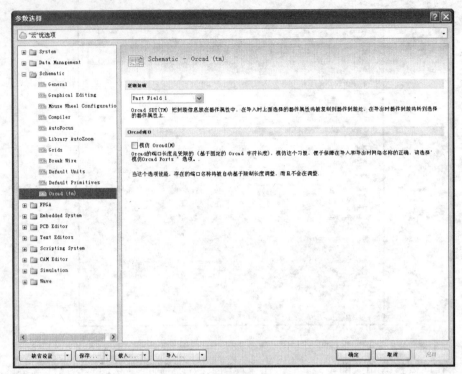

图 2-53　Orcad（tm）选项卡

1. "复制封装"选项区域

用来设置元器件的 PCB 封装信息的导入/导出。在下拉列表框中有 9 个选项供选择，如图 2-54 所示。

若选中 Part Field 1~Part Field 8 中的任意一个，则导入时将相应的零件域中的内容复制到 Altium Design 13 的封装域中，在输出时将 Altium Design 13 的封装域中的内容复制到相应的零件域中。

若选择 Ignore，则不进行内容的复制。

图 2-54　下拉列表框

2. "Orcad 端口"选项区域

该区域中的复选框用来设置端口的长度是否由端口名称的字符串长度来决定。若选中此复选框，现有端口将以它们的名称的字符串长度为基础重新计算端口的长度，并且它们将不能改变图形尺寸。

第3章

电路原理图的绘制

本章主要讲解原理图绘制的方法和技巧。在 Altium Designer 13 中，只有设计出符合需要和规则的电路原理图，才能顺利对其进行仿真分析，最终变为可以用于生产的 PCB 印制电路板文件。

3.1 原理图的组成

原理图，即电路板工作原理的逻辑表示，主要由一系列具有电气特性的符号构成。图 3-1 所示是一张用 Altium Designer 13 绘制的原理图，在原理图上用符号表示了 PCB 的所有组成部分。PCB 各个组成部分与原理图上电气符号的对应关系如下所述。

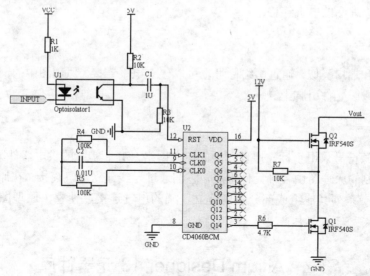

图 3-1　用Altium Designer 13 绘制的原理图

1．元件

在原理图设计中，元件以元件符号的形式出现。元件符号主要由元件引脚和边框组成，其中元件引脚需要和实际元件一一对应。

图 3-2 所示为图 3-1 中采用的一个元件符号，该符号在 PCB 板上对应的是一个运算放大器。

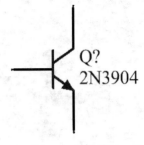

2．铜箔

图 3-2　元件符号

在原理图设计中，铜箔有以下几种表示。

（1）导线：原理图设计中的导线也有自己的符号，它以线段的形式出现。Altium Designer 13 中还提供了总线，用于表示一组信号，它在 PCB 上对应的是一组由铜箔组成的有时序关系的导线。

（2）焊盘：元件的引脚对应 PCB 上的焊盘。

（3）过孔：原理图上不涉及 PCB 的布线，因此没有过孔。

（4）覆铜：原理图上不涉及 PCB 的覆铜，因此没有覆铜的对应符号。

3．丝印层

丝印层是 PCB 上元件的说明文字，对应于原理图上元件的说明文字。

4．端口

在原理图编辑器中引入的端口不是指硬件端口，而是为了建立跨原理图电气连接而引入的具有电气特性的符号。原理图中采用了一个端口，该端口就可以和其他原理图中同名的端口建立一个跨原理图的电气连接。

5．网络标号

网络标号和端口类似，通过网络标号也可以建立电气连接。原理图中的网络标号必须附加在导线、总线或元件引脚上。

6．电源符号

这里的电源符号只用于标注原理图上的电源网络，并非实际的供电器件。

总之，绘制的原理图由各种元件组成，它们通过导线建立电气连接。在原理图上除了元件之外，还有一系列其他组成部分辅助建立正确的电气连接，使整个原理图能够和实际的 PCB 对应起来。

3.2　Altium Designer 13 元器件库

Altium Designer 13 为用户提供了包含大量元器件的元器件库。在绘制电路原理图之前，首先要学会如何使用元器件库。包括元器件库的加载、卸载以及如何查找自己需要的元器件。

3.2.1　元器件库的分类

Altium Designer 13 的元器件库中的元器件数量庞大，分类明确。Altium Designer 13 元器件库采用下面两级分类方法：

（1）一级分类是以元器件制造厂家的名称分类。

（2）二级分类在厂家分类下面又以元器件种类（如模拟电路、逻辑电路、微控制器、A/D 转换芯片等）进行分类。

对于特定的设计工程，用户可以只调用几个需要的元器件厂商中的二级库，这样可以减轻计算机系统运行的负担，提高运行效率。用户若要在 Altium Designer 13 的元器件库中调用一个所需要的元器件，首先应该知道该元器件的制造厂家和该元器件的分类，以便在调用该元器件之前把含有该元器件的元件库载入系统。

3.2.2　打开"库"选项区域

打开"库"选项区域的具体操作如下：

（1）将鼠标箭头放置在工作区右侧的"库"标签上，此时会自动弹出一个"库"选项区域，如图 3-3 所示。

（2）如果在工作区右侧没有"库"标签，只要单击底部的面板控制栏（控制各面板的显示与隐藏）中的 Libraries（库）按钮，即可在工作区右侧出现"库"标签，并自动弹出一个"库"选项区域，如图 3-3 所示。可以看到，在"库"选项区域中 Altium Designer 13 系统已经装入了两个默认的元件库：通用元件库（Miscellaneous Devices.IntLib）以及通用接插件库（Miscellaneous Connectors. IntLib）。

3.2.3　加载元件库

选择菜单栏中的"设计"→"搜索库"命令或在电路原理图编辑环境的右下角单击 System（系统），在弹出的菜单中选择"库"选项，即可打开"库"面板，如图 3-3 所示。

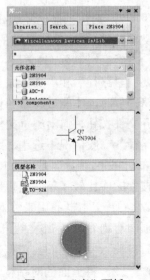

图 3-3　"库"面板

利用"库"面板可以完成元器件的查找、元器件库的加载和卸载等功能。

3.2.4 元器件的查找

当用户不知道元器件在哪个库中时，就要查找需要的元器件。

查找元器件的过程如下：

（1）单击"库"面板中的 [查找...] 按钮或选择菜单栏中的"工具"→"发现器件"命令，弹出如图 3-4 所示的对话框。

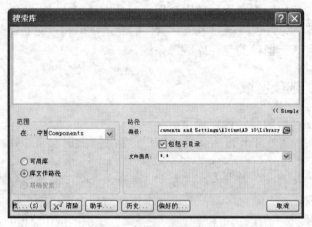

图 3-4 查找元器件对话框

下面简单介绍一下这个对话框。

① "范围"设置区：有一个下拉列表框和一个复选框。"在...中搜索"下拉列表框用来设置查找类型，有 4 种选择，分别是 Components（元器件）、Protel Footprints（Protel 封装）、3D Models（3D 模型）和 Database components（库元件）。

② "范围"设置区：用于设置查找范围。若选中"可用库"，则在当前已经加载的元器件库中查找；若选中"库文件路径"，则按照设置的路径进行查找。

③ "路径"设置区：用于设置查找元器件的路径。主要由"路径"和"文件面具"选项组成，只有在选择了"库路径"时，才能进行路径设置。单击"路径"路径右边的打开文件按钮，弹出浏览文件夹对话框，可以选中相应的搜索路径。一般情况下选中"路径"下方的"包括子目录"复选框。"文件面具"是文件过滤器，默认采用通配符。如果对搜索的库比较了解，可以输入相应的符号以减少搜索范围。

④ 文本框：用来输入要查找的元器件的名称。若文本框中有内容，单击 [清除] 按钮，可以将里面的内容清空，然后再输入要查找的元器件的名称。

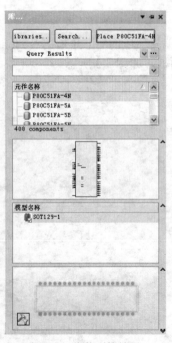

图 3-5 查找到的结果

（2）将上面的对话框设置好后，单击 [找...(S)] 按钮即可开始查找。

例如，要查找 P80C51FA-4N 这个元器件，在文本框里输入 P80C51FA-4N（或简化输入 80c51）；在"在…中搜索"下拉列表框中选择 Components（元件）；在"范围"设置区选择"库文件路径"；在"路径"设置区，路径为系统提供的默认路径 D:\Documents and Settings\Altium\AD 13\Library \。单击 `[查...(S)]` 按钮即可。查找到的结果如图 3-5 所示。

3.2.5　元器件库的加载与卸载

由于加载到"库"面板的元器件库要占用系统内存，所以当用户加载的元器件库过多时，就会占用过多的系统内存，影响程序的运行。建议用户只加载当前需要的元器件库，同时将不需要的元器件库卸载掉。

1．直接加载元器件库

当用户已经知道元器件所在的库时，就可以直接将其添加到"库"面板中。加载元器件库的步骤如下：

（1）在"库"面板中单击 Libraries（库）按钮或选择菜单栏中的"设计"→"添加/移除库"命令，弹出如图 3-6 所示对话框。在此对话框中有三个选项卡，"工程"列出的是用户为当前设计项目自己创建的库文件；"已安装"中列出的是当前安装的系统库文件；"搜索路径"列出的是查找路径。

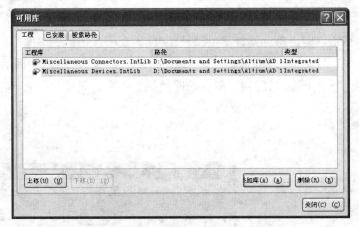

图 3-6　加载、卸载元器件库对话框

（2）加载元器件库。单击 `[安装(I) (I)]` 按钮，弹出的对话框如图 3-7 所示。然后根据设计项目需要决定安装哪些库就可以了。元器件库在列表中的位置影响了元器件的搜索速度，通常是将常用元器件库放在较高位置，以便对其先进行搜索。可以利用"上移"和"下移"两个按钮来调节元器件库在列表中的位置。

图 3-7　选择库文件对话框

2．查找到元器件后，加载其所在的库

在 3.2.4 节中介绍了如何查找元器件，现在介绍一下如何将查找到的元器件所在的库加载到"库"面板中。有三种方法，在这里以查找到的元器件 P80C51FA-4N 为例。

（1）选中所需的元器件 P80C51FA-4N，单击鼠标右键，弹出如图 3-8 所示的快捷菜单。选择执行"安装当前库"命令，即可将元器件 P80C51FA-4N 所在的库加载到"库"面板。

（2）在图 3-5 所示的菜单中选择执行 P80C51FA-4N 命令，系统弹出如图 3-9 所示的提示框，单击"是"按钮，即可将元器件 P80C51FA-4N 所在的库加载到"库"面板。

（3）单击"库"面板右上方的 Place SN74S138AD 按钮，弹出如图 3-9 所示的提示框，单击 是(Y)(Y) 按钮，也可以将元器件 P80C51FA-4N 所在的库加载到"库"面板。

图 3-8　快捷菜单

图 3-9　加载库文件提示框

3．卸载元器件库

当不需要一些元器件库时，选中不需要的库，然后单击 删除(R)(R) 按钮就可以卸载掉不需要的库。

3.3 元器件的放置和属性编辑

3.3.1 在原理图中放置元器件

在当前项目中加载了元器件库后，就要在原理图中放置元器件。下面以放置 P80C51FA-4N 为例，说明放置元器件的具体步骤：

（1）选择菜单栏中的"查看"→"适合文件"命令，或者在图纸上右击鼠标，在弹出的快捷菜单中选择"查看"→"适合文件"命令，使原理图图纸显示在整个窗口中。也可以按 Page Down 和 Page Up 键缩小和放大图纸视图。或者右击鼠标，在弹出的快捷菜单中选择"查看"→"放大"和"缩小"命令同样可以放大和缩小图纸视图。

（2）在"库"面板的元器件库列表下拉菜单中选择 Philips Microcontroller 8-Bit.IntLib 使之成为当前库，同时库中的元器件列表显示在库的下方，找到元器件 P80C51FA-4N。

（3）使用"库"面板上的过滤器快速定位需要的元器件，默认通配符"*"列出当前库中的所有元器件，也可以在过滤器栏输入 P80C51FA-4N，即可直接找到 P80C51FA-4N 元器件。

（4）选中 P80C51FA-4N 后，单击 Place P80C51FA-4N 按钮或双击元器件名，光标变成十字形，同时光标上悬浮着一个 P80C51FA-4N 芯片的轮廓。若按下 Tab 键，将弹出 Properties for Schematic Component in Sheet（原理图元件属性）对话框，可以对元器件的属性进行编辑，如图 3-10 所示。

（5）移动光标到原理图中的合适位置，单击鼠标把 P80C51FA-4N 放置在原理图上。按 Page Down 和 Page Up 键缩小和放大元器件便于观察元器件放置的位置是否合适。按空格键可以使元器件旋转，每按一下旋转 90°，用来调整元器件放置的合适方向。

（6）放置完元器件后，右击鼠标或按 Esc 键退出元器件放置状态，光标恢复为箭头状态。

3.3.2 编辑元器件属性

在原理图上放置的所有元件都具有自身的特定属性，在放置好每一个元件后，应该对其属性进行正确的编辑和设置，以免使后面的网络表生成及 PCB 的制作产生错误。

通过对元件的属性进行设置，一方面可以确定后面生成的网络表的部分内容，另一方面也可以设置元件在图纸上的摆放效果。此外，在 Altium Designer 13 中还可以设置部分布线规则，编辑元件的所有引脚。元件属性设置具体包含元件的基本属性设置、元件的外观属性设置、元件的扩展属性设置、元件的模型设置、元件引脚的编辑 5 个方面的内容。

1. 手动设置

双击要编辑的元器件，打开 Properties for Schematic Component in Sheet（原理图元件属性）对话框。图 3-10 所示是 P80C51FA-4N 的属性对话框。

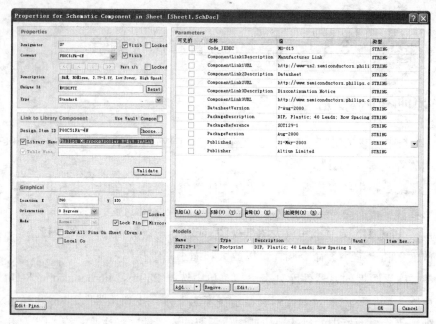

图 3-10　元器件属性对话框

下面介绍一下 P80C51FA-4N 的 Properties for Schematic Component in Sheet（原理图元件属性）对话框的设置。

1）Properties 选项区域

元器件属性设置主要包括元器件标识和命令栏的设置等。

（1）Designator（标识符）：用来设置元器件序号。在 Designator（标识符）文本框中输入元器件标识，如 U1、R1 等。Designator（标识符）文本框右边的 Visible（可见的）复选框用来设置元器件标识在原理图上是否可见，若选定 Visib 复选框，则元器件标识 U1 会出现在原理图上，否则，则元器件序号被隐藏。

（2）Comment（注释）：用来说明元器件的特征。单击命令栏下拉按钮，弹出图 3-11 所示列表。Comment（注释）命令栏右边的 Visib 复选框用来设置 Comment（注释）的命令在图纸上是否可见，若选中 Visib 复选框，则 Comment（注释）的内容会出现在原理图图纸上。在元器件属性对话框的右边可以看到与 Comment（注释）命令栏的对应关系，如图 3-12 所示。"添加"、"移除"、"编辑"、"添加规则"按钮是实现对 Comment（注释）参数的编译，在一般情况下，没有必要对元器件属性进行编译。

（3）Description（描述）：对元器件功能作用的简单描述。

（4）Unique Id（唯一的地址）：在整个设计项目中系统随机给的元器件的唯一 Id 号，用来与 PCB 同步，用户一般不要修改。

（5）Type（类型）：元器件符号的类型，单击后面下三角按钮可以进行选择。

可见的	/	名称	值	类型
☐		Code_IPC	SOIC127P600-16	STRING
☐		ComponentLink1Description	Manufacturer Link	STRING
☐		ComponentLink1URL	http://www.ti.com/	STRING
☐		ComponentLink2Description	Datasheet	STRING
☐		ComponentLink2URL	http://www-s.ti.com/sc/ds/sn741s138	STRING
☐		DatasheetVersion	Mar-1988	STRING
☐		LatestRevisionDate	13-Apr-2006	STRING
☐		LatestRevisionNote	IPC-7351 Footprint Added.	STRING
☐		PackageDescription	16-Pin Small Outline Integrated Cir	STRING
☐		PackageReference	D016	STRING
☐		PackageVersion	Jan-1998	STRING
☐		Published	3-Jun-2000	STRING
☐		Publisher	Altium Limited	STRING

添加(A) (A)... | 移除(V) (V)... | 编辑(E) (E)... | 添加规则(R) (R)...

图 3-11 Comment（注释）下拉列表   图 3-12 元件参数设置

2）Link to Library Component（连接库元件）选项区域

（1）Library Name（库名称）：元器件所在元器件库名称。

（2）Design Item ID（设计项目地址）：元器件在库中的图形符号。单击后面 Choose... 按钮可以修改，但这样会引起整个电路原理图上的元器件属性的混乱，建议用户不要随意修改。

3）Graphical（图形的）选项区域

Graphical（图形的）选项区域主要包括元器件在原理图中位置、方向等属性设置。

（1）Location（地址）：主要设置元器件在原理图中的坐标位置，一般不需要设置，通过移动鼠标找到合适的位置即可。

（2）Orientation（方向）：主要设置元器件的翻转，改变元器件的方向。

（3）Mirrored（镜像）设置：选中 Mirrored，元器件翻转 180°。

（4）Show All Pins On Sheet（Even if Hidden）：显示图纸上的全部引脚（包括隐藏的）。TTL 器件一般隐藏了元器件的电源和地的引脚。

（5）Local Colors（局部颜色）：选中后，采用元器件本身的颜色设置。

（6）Lock Pins（锁定引脚）：选中后元器件的引脚不可以单独移动和编辑。建议选中此项，以避免不必要的误操作。

一般情况下，对元器件属性设置只需设置元器件标识和 Comment（注释）参数，其他采用默认设置即可。

2．自动设置

对于元件较多的原理图，当设计完成后，往往会发现元件的编号变得很混乱或者有些元件还没有编号。用户可以逐个地手动更改这些编号，但是这样比较烦琐，而且容易出现错误。Altium Designer 13 提供了元件编号管理的功能。

（1）选择菜单栏中的"工具"→"注释"命令，系统将弹出如图 3-13 所示的"注释"对话框。在该对话框中，可以对元件进行重新编号。

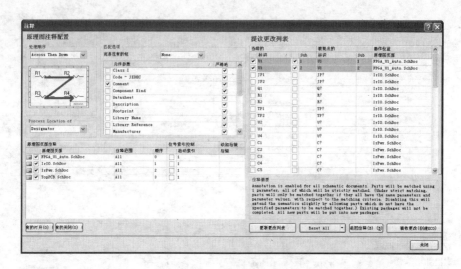

图 3-13　重置后的元件编号

"注释"对话框分为两部分：左侧是"原理图注释配置"，右侧是"提议更改列表"。

① 在左侧的"原理图页面注释"栏中列出了当前工程中的所有原理图文件。通过文件名前面的复选框，可以选择对哪些原理图进行重新编号。

在对话框左上角的"处理顺序"下拉列表框中列出了 4 种编号顺序，即 Up Then Across（先向上后左右）、Down Then Across（先向下后左右）、Across Then Up（先左右后向上）和 Across Then Down（先左右后向下）。

在"匹配选项"选项区域中列出了元件的参数名称。通过勾选参数名前面的复选框，用户可以选择是否根据这些参数进行编号。

② 在右侧的"当前的"栏中列出了当前的元件编号，在"被提及的"栏中列出了新的编号。

（2）重新编号的方法。对原理图中的元件进行重新编号的操作步骤如下：

① 选择要进行编号的原理图。

② 选择编号的顺序和参照的参数，在"注释"对话框中，单击 Reset All（全部重新编号）按钮，对编号进行重置。系统将弹出 Information（信息）对话框，提示用户编号发生了哪些变化。单击 OK（确定）按钮，重置后，所有的元件编号将被消除。

③ 单击"更新更改列表"按钮，重新编号，系统将弹出如图 3-14 所示的 Information（信息）对话框，提示用户相对前一次状态和相对初始状态发生的改变。

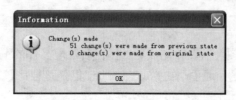

图 3-14　Information（信息）对话框

④ 在"工程更改顺序"中可以查看重新编号后的变化。如果对这种编号满意，则单击"接受更改"按钮，在弹出的"工程更改顺序"对话框中更新修改，如图 3-15 所示。

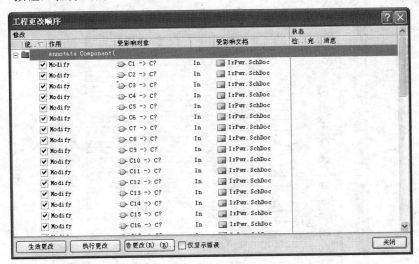

图 3-15 "工程更改顺序"对话框

⑤ 在"工程更改顺序"对话框中，单击"生效更改"按钮，可以验证修改的可行性，如图 3-16 所示。

图 3-16 验证修改的可行性

⑥ 单击"报告更改"按钮，系统将弹出如图 3-17 所示的"报告预览"对话框，在其中可以将修改后的报表输出。单击"输出"按钮，可以将该报表进行保存，默认文件名为 PcbIrda.PrjPCB And PcbIrda.xls，是一个 Excel 文件；单击"打开报告"按钮，可以将该报表打开；单击"打印"按钮，可以将该报表打印输出。

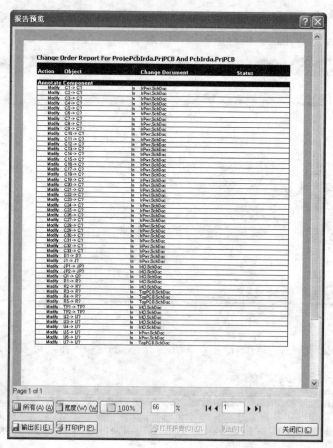

图 3-17   "报告预览"对话框

⑦ 单击"工程更改顺序"对话框中的"执行更改"按钮,即可执行修改,如图 3-18 所示,对元件的重新编号便完成了。

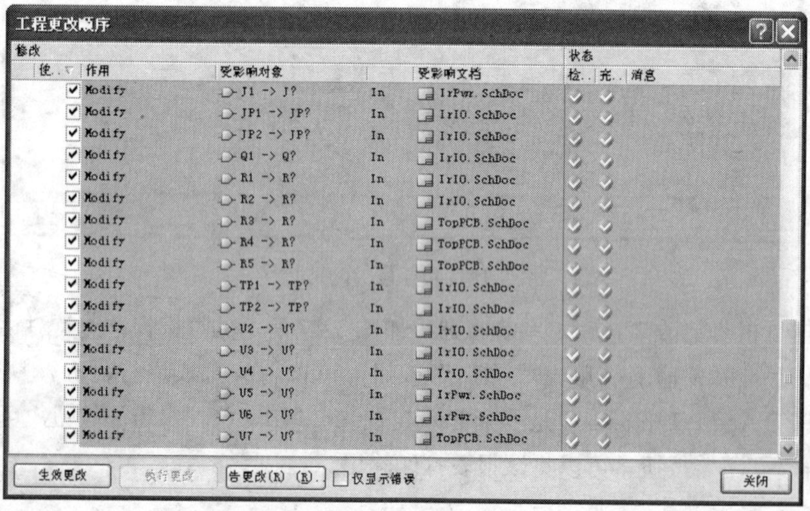

图 3-18   "工程更改顺序"对话框

3.3.3　元器件的删除

当在电路原理图上放置了错误的元器件时，就要将其删除。在原理图上，可以一次删除一个元器件，也可以一次删除多个元器件。

这里以删除前面的 P80C51FA-4N 为例。具体步骤如下：

（1）选择菜单栏中的"编辑"→"删除"命令，鼠标光标会变成十字形。将十字形光标移到要删除的 P80C51FA-4N 上，如图 3-19 所示。单击 P80C51FA-4N 即可将其从电路原理图上删除。

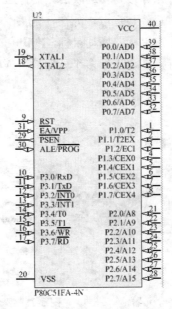

图 3-19　删除元器件

（2）此时，光标仍处于十字形状态，可以继续单击删除其他元器件。若不需要删除元器件，单击鼠标右键或按 Esc 键，即可退出删除元器件命令状态。

（3）也可以选取要删除的元器件，然后按 Delete 键将其删除。

（4）若需要一次性删除多个元器件，用鼠标选取要删除的多个元器件后，选择菜单栏中的"编辑"→"删除"命令或按 Delete 键即可。

对于如何选取单个或多个元器件将在下一节进行介绍。

3.4　元器件位置的调整

元器件位置的调整就是利用各种命令将元器件移动到合适的位置以及实现元器件的旋转、复制与粘贴、排列与对齐等。

3.4.1　元器件的选取和取消选取

1．元器件的选取

要实现元器件位置的调整，首先要选取元器件。选取的方法很多，下面介绍几种常用的方法。

1）用鼠标直接选取单个或多个元器件

对于单个元器件的情况，将光标移到要选取的元器件上单击即可。这时该元器件周围会出现一个绿色框，表明该元器件已经被选取，如图 3-20 所示。

对于多个元器件的情况，单击鼠标并拖动鼠标，拖出一个矩形框，将要选取的多个元器件包含在该矩形框中，释放鼠标后即可选取多个元器件，或者按住 Shift 键，用鼠标逐一单击要选取的元器件，也可选取多个元器件。

2）利用菜单命令选取

选择菜单栏中"编辑"→"选中"命令，弹出如图 3-21 所示的菜单。

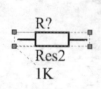

图 3-20　选取单个元器件　　　　图 3-21　"选中"菜单

（1）内部区域：执行此命令后，光标变成十字形状，用鼠标选取一个区域，则区域内的元器件被选取。

（2）外部区域：操作同上，区域外的元器件被选取。

（3）全部：执行此命令后，电路原理图上的所有元器件都被选取。

（4）连接：执行此命令后，若单击某一导线，则此导线以及与其相连的所有元器件都被选取。

图 3-22　"取消选中"菜单

（5）切换选择：执行该命令后，元器件的选取状态将被切换，即若该元器件原来处于未选取状态，则被选取；若处于选取状态，则取消选取。

2．取消选取

取消选取也有多种方法，这里也介绍几种常用的方法。

（1）直接用鼠标单击电路原理图的空白区域，即可取消选取。

（2）单击主工具栏中的 ⅹ 按钮，可以将图纸上所有被选取的元器件取消选取。

（3）选择菜单栏中的"编辑"→"取消选中"命令，弹出如图 3-22 所示菜单。

① 内部区域：取消区域内元器件的选取。

② 外部区域：取消区域外元器件的选取。

③ 所有打开的当前文件：取消当前原理图中所有处于选取状态的元器件的选取。

④ 所有打开的文件：取消当前所有打开的原理图中处于选取状态的元器件的选取。

⑤ 切换选择：与图 3-21 中此命令的作用相同。

（4）按住 Shift 键，逐一单击已被选取的元器件，可以将其取消选取。

3.4.2 元器件的移动

要改变元器件在电路原理图上的位置，就要移动元器件。包括移动单个元器件和同时移动多个元器件。

1．移动单个元器件

分为移动单个未选取的元器件和移动单个已选取的元器件两种。

1）移动单个未选取的元器件的方法

将光标移到需要移动的元器件上（不需要选取），按下鼠标左键不放，拖动鼠标，元器件将会随光标一起移动，到达指定位置后松开鼠标左键，即可完成移动；或者选择菜单栏中的"编辑"→"移动"→"移动"命令，光标变成十字形状，单击需要移动的元器件后，元器件将随光标一起移动，到达指定位置后再次单击鼠标左键，完成移动。

2）移动单个已选取的元器件的方法

将光标移到需要移动的元器件上（该元器件已被选取），同样按下鼠标左键不放，拖动至指定位置后松开鼠标左键；或者选择菜单栏中的"编辑"→"移动"→"移动选择"命令，将元器件移动到指定位置；或者单击主工具栏中的 ✛ 按钮，光标变成十字形状，单击需要移动的元器件后，元器件将随光标一起移动，到达指定位置后再次单击鼠标左键，完成移动。

2．移动多个元器件

需要同时移动多个元器件时，首先要将所有要移动的元器件选中。在其中任意一个元器件上按下鼠标左键不放，拖动鼠标，所有选中的元器件将随光标整体移动，到达指定位置后松开鼠标左键；或者选择菜单栏中的"编辑"→"移动"→"移动选择"命令，将所有元器件整体移动到指定位置；或者单击主工具栏中的 ✛ 按钮，将所有元器件整体移动到指定位置，完成移动。

3.4.3　元器件的旋转

在绘制原理图过程中，为了方便布线，往往要对元器件进行旋转操作。下面介绍几种常用的旋转方法。

1．利用空格键旋转

选取需要旋转的元器件，然后按空格键可以对元器件进行旋转操作或者单击需要旋转的元器件并按住不放，等到鼠标光标变成十字形后，按空格键同样可以进行旋转。每按一次空格键，元器件逆时针旋转 90°。

2．用 X 键实现元器件左右对调

单击需要对调的元器件并按住不放，等到光标变成十字形后，按 X 键可以对元器件进行左右对调操作，如图 3-23 所示。

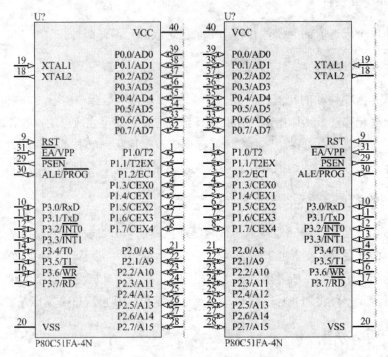

图 3-23　元器件左右对调

3．用 Y 键实现元器件上下对调

单击需要对调的元器件并按住不放，等到光标变成十字形后，按 Y 键可以对元器件进行上下对调操作，如图 3-24 所示。

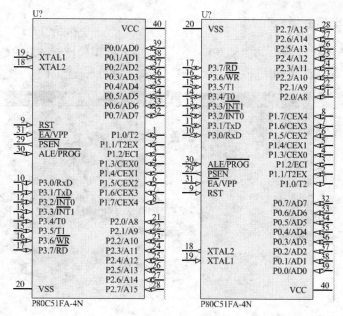

图 3-24　元器件上下对调

3.4.4　元器件的复制与粘贴

1．元器件的复制

元器件的复制是指将元器件复制到剪贴板中，具体步骤如下：

（1）在电路原理图上选取需要复制的元器件或元器件组。

（2）选择菜单栏中的"编辑"→"复制"命令。

① 单击工具栏中的■（复制）按钮。

② 使用快捷键 Ctrl+C 或 E+C。

即可将元器件复制到剪贴板中，完成复制操作。

2．元器件的粘贴

元器件的粘贴就是把剪贴板中的元器件放置到编辑区里，有三种方法：

（1）选择菜单栏中的"编辑"→"粘贴"命令。

（2）单击工具栏上的■（粘贴）按钮。

（3）使用快捷键 Ctrl+V 或 E+P。

执行粘贴后，光标变成十字形状并带有欲粘贴元器件的虚影，在指定位置上单击左键即可完成粘贴操作。

3．元器件的阵列式粘贴

元器件的阵列式粘贴是指一次性按照指定间距将同一个元器件重复粘贴到图纸上。

1）启动阵列式粘贴

选择菜单栏中的"编辑"→"灵巧粘贴"命令或者使用快捷键 Shift+Ctrl+V，弹出"智能粘贴"对话框，如图 3-25 所示。

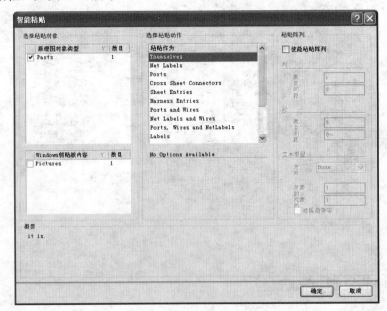

图 3-25　"智能粘贴"对话框

2）"智能粘贴"对话框的设置

首先选中"使能粘贴阵列"复选框。

（1）Columns（行）选项区域：用于设置行参数，Count（计算）用于设置每一行中所要粘贴的元器件个数；"数目间距"用于设置每一行中两个元器件的水平间距。

（2）Rows（列）选项区域：用于设置列参数，Count（计算）用于设置每一列中所要粘贴的元器件个数；"数目间距"用于设置每一列中两个元器件的垂直间距。

3）阵列式粘贴具体操作步骤

首先，在每次使用阵列式粘贴前，必须通过复制操作将选取的元器件复制到剪贴板中。然后，执行阵列式粘贴命令，设置阵列式粘贴对话框，即可以实现选定元器件的阵列式粘贴。图 3-26 所示为放置的一组 3×3 的阵列式粘贴电阻。

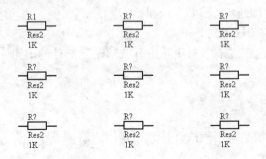

图 3-26　阵列式粘贴电阻

3.4.5 元器件的排列与对齐

选择菜单栏中的"编辑"→"对齐"命令，弹出元器件排列和对齐菜单命令，如图 3-27 所示。

图 3-27 元器件对齐设置命令

其各项的功能如下：

（1）左对齐：将选取的元器件向最左端的元器件对齐。

（2）右对齐：将选取的元器件向最右端的元器件对齐。

（3）水平中心对齐：将选取的元器件向最左端元器件和最右端元器件的中间位置对齐。

（4）水平分布：将选取的元器件在最左端元器件和最右端元器件之间等距离放置。

（5）顶对齐：将选取的元器件向最上端的元器件对齐。

（6）底对齐：将选取的元器件向最下端的元器件对齐。

（7）垂直中心对齐：将选取的元器件向最上端元器件和最下端元器件的中间位置对齐。

（8）垂直分布：将选取的元器件在最上端元器件和最下端元器件之间等距离放置。

图 3-28 "排列对象"对话框

选择菜单栏中的"编辑"→"对齐"→"对齐"命令，弹出"排列对象"对话框，如图 3-28 所示。其中主要包括三部分。

1）"水平排列"选项区域

用来设置元器件组在水平方向的排列方式。

（1）不改变：水平方向上保持原状，不进行排列。

（2）左边：水平方向左对齐，等同于"左对齐"命令。

（3）居中：水平中心对齐，等同于"水平中心对齐"命令。

（4）右边：水平方向右对齐，等同于"右对齐"命令。

（5）平均分布：水平方向均匀排列，等同于"水平分布"命令。

2）"垂直排列"选项区域

（1）不改变：垂直方向上保持原状，不进行排列。

（2）置顶：顶端对齐，等同于"顶对齐"命令。

（3）居中：垂直中心对齐，等同于"垂直中心对齐"命令。

（4）置底：底端对齐，等同于"底对齐"命令。

（5）平均分布：垂直方向均匀排列，等同于"垂直分布"命令。

3）"按栅格移动"复选框

用于设定元器件对齐时，是否将元器件移动到网格上。建议用户选中此项，以便于连线时捕捉到元器件的电气节点。

3.5 绘制电路原理图

3.5.1 绘制原理图的工具

绘制电路原理图主要通过电路图绘制工具来完成，因此，熟练使用电路图绘制工具是必须的。启动电路图绘制工具的方法主要有两种。

1. 使用布线工具栏

选择菜单栏中的"查看"→"工具栏"→"布线"命令，如图 3-29 所示，即可打开"布线"工具栏，如图 3-30 所示。

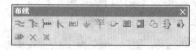

图 3-29　启动布线工具栏的菜单命令　　　　图 3-30　"布线"工具栏

2. 使用菜单命令

执行菜单命令"放置"或在电路原理图的图纸上右击，从弹出的快捷菜单中选择"放置"命令，将弹出"放置"菜单下的绘制电路图菜单命令，如图 3-31 所示。这些菜单命令与"布线"工具栏的各个按钮相互对应，功能完全相同。

3.5.2 绘制导线和总线

1. 绘制导线

导线是电路原理图件图最基本的电气组件之一，原理图中的导线具有电气连接意义。下面介绍绘制导线的具体步骤

图 3-31　"放置"菜单命令

和导线的属性设置。

1）启动绘制导线命令

启动绘制导线命令主要有如下 4 种方法：

（1）单击布线工具栏中的 ≈（放置线）按钮进入绘制导线状态。

（2）选择菜单栏中的"放置"→"线"命令，进入绘制导线状态。

（3）在原理图图纸空白区域右击，在弹出的快捷菜单中选择"放置"→"线"命令。

（4）使用快捷 P+W。

2）绘制导线

进入绘制导线状态后，光标变成十字形，系统处于绘制导线状态。绘制导线的具体步骤如下：

（1）将光标移到要绘制导线的起点，若导线的起点是元器件的引脚，当光标靠近元器件引脚时，会自动移动到元器件的引脚上，同时出现一个红色的×表示电气连接的意义。单击鼠标左键确定导线起点。

（2）移动光标到导线折点或终点，在导线折点处或终点处单击鼠标左键确定导线的位置，每转折一次都要单击鼠标一次。导线转折时，可以通过按 Shift+空格键来切换选择导线转折的模式，共有三种模式，分别是直角、45°角和任意角，如图 3-32 所示。

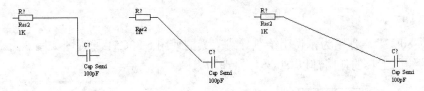

图 3-32　直角、45°角和任意角转折

（3）绘制完第一条导线后，右击鼠标退出绘制第一根导线。此时系统仍处于绘制导线状态，将鼠标移动到新的导线的起点，按照上面的方法继续绘制其他导线。

（4）绘制完所有的导线后，单击鼠右键退出绘制导线状态，光标由十字形变成箭头。

3）导线属性设置

在绘制导线状态下，按下 Tab 键，弹出"线"对话框，如图 3-33 所示。或者在绘制导线完成后，双击导线同样会弹出"线"对话框。

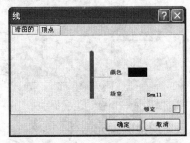

图 3-33　"线"对话框

在"线"对话框中，主要对导线的颜色和宽度进行设置。单击"颜色"右边的颜色框，

弹出颜色属性对话框，如图 3-34 所示。选中合适的颜色作为导线的颜色即可。

导线的宽度设置是通过"线宽"右边的下拉按钮来实现的。有四种选择：Smallest（最细）、Small（细）、Medium（中等）、Large（粗）。一般不需要设置导线属性，采用默认设置即可。

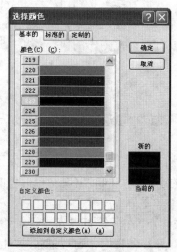

图 3-34　导线颜色选择对话框

4）绘制导线实例

这里以 80C51 原理图为例说明绘制导线工具的使用。80C51 原理图如图 3-35 所示。在后面介绍的绘图工具的使用都以 80C51 原理图为例。

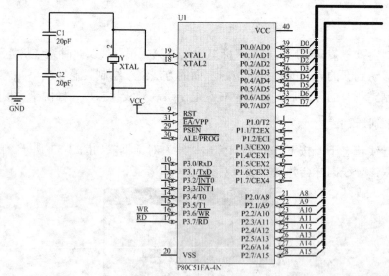

图 3-35　80C51 原理图

在前面已经介绍了如何在原理图上放置元器件。按照前面所讲在空白原理图上放置所需的元器件，如图 3-36 所示。下面利用绘制电路图工具栏命令完成对 80C51 原理图的绘制。

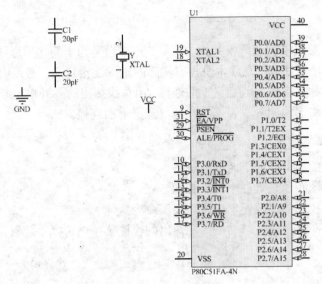

图 3-36 放置元器件

在 80C51 原理图中，主要绘制两部分导线。分别为第 18、19 引脚与电容、电源地等的连接以及第 31 引脚 VPP 与电源 VCC 的连接。其他地址总线和数据总线可以连接一小段导线便于后面网络标号的放置。

首先启动绘制导线命令，光标变成十字形。将光标移动到 80C51 的第 19 引脚 XTAL1 处，将在 XTAL1 的引脚上出现一个红色的 X，单击鼠标左键确定。拖动鼠标到合适位置单击鼠标左键将导线转折后，将光标拖至元器件 Y 的第 2 引脚处，此时光标上再次出现红色的 X，单击鼠标左键确定，第一条导线绘制完成，右击鼠标退出绘制第一根导线状态。此时光标仍为十字形，采用同样的方法绘制其他导线。只要光标为十字形状，就处于绘制导线命令状态下。若想退出绘制导线状态，右击鼠标即可，光标变成箭头后，才表示退出该命令状态。导线绘制完成后的 80C51 原理图如图 3-37 所示。

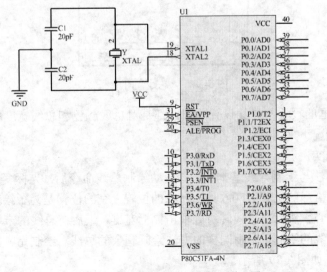

图 3-37 绘制完导线的 80C51 原理图

2. 绘制总线

总线就是用一条线来表达数条并行的导线。这样做是为了简化原理图,便于读图。如常说的数据总线、地址总线等。总线本身没有实际的电气连接意义,必须由总线接出的各个单一导线上的网络名称来完成电气意义上的连接。由总线接出的各外单一导线上必须放置网络名称,具有相同网络名称的导线表示实际电气意义上的连接。

1)启动绘制总线的命令

启动绘制总线的命令有如下 4 种方法:

(1)单击电路图布线工具栏中的 按钮。

(2)选择菜单栏中的"放置"→"总线"命令。

(3)在原理图图纸空白区域右击,在弹出的快捷菜单中选择"放置"→"总线"命令。

(4)使用快捷 P+B。

2)绘制总线

启动绘制总线命令后,光标变成十字形,在合适的位置单击鼠标左键确定总线的起点,然后拖动鼠标,在转折处单击鼠标或在总线的末端单击鼠标确定。绘制总线的方法与绘制导线的方法基本相同。

(1)总线属性设置

在绘制总线状态下,按 Tab 键,弹出"总线"对话框,如图 3-38 所示。在绘制总线完成后,如果想要修改总线属性,双击总线,同样弹出"总线"对话框。

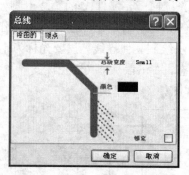

图 3-38 "总线"对话框

"总线"对话框的设置与导线设置相同,都是对总线颜色和总线宽度的设置。在此不再重复讲述。一般情况下采用默认设置即可。

(2)绘制总线实例

绘制总线的方法与绘制导线基本相同。启动绘制总线命令后,光标变成十字形,进入绘制总线状态后,在恰当的位置(P0.6 处空一格的位置,空的位置是为了绘制总线分支)单击鼠标确认总线的起点,然后在总线转折处单击鼠标左键,最后在总线的末端再次单击鼠标左键,完成第一条总线的绘制。采用同样的方法绘制剩余的总线。绘制完成数据总线和地址总线的 80C51 原理图如图 3-39 所示。

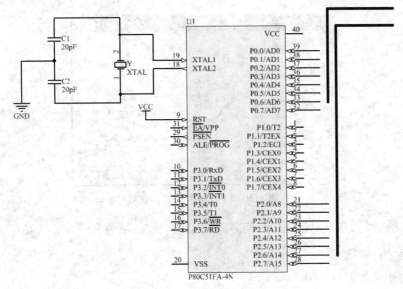

图 3-39　绘制总线后的 80C51 原理图

3. 绘制总线分支

总线分支是单一导线进出总线的端点。导线与总线连接时必须使用总线分支，总线和总线分支没有任何的电气连接意义，只是让电路图看上去更有专业水平，因此电气连接功能要由网络标号来完成。

1）启动总线分支命令

启动总线分支命令主要有以下 4 种方法：

(1) 单击电路图布线工具栏中的 按钮。

(2) 选择菜单栏中的"放置"→"总线进口"命令。

(3) 在原理图图纸空白区域右击，在弹出的快捷菜单中选择"放置"→"总线进口"命令。

(4) 使用快捷 P+U。

2）绘制总线分支

绘制总线分支的步骤如下：

(1) 执行绘制总线分支命令后，光标变成十字形，并有分支线"/"悬浮在游标上。如果需要改变分支线的方向，按空格键即可。

(2) 移动光标到所要放置总线分支的位置，光标上出现两个红色的十字叉，单击鼠标即可完成第一个总线分支的放置。依次可以放置所有的总线分支。

(3) 绘制完所有的总线分支后，右击鼠标或按 Esc 键退出绘制总线分支状态。光标由十字形变成箭头。

3）总线分支属性设置

(1) 在绘制总线分支状态下，按 Tab 键，弹出"总线入口"对话框，如图 3-40 所示，或者在退出绘制总线分支状态后，双击总线分支同样弹出"总线入口"对话框。

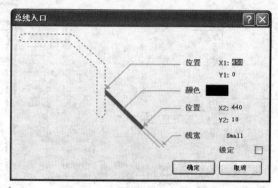

图 3-40 "总线入口"对话框

（2）在"总线入口"对话框中，可以设置总线分支的颜色和线宽。"位置"一般不需要设置，采用默认设置即可。

4）绘制总线分支的实例

进入绘制总线分支状态后，十字光标上出现分支线／或＼。由于在 80C51 原理图中采用／分支线，所以通过按空格键调整分支线的方向。绘制分支线很简单，只需要将十字光标上的分支线移动到合适的位置，单击鼠标就可以了。完成了总线分支的绘制后，右击鼠标退出总线分支绘制状态。这一点与绘制导线和总线不同，当绘制导线和总线时，双击鼠标右键退出导线和总线绘制状态，右击鼠标表示在当前导线和总线绘制完成后，开始下一段导线或总线的绘制。绘制完总线分支后的 80C51 原理图如图 3-41 所示。

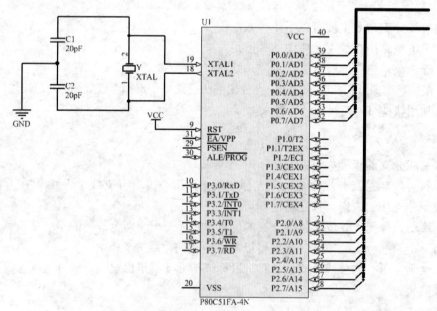

图 3-41 绘制总线分支后的 80C51 原理图

注意

在放置总线分支的时候，总线分支朝向的方向有时是不一样的，左边的总线分支向右倾斜，而右边的总线分支向左倾斜。在放置的时候，只需要按空格键就可以改变总线分支的朝向。

3.5.3 放置电路节点

电路节点是用来表示两条导线交叉处是否连接的状态。如果没有节点，表示两条导线在电气上是不相通的；若有节点，则认为两条导线在电气意义上是连接的。

1．启动放置电路节点命令

启动放置电路节点命令有三种方式：
（1）选择菜单栏中的"放置"→"手工接点"命令。
（2）在原理图图纸空白区域右击，在弹出的快捷菜单中选择"放置"→"手工接点"命令。
（3）使用快捷键 P+J。

2．放置电路节点

启动放置电路节点命令后，光标变成十字形，且光标上有一个红色的圆点，如图 3-42 所示。移动光标，在原理图的合适位置单击鼠标完成一个节点的放置。右击鼠标退出放置节点状态。

图 3-42　手工放置电路节点

一般在布线时系统会在 T 形交叉处自动加入电路节点，免去手动放置节点的麻烦。但在十字交叉处，系统无法判断两根导线是否相连，就不会自动放置电路节点。如果导线确实是连接的，就需要采用上面讲的方法手工放置电路节点。

3．电路节点属性设置

在放置电路节点状态下，按 Tab 键，弹出"连接"对话框，如图 3-43 所示，或者在退出放置节点状态后，双击节点也可以打开"连接"对话框。

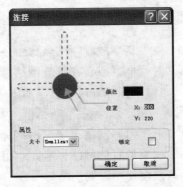

图 3-43　"连接"对话框

在对话框中，可以设置节点的颜色和大小。单击"颜色"选项可以改变节点的颜色；在

"大小"下拉列表中可以设置节点的大小；"位置"一般采用默认的设置即可。

3.5.4　设置网络标号

在原理图绘制过程中，元器件之间的电气连接除了使用导线外，还可以通过设置网络标号来实现。网络标号实际上是一个电气连接点，具有相同网络标号的电气连接表明是连在一起的。网络标号主要用于层次原理图电路和多重式电路中的各个模块之间的连接。也就是说，定义网络标号的用途是将两个和两个以上没有相互连接的网络，命名相同的网络标号，使它们在电气含义上属于同一网络，这在印制电路板布线时非常重要。在连接线路比较远或线路走线复杂时，使用网络标号代替实际走线会使电路图简化。

1．启动执行网络标号命令

启动执行网络标号的命令有 4 种方法：
（1）选择菜单栏中的"放置"→"网络标号"命令。
（2）单击布线工具栏中的 Net 按钮。
（3）在原理图图纸空白区域右击，在弹出的快捷菜单中选择"放置"→"网络标号"命令。
（4）使用快捷键 P+N。

2．放置网络标号

放置网络标号的步骤如下：
（1）启动放置网络标号命令后，光标将变成十字形，并出现一个虚线方框悬浮在光标上。此方框的大小、长度和内容由上一次使用的网络标号决定。
（2）将光标移动到放置网络名称的位置（导线或总线），光标上出现红色的×，单击鼠标就可以放置一个网络标号。但是一般情况下，为了避免以后修改网络标号的麻烦，在放置网络标号前，按 Tab 键，设置网络标号的属性。
（3）移动鼠标到其他位置继续放置网络标号（放置完第一个网络标号后，不按鼠标右键）。在放置网络标号的过程中如果网络标号的末尾为数字，那么这些数字会自动增加。
（4）右击或按 Esc 键退出放置网络标号状态。

3．网络标号属性对话框

启动放置网络名称命令后，按 Tab 键打开"网络标签"对话框。或者在放置网络标号完成后，双击网络标号打开"网络标签"对话框，如图 3-44 所示。

"网络标签"对话框主要用来设置以下选项：
（1）网络：定义网络标号。在文本框中可以直接输入想要放置的网络标号，也可以单击后面的下三角按钮选取前面使用过的网络标号。
（2）颜色：单击 Color 选项，弹出 Choose Color（选择颜色）对话框，用户可以选择自己喜欢的颜色。

图 3-44　"网络标签"对话框

（3）位置：选项中的 X、Y 表明网络标号在电路原理图上的水平和垂直坐标。

（4）定位：用来设置网络标号在原理图上的放置方向。单击 Orientation 栏中 0 Degrees 后面的下拉列表即可以选择网络标号的方向。也可以用空格键实现方向的调整，每按一次空格键，改变 90°。

（5）字体：单击 Font 中的 Change 按钮，弹出"字体"对话框，如图 3-45 所示。用户可以选择自己喜欢的字体等。

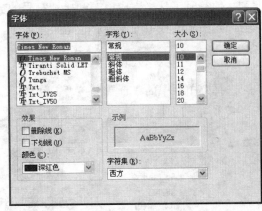

图 3-45　字体设置

4．放置网络标号实例

在 80C51 原理图中，主要放置 WR、RD、数据总线（D0~D7）和地址总线（A8~A15）的网络标号。首先进入放置网络标号状态，按 Tab 键将弹出网络名称属性对话框，在网络名称栏中输入 D0，其他采用默认设置即可。移动鼠标到 80C51 的 AD0 引脚，游标出现红色的 X 符号，单击鼠标，网络标号 D0 的设置完成。依次移动鼠标到 D1~D7，会发现网络标号的末位数字自动增加。单击鼠标完成 D0~D7 的网络标号的放置。用同样的方法完成其他网络标号的放置，右击鼠标退出放置网络标号状态。完成放置网络标号后的 80C51 原理图如图 3-46 所示。

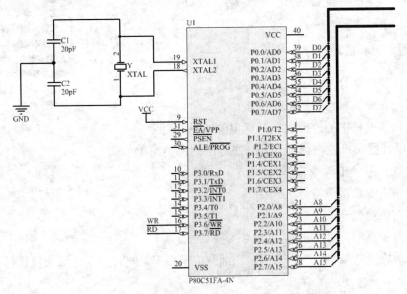

图 3-46　绘制完网络标号后的 80C51 原理图

3.5.5　放置电源和接地符号

放置电源和接地符号一般不采用绘图工具栏中的放置电源和接地菜单命令。通常利用电源和接地符号工具栏完成电源和接地符号的放置。下面首先介绍电源和接地符号工具栏，然后介绍绘图工具栏中的电源和接地菜单命令。

1. 电源和接地符号工具栏

选择菜单栏中的"查看"→"工具栏"命令，选中"实用"选项，在编辑窗口上出现如图 3-47 所示的工具栏。

图 3-47　选中"实用"选项后出现的工具栏

单击工具栏中的 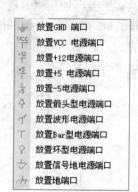 按钮，弹出电源和接地符号工具栏菜单，如图 3-48 所示。

在电源和接地符号工具栏中，单击图中的电源和接地图标按钮，可以得到相应的电源和接地符号，非常方便易用。

2. 放置电源和接地符号

放置电源和接地符号主要有 5 种方法：

（1）单击布线工具栏中的 或 按钮。

（2）选择菜单栏中的"放置"→"电源端口"命令。

（3）在原理图图纸空白区域右击，在弹出的快捷菜单中选择"放置"→"电源端口"命令。

（4）使用电源和接地符号工具栏。

（5）使用快捷键 P+O。

放置电源和接地符号的步骤如下：

（1）启动放置电源和接地符号后，光标变成十字形，同时一个电源或接地符号悬浮在光标上。

（2）在适合的位置单击鼠标或按 Enter 键，即可放置电源和接地符号。

（3）右击或按 Esc 键退出电源和接地放置状态。

图 3-48　电源和接地符号工具栏

3. 设置电源和接地符号的属性

启动放置电源和接地符号命令后，按 Tab 键弹出"电源端口"对话框，或者在放置电源和接地符号完成后，双击需要设置的电源符号或接地符号，如图 3-49 所示。

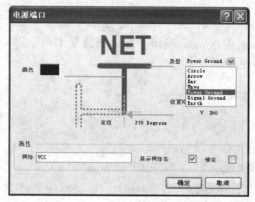

图 3-49 "电源端口"对话框

（1）颜色：用来设置电源和接地符号的颜色。单击右边的色块，可以选择颜色。

（2）定位：用来设置电源的和接地符号的方向，在下拉列表中可以选择需要的方向，有 0 Degrees、90 Degrees、180 Degrees、270 Degrees。方向的设置也可以通过在放置电源和接地符号时按空格键实现，每按一次空格键就变化 90°。

（3）位置：可以定位 X、Y 的坐标，一般采用默认设置即可。

（4）类型：单击电源类型的下拉列表，出现七种不同的电源类型，如图 3-48 所示。与电源和接地工具栏中的图示存在一一对应的关系。

（5）属性：在网络标号中输入所需要的名字，如 GND、VCC 等。

4. 放置电源与接地符号实例

在 80C51 原理图中，主要有电容与电源地的连接和 VPP 与电源 VCC 的连接。利用电源与接地符号工具栏和绘图工具栏中放置电源和接地符号的命令分别完成电源和接地符号的放置，并比较两者优劣。

1）利用电源和接地符号工具栏绘制电源和接地符号

单击电源和接地符号工具栏中的 VCC 图标，光标变成十字形，同时有 VCC 图标悬浮在光标上，移动光标到合适的位置，单击鼠标，完成 VCC 图标的放置。接地符号的放置与电源符号的放置完全相同，不再叙述。

2）利用绘图工具栏的放置电源和接地符号菜单

单击绘图工具栏中的放置电源和接地符号按钮，光标变成十字形，同时一个电源图示悬浮在光标上，其图示与上一次设置的电源或接地图示相同。按下 Tab 键，在图 3-49 所示的"网络"文本框中输入 VCC 作为网络标号，同时"类型"选中 Bar，其他采用默认设置即可，单击鼠标，VCC 图标就出现在原理图上。此时系统仍处于放置电源和接地符号状态，可以移动鼠标到合适的位置继续放置电源和接地符号。右击鼠标退出放置电源和接地状态。完成放置电源和接地符号后的 80C51 原理图如图 3-36 所示。

3.5.6 放置输入/输出端口

在设计电路原理图时，一个电路网络与另一个电路网络的电气连接有三种形式：可以直接通过导线连接；也可以通过设置相同的网络标号来实现两个网络之间的电气连接；还有一种方法，即相同网络标号的输入/输出端口，在电气意义上也是连接的。输入/输出端口是层次原理图设计中不可缺少的组件。

1．启动放置输入/输出端口的命令

启动放置输入/输出端口主要有 4 种方法：
（1）单击布线工具栏中的 ⊳⊳ 按钮。
（2）选择菜单栏中的"放置"→"端口"命令。
（3）在原理图图纸空白区域右击，在弹出的快捷菜单中选择"放置"→"端口"命令。
（4）使用快捷键 P+R。

2．放置输入/输出端口

放置输入/输出端口步骤如下：
（1）启动放置输入/输出端口命令后，光标变成十字形，同时一个输入/输出端口图示悬浮在光标上。
（2）移动光标到原理图的合适位置，在光标与导线相交处会出现红色的×，这表明实现了电气连接。单击鼠标即可定位输入/输出端口的一端，移动鼠标使输入/输出端口大小合适，单击鼠标完成一个输入/输出端口的放置。
（3）右击鼠标退出放置输入/输出端口状态。

3．输入/输出端口属性设置

在放置输入/输出端口状态下，按 Tab 键，或者在退出放置输入/输出端口状态后，双击放置的输入/输出端口符号，弹出"端口属性"对话框，如图 3-50 所示。

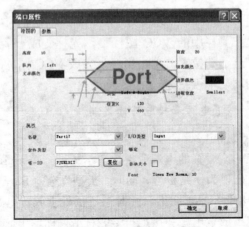

图 3-50 "端口属性"对话框

"端口属性"对话框主要包括如下属性设置：

（1）高度：用于设置输入/输出端口外形高度。

（2）队列：用于设置输入/输出端口名称在端口符号中的位置，有三种选择，可以设置为 Left、Right 和 Center。

（3）文本颜色：用于设置端口内文字的颜色。单击后面的色块，可以进行设置。

（4）类型：用于设置端口的外形。有 8 种选择，如图 3-51 所示。系统默认的设置是 Left&Right。

图 3-51　Style 下拉列表

（5）位置：用于定位端口的水平和垂直坐标。

（6）宽度：用于设置端口的长度。

（7）填充颜色：用于设置端口内的填充色。

（8）边界颜色：用于设置端口边框的颜色。

（9）"名称"下拉列表：用于定义端口的名称，具有相同名称的输入/输出端口在电气意义上是连接在一起的。

（10）"I/O 类型"下拉列表：用于设置端口的电气特性，为系统的电气规则检查（ERC）提供依据。端口的类型设置有 4 种：Unspecified（未确定类型）、Output（输出端口）、Input（输入端口）、Bidirectional（双向端口）。

（11）唯一 ID：在整个项目中该输入/输出端口的唯一 ID 号，用来与 PCB 同步。由系统随机给出，用户一般不需要修改。

4．放置输入/输出端口实例

启动放置输入/输出端口命令后，光标变成十字形，同时输入/输出端口图示悬浮在光标上。移动光标到 80C51 原理图数据总线的终点，单击鼠标确定输入/输出端口的一端，移动光标到输入/输出端口大小合适的位置单击鼠标确认。右击鼠标退出制作输入/输出端口状态。此处图示里的内容是上一次放置输入/输出端口时的内容。双击放置输入/输出端口图示，弹出输入/输出端口属性对话框。在"名称"文本框中输入 D0～D7，其他采用默认设置即可。地址总线的输入/输出端口设置不再叙述。放置输入/输出端口后的 80C51 原理图如图 3-35 所示。

3.5.7　放置忽略 ERC 检查测试点

放置忽略 ERC 测试点的主要目的是让系统在进行电气规则检查（ERC）时，忽略对某些节点的检查。例如系统默认输入型引脚必须连接，但实际上某些输入型引脚不连接也是常事，如果不放置忽略 ERC 测试点，那么系统在编译时就会生成错误信息，并在引脚上放置错误标记。

1．启动放置忽略 ERC 检查测试点命令

启动放置忽略 ERC 检查测试点命令主要有 4 种方法：

（1）单击布线工具栏中的 ✕（放置忽略 ERC 测试点）按钮。

（2）选择菜单栏中的"放置"→"指示"→ Generic No ERC（忽略 ERC 测试点）命令。

（3）在原理图图纸空白区域右击，在弹出的快捷菜单中选择"放置"→"指示"→NO ERC 命令。

（4）使用快捷键 P+I+N。

2. 放置忽略 ERC 检查测试点

启动放置忽略 ERC 检查测试点命令后，光标变成十字形，并且在光标上悬浮一个红叉，将光标移动到需要放置 NO ERC 的节点上，单击鼠标完成一个忽略 ERC 检查测试点的放置。右击或按 Esc 键退出放置忽略 ERC 测试点状态。

3. NO ERC 属性设置

在放置 NO ERC 状态下按 Tab 键，或在放置 NO ERC 完成后，双击需要设置属性的 NO ERC 检查符号，弹出"不 ERC 检查"对话框，如图 3-52 所示。

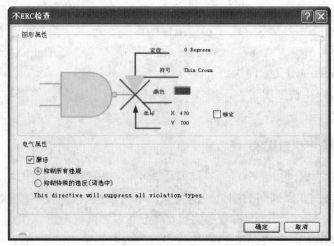

图 3-52　"不ERC检查"对话框

主要用来设置忽略 ERC 测试点的颜色和坐标位置，采用默认设置即可。

3.5.8　设置 PCB 布线标志

Altium Designer 13 允许用户在原理图设计阶段来规划指定网络的铜膜宽度、过孔直径、布线策略、布线优先权和布线板层属性。如果用户在原理图中对某些特殊要求的网络设置 PCB 布线指示，在创建 PCB 的过程中就会自动在 PCB 中引入这些设计规则。

1. 启动放置 PCB 布线标志命令

启动放置 PCB 布线标志命令主要有两种方法：

（1）选择菜单栏中的"放置"→"指示"→"PCB 布局"命令。

（2）在原理图图纸空白区域右击，在弹出的快捷菜单中选择"放置"→"指示"→"PCB 布局"命令。

2．放置 PCB 布线标志

启动放置 PCB 布线标志命令后，光标变成十字形，PCB Rule 图标悬浮在光标上，将光标移动到放置 PCB 布线标志的位置，单击鼠标，即可完成 PCB 布线标志的放置。右击鼠标，退出 PCB 布线标志状态。

3．PCB 布线指示属性设置

在放置 PCB 布线标志状态下按 Tab 键，弹出"参数"对话框，如图 3-53 所示。或者在已放置的 PCB 布线标志上双击鼠标。

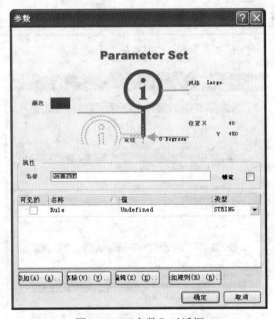

图 3-53 "参数"对话框

1）"属性"选项区域

"属性"选项区域用于设置 PCB 布线标志的名称、放置位置和角度等。

（1）名称：用来设置 PCB 布线标志的名称。

（2）位置 X、位置 Y：用来设置 PCB 布线标志的坐标，一般采用移动鼠标实现。

（3）定位：用来设置 PCB 布线标志的放置角度，同样有 4 种选择，即 0 Degrees、90 Degrees、180 Degrees、270 Degrees。也可以按空格键实现。

2）参数列表窗口

该表中列出了选中 PCB 布线标志所定义的变量及其属性，包括名称、数值及类型等。在列表中选中任一参数值，单击对话框下方的"编辑"按钮，打开"参数属性"对话框，如图 3-54 所示。在"参数属性"对话框中，单击"编辑规则值"按钮，弹出"选择设计规则类型"对话框，如图 3-55 所示。对话框中列出了 PCB 布线时用到的所有规则类型。

图 3-54 "参数属性"对话框

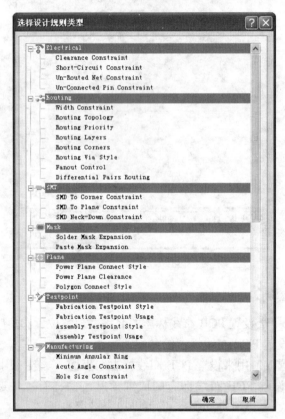

图 3-55 "选择设计规则类型"对话框

3.5.9 放置文本字和文本框

在绘制电路原理图的时候,为了增加原理图的可读性,设计者会在原理图的关键位置添加文字说明,即添加文本字和文本框。当需要添加少量的文字时,可以直接放置文本字,而对于需要大段文字说明的情况,就需要用文本框。

1. 放置文本字

1）启动放置文本字的命令

（1）选择菜单栏中的"放置"→"文本字符串"命令。

（2）在原理图的空白区域单击鼠标右键，在弹出的快捷菜单中选择"放置"→"文本字符串"命令。

（3）单击绘图工具中的放置文本字按钮 **A**。

2）放置文本字

启动放置文本字命令后，光标变成十字形，并带有一个文本字 Text。移动光标至需要添加文字说明处，单击鼠标左键即可放置文本字，如图 3-56 所示。

3）文本字属性设置

在放置状态下，按 Tab 键或者放置完成后，双击需要设置属性的文本字，弹出"标注"对话框，如图 3-57 所示。

图 3-56　放置文本字　　　　　图 3-57　"标注"对话框

（1）颜色：用于设置文本字的颜色。

（2）位置 X　Y：用于设置文本字的坐标位置。

（3）定位：用于设置文本字的放置方向。有 4 个选项，即 0 Degrees、90 Degrees、180 Degrees 和 270 Degrees。

（4）水平正确：用于调整文本字在水平方向上的位置。有三个选项：Left、Center 和 Right。

（5）垂直正确：用于调整文本字在垂直方向上的位置。也有三个选项：Bottom、Center 和 Top。

（6）文本：用于输入具体的文字说明。另外用鼠标左键单击放置的文本字，稍等一会儿再次单击，即可进入文本字的编辑状态，可直接输入文字说明。此法不需要打开文本字属性设置对话框。

（7）字体：用于设置输入文字的字体。

2．放置文本框

1）启动放置文本框命令

（1）选择菜单栏中的"放置"→"文本框"命令。

（2）在原理图的空白区域单击鼠标右键，在弹出的快捷菜单中选择"放置"→"文本框"命令。

（3）单击绘图工具中的放置文本框按钮 ▣ 。

2）放置文本框

启动放置文本框命令后，鼠标变成十字形。移动光标到指定位置，单击鼠标左键确定文本框的一个顶点，然后移动鼠标到合适位置，再次单击左键确定文本框对角线上的另一个顶点，完成文本框的放置，如图 3-58 所示。

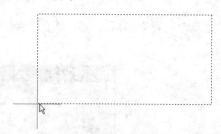

图 3-58　文本框的放置

3）文本框属性设置

在放置状态下，按 Tab 键或者放置完成后，双击需要设置属性的文本框，弹出"文本结构"对话框，如图 3-59 所示。

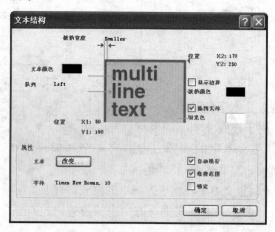

图 3-59　"文本结构"对话框

（1）文本颜色：用于设置文本框中文字的颜色。

（2）队列：用于设置文本内文字的对齐方式。有三个选项：Left（左对齐）、Center（中心对齐）和 Right（右对齐）。

（3）位置 X1、Y1 和位置 X2、Y2：用于设置文本框起始顶点和终止顶点的位置坐标。

（4）板的宽度：用于设置文本框边框的宽度。有 4 个选项供用户选择：Smallest、Small、Medium 和 Large。系统默认是 Smallest。

（5）显示边界：该复选框用于设置是否显示文本框的边框。若选中，则显示边框。

（6）框的颜色：用于设置文本框的边框的颜色。

（7）填充实体：该复选框用于设置是否填充文本框。若选中，则文本框被填充。

（8）填充色：用于设置文本框填充的颜色。

（9）文本：用于输入文本内容。单击下方的 改变... 按钮，系统将弹出一个文本内容编辑框，用户可以在里面输入文字，如图 3-60 所示。

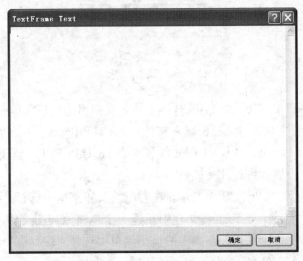

图 3-60　文本内容编辑对话框

（10）自动换行：该复选框由于设置文字的自动换行。若选中，则当文本框中的文字长度超过文本框的宽度时，会自动换行。

（11）字体：用于设置文本框中文字的字体。

（12）修剪范围：若选中该复选框，则当文本框中的文字超出文本框区域时，系统自动截去超出的部分。若不选，则当出现这种情况时，将在文本框的外部显示超出的部分。

3.6　综合实例

通过前面的学习，相信用户对 Altium Designer 13 的原理图编辑环境、原理图编辑器的使用有了一定的了解，能够完成一些简单电路图的绘制。这一节将通过具体的实例讲述完整的绘制出电路原理图的步骤。

3.6.1　单片机最小应用系统原理图

本节将从实际操作的角度出发，通过一个具体的实例来说明怎样使用原理图编辑器来完成电路的设计工作。目前绝大多数的电子应用设计脱离不了单片机系统。下面使用 Altium Designer 13 来绘制一个单片机最小应用系统的组成原理图。其主要的操作步骤如下。

绘制步骤

（1）启动 Altium Designer 13，打开 Files（文件）面板，在"新的"选项栏中单击 Blank Project（PCB）（空白工程文件）选项，则在 Projects（工程）面板中出现新建的工程文件，系统提供的默认文件名为 PCB_Project1.PrjPCB，如图 3-61 所示。

图 3-61　新建工程文件

（2）在工程文件 PCB_Project1.PrjPCB 上右击，在弹出的快捷菜单中选择"保存工程为"命令，在弹出的"保存文件"对话框中输入文件名 MCU.PrjPCB，并保存在指定的文件夹中。此时，在 Projects（工程）面板中，工程文件名变为 MCU.PrjPCB。该工程中没有任何内容，可以根据设计的需要添加各种设计文档。

（3）在工程文件 MCU.PrjPCB 上右击，在弹出的快捷菜单中选择"给工程添加新的"→ Schematic（原理图）命令。在该工程文件中新建一个电路原理图文件，系统默认文件名为 Sheet1.SchDoc。在该文件上右击，在弹出的快捷菜单中选择"保存为"命令，在弹出的"保存文件"对话框中输入文件名 MCU Circuit.SchDoc。此时，在 Projects（工程）面板中，工程文件名变为 MCU Circuit.SchDoc，如图 3-62 所示。在创建原理图文件的同时，也就进入了原理图设计系统环境。

图 3-62　创建新原理图文件

（4）在编辑窗口中右击，在弹出的快捷菜单中选择"选项"→"文档选项"或"文件参数"或"图纸"命令，系统将弹出如图 3-63 所示的"文档选项"对话框，可以对图纸参数进行设置。将图纸的尺寸及标准风格设置为 A4，放置方向设置为 Landscape（水平），标题块设置为 Standard（标准），单击对话框中的"更改系统字体（Change System Font）"按钮，系统将弹出"字体"对话框。在该对话框中，设置字体为 Arial，设置字形为"常规"，大小设置为 10，单击"确定"按钮。其他选项均采用系统默认设置。

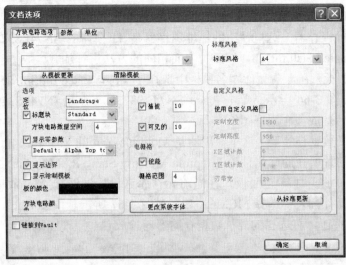

图 3-63 "文档选项"对话框

（5）创建原理图文件后，系统已默认为该文件加载了一个集成元件库 Miscellaneous Devices.IntLib（常用分立元件库）。这里使用 Philips 公司的单片机 P89C51RC2HFBD，来构建单片机最小应用系统。为此需要先加载 Philips 公司元件库，其所在的库文件为 Philips Microcontroller 8-bit.IntLib。

（6）在"库"面板中单击"库"按钮，系统将弹出如图 3-64 所示的"可用库"对话框。在该对话框中单击"添加库"按钮，打开相应的选择库文件对话框，在该对话框中选择确定的库文件夹 Philips，选择相应的库文件 Philips Microcontroller 8-bit.IntLib，单击"打开"按钮，关闭该对话框。在绘制原理图的过程中，放置元件的基本原则是根据信号的流向放置，从左到右，或从上到下。首先应该放置电路中的关键元件，然后放置电阻、电容等外围元件。在本例中，设定图纸上信号的流向是从左到右，关键元件包括单片机芯片、地址锁存芯片、扩展数据存储器。

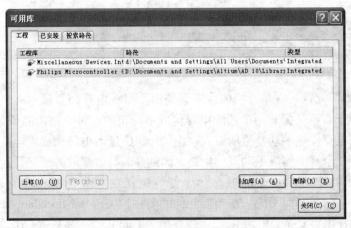

图 3-64 "可用库"对话框

（7）放置单片机芯片。打开"库"面板，在当前元件库名称栏选择 Philips Microcontroller 8-bit.IntLib，在过滤框条件文本框中输入 P89C51RC2HFBD，如图 3-65 所示。单击 Place

P89C51RC2HFBD（放置 P89C51RC2HFBD）按钮，将选择的单片机芯片放置在原理图纸上。

（8）放置地址锁存器。这里使用的地址锁存器是 TI 公司的 SN74LS373N，该芯片所在的库文件为 TI Logic Latch.IntLib，按照与上面相同的方法进行加载。

打开"库"面板，在当前元件库名称栏中选择 TI Logic Latch.IntLib，在元件列表中选择 SN74LS373N，如图 3-66 所示。单击 Place SN74LS373N（放置 SN74LS373N）按钮，将选择的地址锁存器芯片放置在原理图纸上。

（9）放置扩展数据存储器。这里使用的是 Motorola 公司的 MCM6264P 作为扩展的 8KB 数据存储器，该芯片所在的库文件为 Motorola Memory Static RAM.IntLib，按照与上面相同的方法进行加载。打开"库"面板，在当前元件库名称栏中选择 Motorola Memory Static RAM.IntLib，在元件列表中选择 MCM6264P，如图 3-67 所示。单击 Place MCM6264P（放置 MCM6264P）按钮，将选择的外扩数据存储器芯片放置在原理图纸上。

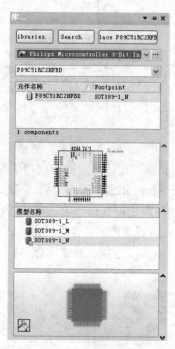

图 3-65　选择单片机芯片

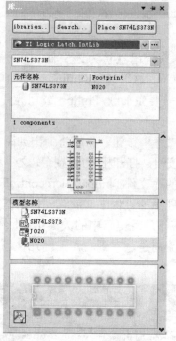

图 3-66　选择地址锁存器芯片

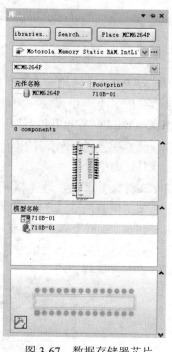

图 3-67　数据存储器芯片

（10）放置外围元件。在单片机的应用系统中，时钟电路和复位电路是必不可少的。在本例中，采用一个石英晶振和两个匹配电容构成单片机的时钟电路，晶振频率是 20MHz。复位电路采用上电复位加手动复位的方式，由一个 RC 延迟电路构成上电复位电路，在延迟电路的两端跨接一个开关构成手动复位电路。因此，需要放置的外围元件包括两个电容、两个电阻、一个极性电容、一个晶振、一个复位键，这些元件都在库文件 Miscellaneous Devices.IntLib 中。打开"库"面板，在当前元件库名称栏中选择 Miscellaneous Devices.IntLib，在元件列表中选择电容 Cap、电阻 Res2、极性电容 Cap Pol2、晶振 XTAL、复位键 SW-PB，一一进行放置。

（11）设置元件属性。在图纸上放置好元件之后，再对各个元件的属性进行设置，包括元件的标识、序号、型号、封装形式等。双击元件打开元件属性设置对话框，如图 3-68 所示为单片机属性设置对话框。其他元件的属性设置可以参考前面章节，这里不再赘述。设置好元件属性后的原理图如图 3-69 所示。

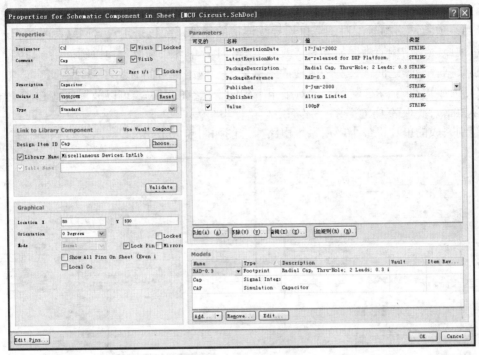

图 3-68　设置单片机属性

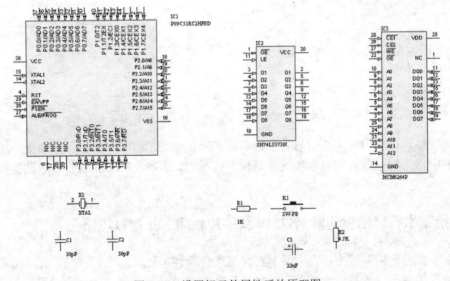

图 3-69　设置好元件属性后的原理图

（12）放置电源和接地符号。单击"连线"工具栏中的 (VCC 电源符号)按钮，放置电源，本例共需要 4 个电源。单击"连线"工具栏中的 (GND 接地符号)按钮，放置接地符号，本例共需要 9 个接地。由于都是数字地，使用统一的符号表示即可。

（13）连接导线。在放置好各个元件并设置好相应的属性后，下面应根据电路设计的要求把各个元件连接起来。单击"连线"工具栏中的 ≈ (放置线)按钮、⯆ (放置总线)按钮和 ↖ (放置总线入口)按钮,完成元件之间的端口及引脚的电气连接。在必需的位置上通过选择菜单栏中的"放置"→"手工接点"命令放置电气节点。

(14)放置网络标号。对于难以用导线连接的元件,应该采用设置网络标号的方法,这样可以使原理图结构清晰,易读易修改。在本例中,单片机与复位电路的连接,以及单片机与外扩数据存储器之间读、写控制线的连接采用了网络标号的方法。

(15)放置忽略 ERC 测试点。对于用不到的、悬空的引脚,可以放置忽略 ERC 测试点,让系统忽略对此处的 ERC 检查,不会产生错误报告。

绘制完成的单片机最小应用系统电路原理图如图 3-70 所示。

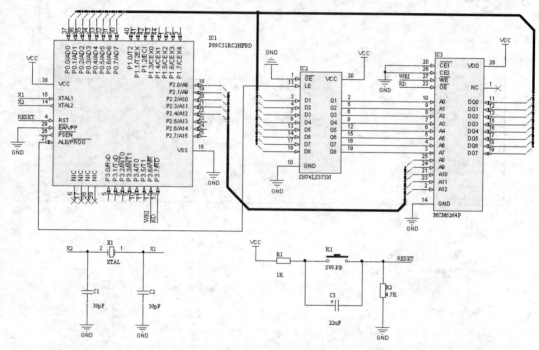

图 3-70   单片机最小应用系统电路原理图

至此,原理图的设计工作暂时告一段落。如果需要进行 PCB 板的设计制作,还需要对设计好的电路进行电气规则检查和对原理图进行编译,这将在后面的章节中通过实例进行详细介绍。

3.6.2   绘制串行显示驱动器 PS7219 及单片机的 SPI 接口电路

在单片机的应用系统中,为了便于人们观察和监视单片机的运行情况,常常需要用显示器显示运行的中间结果及状态等。因此显示器往往是单片机系统必不可少的外部设备之一。PS7219 是一种新型的串行接口的 8 位数字静态显示芯片,它是由武汉力源公司新推出的 24 脚双列直插式芯片,采用流行的同步串行外设接口(SPI),可与任何一种单片机方便接口,并可同时驱动 8 位 LED。这一节就以显示驱动器 PS7219 及单片机的 SPI 接口电路为例,继续介绍电路原理图的绘制。

在 3.6.1 节中是以菜单命令创建的原理图文件。这一节中以文件面板创建原理图文件，对于后面电路图的绘制只给出简单提示。

 **绘制步骤**

1．准备工作

（1）在 Windows XP 操作系统下，启动 Altium Designer 13。

（2）单击集成开发环境窗口右下角的 System，在弹出的图 13-71 所示菜单中，单击 Files（文件），打开 Files（文件）面板，如图 3-72 所示。

图 3-71　System菜单

图 3-72　Files（文件）面板

（3）在 Files（文件）面板的 New 栏中，单击 Blank Project（PCB），弹出 Projects 面板。在面板中出现了新建的工程文件，系统提供的默认名为 PCB-Project1．PrjPCB。在工程文件 PCB-Project1．PrjPCB 上单击鼠标右键，从弹出的快捷菜单中选择"保存工程为"命令，在弹出的保存文件对话框中输入"PS7219 及单片机的 SPI 接口电路.PrjPCB"文件名，并保存在指定位置。此时，Projects（工程）面板中的项目名字变为"PS7219 及单片机的 SPI 接口电路.PrjPCB"。

（4）在 Files（文件）面板的"新的"栏中，单击 Schematic Sheet（原理图图纸），在工程文件中新建一个默认名为 Sheet1.SchDoc 的电路原理图文件。然后在新建的原理图文件上单击鼠标右键，从弹出的快捷菜单中选择"保存为"命令，在弹出的保存文件对话框中输入"PS7219 及单片机的 SPI 接口电路 SchDoc"文件名，并保存在指定位置。同时在右边的设计窗口中打开"PS7219 及单片机的 SPI 接口电路.SchDoc"的电路原理图编辑窗口，如图 3-73 所示。

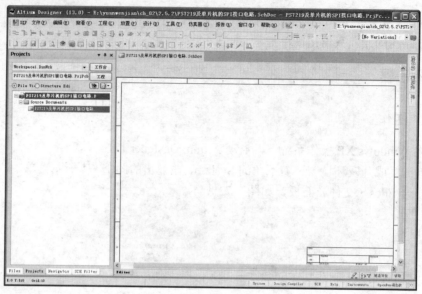

图 3-73　新建Sch文件

（5）对于后面的图纸参数设置、查找元器件、加载元器件库，在这里不再讲述，请参考前面所讲。

2．在电路原理图上放置元器件并完成电路图

对于这一部分，只给出提示步骤，具体步骤希望用户自己进行操作。

（1）在电路原理图上放置关键元器件，放置后的原理图如图 3-74 所示。

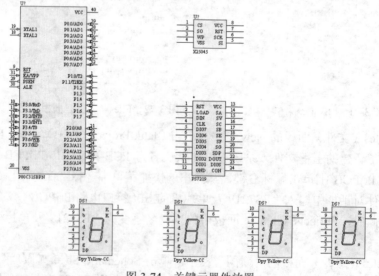

图 3-74　关键元器件放置

（2）放置电阻、电容等元器件，并编辑元器件属性，如图 3-75 所示。

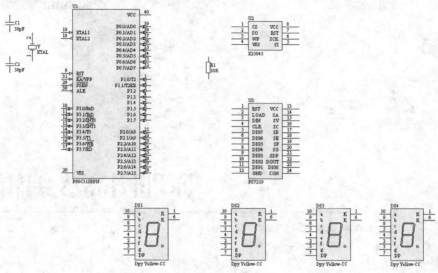

图 3-75　放置电阻电容并编辑属性的原理图

（3）放置电源和接地符号、连接导线以及放置网络标识、忽略 ERC 检查测试点和输入/输出端口。绘制完成的电路图如图 3-76 所示。

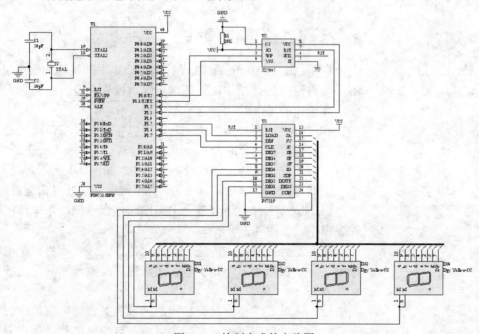

图 3-76　绘制完成的电路图

第**4**章

原理图高级编辑

∙∙∙∙∙∙∙∙

原理图设计除了基本绘制方法外，还有高级编辑方法，只有完整地执行原理图的绘制，才能算是完成了原理图的设计。

本章主要内容包括元器件窗口编辑、原理图的查错和编译以及打印报表输出。

4.1 窗口操作

图 4-1 "查看"菜单

在用 Altium Designer 13 进行电路原理图的设计和绘图时，少不了要对窗口进行操作，熟练掌握窗口操作命令，将会极大地方便实际工作的需求。

在进行电路原理图的绘制时，可以使用多种窗口缩放命令将绘图环境缩放到适合的大小，再进行绘制。Altium Designer 13 的所有窗口缩放命令都在"查看"菜单中，如图 4-1 所示。

下面介绍一下这些菜单命令，并举例演示这些窗口缩放命令。

（1）适合文件：适合整个电路图。该命令把整张电路图缩放在窗口中，如图 4-2 所示。

（2）适合所有对象：适合全部元器件。该命令将整个电路图缩放显示在窗口中，但是不包含图纸边框及原理图的空白部分，如图 4-3 所示。

（3）区域：该命令是把指定的区域放大到整个窗口中。在启动该命令后，要用鼠标拖出一个区域，这个区域就是指定要放大的区域，如图 4-4 所示。

（4）点周围：以光标为中心。使用该命令时，要先用鼠标选择一个区域。单击鼠标左键定义中心，再移动鼠标展开将要放大的区域，然后再单击鼠标左键即可完成放大。同"区域"命令相似。

（5）被选中的对象：选中的元器件。用鼠标左键单击选中某个元器件后，选择该命令，则显示画面的中心会转移到该元器件，如图 4-5 所示。

（6）50%、100%、200%、400%：分别表示以元器件原始尺寸的 50%、100%、200%、400%显示。

（7）放大、缩小：直接放大、缩小电路原理图。

（8）全屏：全屏显示。执行该命令后整张电路图会全屏显示。

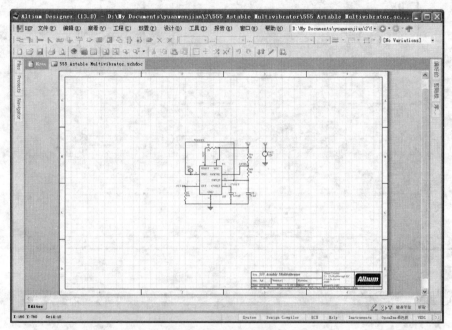

图 4-2　显示整张电路图

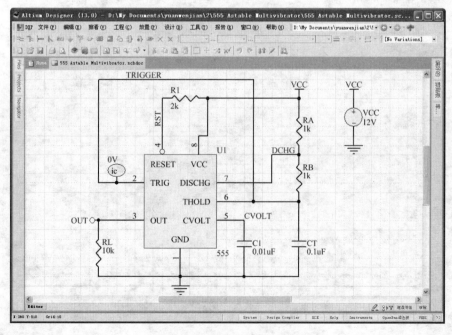

图 4-3　显示全部元器件

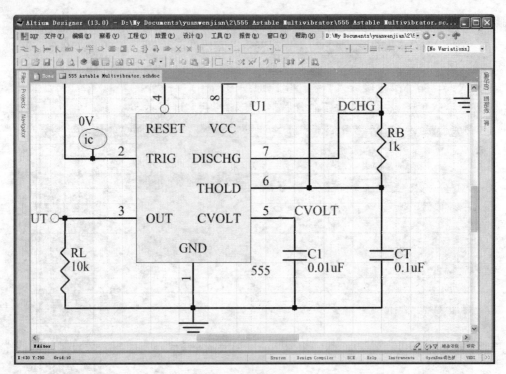

图 4-4   区域放大

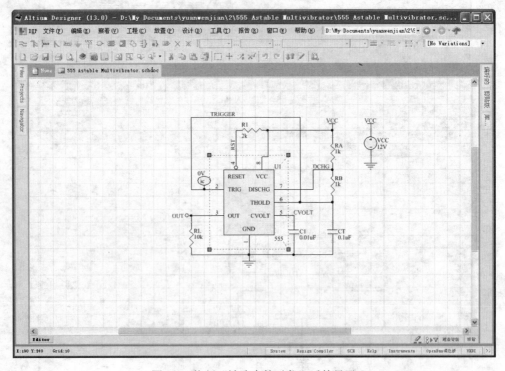

图 4-5   执行"被选中的对象"后的显示

4.2　项目编译

项目编译就是在设计的电路原理图中检查电气规则错误。所谓电气规则检查，就是要查看电路原理图的电气特性是否一致，电气参数的设置是否合理。

4.2.1　项目编译参数设置

项目编译参数设置包括 Error Reporting（错误报告）、Connection Matrix（连接矩阵）、Comparator（比较器设置）等。

任意打开一个 PCB 项目文件，这里以系统提供的 Examples/ Circuit Simulation/Common-Base Amplifier 中的 PCB 项目 Common-Base Amplifier.PRJPCB 为例。

选择菜单栏中的"工程"→"工程参数"命令，打开 Options for PCB Project（项目管理选项）对话框，如图 4-6 所示。

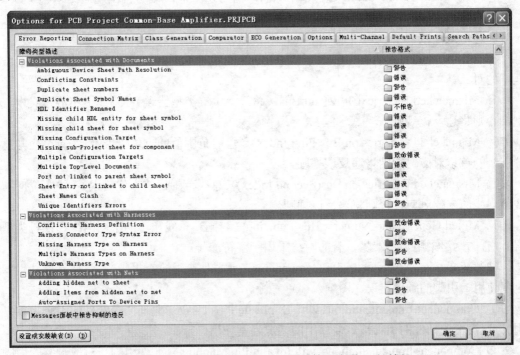

图 4-6　Options for PCB Project（项目管理选项）对话框

1. Error Reporting（错误报告）选项卡

Error Reporting 用于设置原理图设计的错误，报告类型有错误、警告、致命错误以及不报告四种，主要涉及下面几个方面：

（1）Violations Associated with Buses（总线错误检查报告）：包括总线标号超出范围、总线排列的句法错误、不合法的总线、总线宽度不匹配等。

① Arbiter Loop in OpenBus Document（开放总线系统文件中的仲裁文件）：在包含基于

开放总线系统的原理图文档中通过仲裁元件形成 I/O 端口或 MEM 端口回路错误。

② Bus Indices out of Range（超出定义范围的总线编号索引）：总线和总线分支线共同完成电气连接，如果定义总线的网络标号为 D [0…7]，则当存在 D8 及 D8 以上的总线分支线时将违反该规则。

③ Bus Range Syntax Errors（总线命名的语法错误）：用户可以通过放置网络标号的方式对总线进行命名。当总线命名存在语法错误时将违反该规则。例如，定义总线的网络标号为 D[0…]时将违反该规则。

④ Cascaded Interconnects in OpenBus Document（开放总线文件互联元件错误）：在包含基于开放总线系统的原理图文件中互联元件之间的端口级联错误。

⑤ Illegal Bus Definition（总线定义违规）：连接到总线的元件类型不正确。

⑥ Illegal Bus Range Values（总线范围值违规）：与总线相关的网络标号索引出现负值。

⑦ Mismatched Bus Label Ordering（总线网络标号不匹配）：同一总线的分支线属于不同网络时，这些网络对总线分支线的编号顺序不正确，即没有按同一方向递增或递减。

⑧ Mismatched Bus Widths（总线编号范围不匹配）：总线编号范围超出界定。

⑨ Mismatched Bus-Section Index Ordering（总线分组索引的排序方式错误）：没有按同一方向递增或递减。

⑩ Mismatched Bus/Wire Object in Wire/Bus（总线种类不匹配）：总线上放置了与总线不匹配的对象。

⑪ Mismatched Electrical Types on Bus（总线上电气类型错误）：总线上不能定义电气类型，否则将违反该规则。

⑫ Mismatched Generics on Bus(First Index)（总线范围值的首位错误）：线首位应与总线分支线的首位对应，否则将违反该规则。

⑬ Mismatched Generics on Bus(Second Index)（总线范围值的末位错误）：线末位应与总线分支线的末位对应，否则将违反该规则。

⑭ Mixed Generic and Numeric Bus Labeling（与同一总线相连的不同网络标识符类型错误）：有的网络采用数字编号，有的网络采用了字符编号。

（2）Violations Associated with Components（元器件错误检查报告）：包括元器件引脚的重复使用、引脚的顺序错误、图纸入口重复等。

① Component Implementations with Duplicate Pins Usage（原理图中元件的引脚被重复使用）：原理图中元件的引脚被重复使用的情况经常使用。

② Component Implementations with Invalid Pin Mappings（元件引脚与对应封装的引脚标识符不一致）：元件引脚应与引脚的封装一一对应，不匹配时将违反该规则。

③ Component Implementations with Missing Pins in Sequence（元件丢失引脚）：按序列放置的多个元件引脚中丢失了某些引脚。

④ Components Containing Duplicate Sub-parts（嵌套元件）：元件中包含了重复的子元件。

⑤ Components with Duplicate Implementations（重复元件）：重复实现同一个元件。

⑥ Components with Duplicate Pins（重复引脚）：元件中出现了重复引脚。

⑦ Duplicate Component Models（重复元件模型）：重复定义元件模型。

⑧ Duplicate Part Designators（重复组件标识符）：元件中存在重复的组件标号。

⑨ Errors in Component Model Parameters（元件模型参数错误）：在元件属性中设置。

⑩ Extra Pin Found in Component Display Mode（元件显示模型多余引脚）：元件显示模式中出现多余的引脚。

⑪ Mismatched Hidden Pin Connections（隐藏的引脚不匹配）：隐藏引脚的电气连接存在错误。

⑫ Mismatched Pin Visibility（引脚可视性不匹配）：引脚的可视性与用户的设置不匹配。

⑬ Missing Component Model Parameters（元件模型参数丢失）：取消元件模型参数的显示。

⑭ Missing Component Models（元件模型丢失）：无法显示元件模型。

⑮ Missing Component Models in Model Files（模型文件丢失元件模型）：元件模型在所属库文件中找不到。

⑯ Missing Pin Found in Component Display Mode（元件显示模型丢失引脚）：元件的显示模式中缺少某一引脚。

⑰ Models Found in Different Model Locations（模型对应不同路径）：元件模型在另一路径（非指定路径）中找到。

⑱ Sheet Symbol with Duplicate Entries（原理图符号中出现了重复的端口）：为避免违反该规则，建议用户在进行层次原理图的设计时，在单张原理图上采用网络标号的形式建立电气连接，而不同的原理图间采用端口建立电气连接。

⑲ Un-Designated Parts Requiring Annotation（为指定的部件需要标注）：未被标号的元件需要分开标号。

⑳ Unused Sub-Part in Component（集成元件的某一部分在原理图中未被使用）：通常对未被使用的部分采用引脚为空的方法，即不进行任何的电气连接。

（3）Violations Associated with Documents （文件错误检查报告）：主要是与层次原理图有关的错误，包括重复的图纸编号、重复的图纸符号名称、无目标配置等。

① Conflicting Constraints（规则冲突）：文档创建过程与设定的规则相冲突。

② Duplicate Sheet Numbers（复制原理图编号）：电路原理图编号重复。

③ Duplicate Sheet Symbol Names（复制原理图符号名称）：原理图符号命名重复。

④ Missing Child Sheet for Sheet Symbol（子原理图丢失原理图符号）：工程中缺少与原理图符号相对应的子原理图文件。

⑤ Missing Configuration Target（配置目标丢失）：在配置参数文件中设置。

⑥ Missing sub-Project Sheet for Component（元件的子工程原理图丢失）：有些元件可以定义子工程，当定义的子工程在固定的路径中找不到时将违反该规则。

⑦ Multiple Configuration Targets（多重配置目标）：文档配置多元化。

⑧ Multiple Top-Level Documents（顶层文件多样化）：定义了多个顶层文档。

⑨ Port not Linked to Parent Sheet Symbol（原始原理图符号不与部件连接）：子原理图电路与主原理图电路中端口之间的电气连接错误。

⑩ Sheet Entry not Linked Child Sheet（子原理图不与原理图端口连接）：电路端口与子原理图间存在电气连接错误。

（4）Violations Associated with Nets（网络错误检查报告）：包括为图纸添加隐藏网络、无名网络参数、无用网络参数等。

① Adding hidden net to sheet（添加隐藏网络）：原理图中出现隐藏的网络。

② Adding Items from hidden net to net（隐藏网络添加子项）：从隐藏网络添加子项到已有网络中。

③ Auto-Assigned Ports To Device Pins（器件引脚自动端口）：自动分配端口到器件引脚。

④ Duplicate Nets（复制网络）：原理图中出现了重复的网络。

⑤ Floating Net Labels（浮动网络标签）：原理图中出现了不固定的网络标号。

⑥ Floating Power Objects（浮动电源符号）：原理图中出现了不固定的电源符号。

⑦ Global Power-Object Scope Changes（更改全局电源对象）：与端口元件相连的全局电源对象已不能连接到全局电源网络，只能更改为局部电源网络。

⑧ Net Parameters with No Name（无名网络参数）：存在未命名的网络参数。

⑨ Net Parameters with No Value（无值网络参数）：网络参数没有赋值。

⑩ Nets Containing Floating Input Pins（浮动输入网络引脚）：网络中包含悬空的输入引脚。

⑪ Nets Containing Multiple Similar Objects（多样相似网络对象）：网络中包含多个相似对象。

⑫ Nets with Multiple Names（命名多样化网络）：网络中存在多重命名。

⑬ Nets with No Driving Source（缺少驱动源的网络）：网络中没有驱动源。

⑭ Nets with Only One Pin（单个引脚网络）：存在只包含单个引脚的网络。

⑮ Nets with Possible Connection Problems（网络中可能存在连接问题）：文档中常见的网络问题。

⑯ Sheets Containing Duplicate Ports（多重原理图端口）：原理图中包含重复端口。

⑰ Signals with Multiple Drivers（多驱动源信号）：信号存在多个驱动源。

⑱ Signals with No Driver（无驱动信号）：原理图中信号没有驱动。

⑲ Signals with No Load（无负载信号）：原理图中存在无负载的信号。

⑳ Unconnected Objects in Net（网络断开对象）：原理图中网络中存在未连接的对象。

㉑ Unconnected Wires（断开线）：原理图中存在未连接的导线。

（5）Violations Associated with Others（其他错误检查报告）：包括无错误、原理图中的对象超出了图纸范围、对象偏离网格等。

① Object Not Completely within Sheet Boundaries（对象超出了原理图的边界）：可以通过改变图纸尺寸来解决。

② Off-Grid Object（对象偏离格点位置将违反该规则）：使元件处在格点位置有利于元件电气连接特性的完成。

（6）Violations Associated with Parameters（参数错误检查报告）。

① Same Parameter Containing Different Types（参数相同而类型不同）：原理图中元件参数设置常见问题。

② Same Parameter Containing Different Values（参数相同而值不同）：原理图中元件参数设置常见问题。

对于每一种错误都可以设置相应的报告类型，并采用不同的颜色。单击其后的按钮，弹出错误报告类型的下拉列表。一般采用默认设置，不需要对错误报告类型进行修改。

单击 [设置成安装缺省(D) (D)] 按钮，可以恢复到系统默认设置。

2. Connection Matrix（连接矩阵）选项卡

在"项目管理选项"对话框中，单击 Connection Matrix（连接矩阵）标签，弹出 Connection Matrix（连接矩阵）选项卡，如图 4-7 所示。

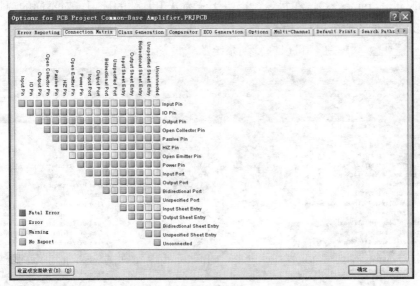

图 4-7　Connection Matrix（连接矩阵）选项卡

"连接矩阵"选项卡显示的是各种引脚、端口、图纸入口之间的连接状态，以及错误类型的严格性。这将在设计中运行电气规检查电气连接，如引脚间的连接、元件和图纸的输入。连接矩阵给出了原理图中不同类型的连接点以及是否被允许的图表描述。例如：

（1）如果横坐标和纵坐标交叉点为红色，则当横坐标代表的引脚和纵坐标代表的引脚相连接时，将出现 Fatal Error 信息。

（2）如果横坐标和纵坐标交叉点为橙色，则当横坐标代表的引脚和纵坐标代表的引脚相连接时，将出现 Error 信息。

（3）如果横坐标和纵坐标交叉点为黄色，则当横坐标代表的引脚和纵坐标代表的引脚相连接时．将出现 Warning 信息。

（4）如果横坐标和纵坐标交叉点为绿色，则当横坐标代表的引脚和纵坐标代表的引脚相连接时，将不出现错误或警告信息。

对于各种连接的错误等级，用户可以自己进行设置，单击相应连接交叉点处的颜色方块，通过颜色方块的设置即可设置错误等级。一般采用默认设置，不需要对错误等级进行设置。

单击 设置成安装缺省(D) (D) 按钮，可以恢复到系统默认设置。

3. Comparator（比较器）选项卡

在项目管理选项对话框中，单击 Comparator（比较器）标签，弹出 Comparator（比较器）选项卡，如图 4-8 所示。

Comparator（比较器）选项卡用于设置当一个项目被编译时给出文件之间的不同和忽略

彼此的不同。比较器的对照类型描述中有 4 大类，包括与元器件有关的差别（Differences Associated with Components）、与网络有关的差别（Differences Associated with Nets）、与参数有关的差别（Differences Associated with Parameters）以及与对象有关的差别（Differences Associated with Parameters）。在每一大类中又分为若干具体的选项，对不同的项目可能设置会有所不同，但是一般采用默认设置。

单击 设置成安装缺省(D) (D) 按钮，可以恢复到系统默认设置。

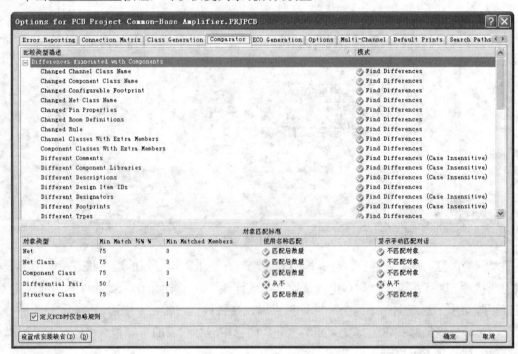

图 4-8　Comparator选项卡

4．ECO Generation（生成 ECO 文件）选项卡

在项目管理选项对话框中，单击 ECO Generation（生成 ECO 文件）标签，弹出 ECO Generation（生成 ECO 文件）选项卡，如图 4-9 所示。

Altium Designer 13 系统通过在比较器中找到原理图的不同，当执行电气更改命令后，ECO Generation（生成 ECO 文件）显示更改类型详细说明。主要用于原理图的更新时显示更新的内容与以前文件的不同。

ECO Generation（生成 ECO 文件）选项卡中修改的类型有三大类，主要用于设置与元器件有关的（Modifications Associated with Components）、与网络有关的（Modifications Associated with Nets）和与参数相关的（Modifications Associated with Parameters）改变。在每一大类中，又包含若干选项，对于每项都可以通过"模式"列表框选择"产生更改命令"或"忽略不同"。

单击 设置成安装缺省(D) (D) 按钮，可以恢复到系统默认设置。

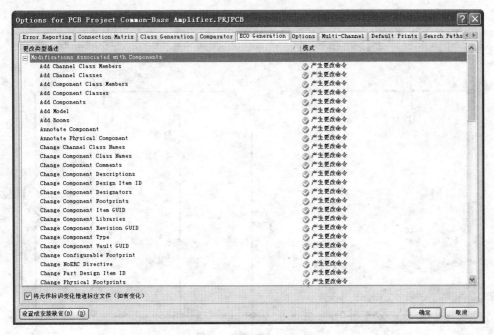

图 4-9　ECO Generation选项卡

4.2.2　执行项目编译

将以上参数设置完成后，用户就可以对自己的项目进行编译。这里还是以前面的 Common-Base Amplifier.PRJPCB 项目为例。

正确的电路原理图如图 4-10 所示。

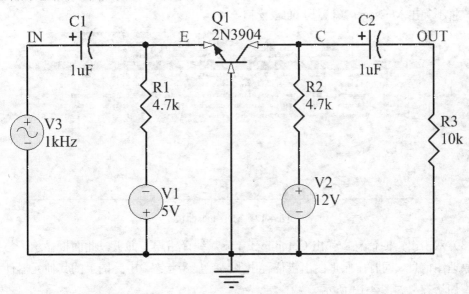

图 4-10　正确的电路原理图

如果在设计电路原理图的时候，Q1 与 C1、R1 没有连接，如图 4-11 所示。就可以通过项目编译来找出这个错误。

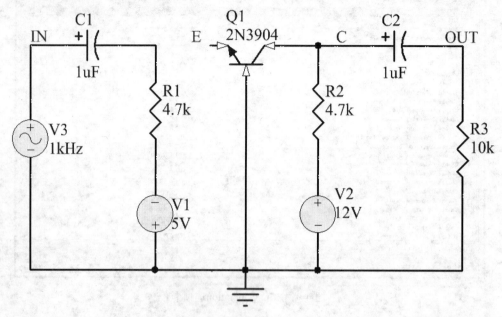

图 4-11　错误的电路原理图

下面介绍执行项目编译的步骤：

（1）选择"工程"→ Compile PCB Project Common-Base Amplifier.PRJPCB（编译项目文件）命令，系统开始对项目进行编译。

（2）编译完成后，系统弹出 Messages（信息）面板，如图 4-12 所示。如果原理图绘制正确，将不弹出 Messages（信息）面板窗口。

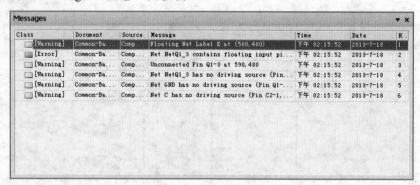

图 4-12　Messages面板

（3）双击出错的信息，弹出 Compile Errors（编译错误）面板，此面板显示了与错误有关的原理图信息。同时在原理图出错位置出现高亮显示状态，电路图上的其他元器件和导线处于模糊状态，如图 4-13 所示。

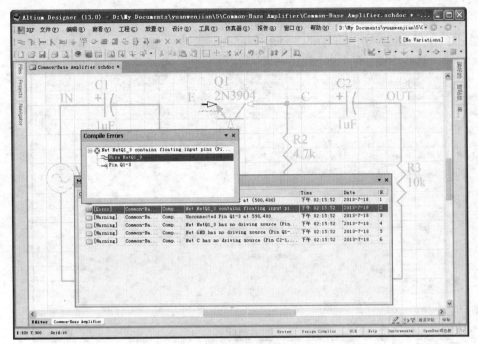

图 4-13 显示编译错误

（4）根据出错信息提示，对电路原理图进行修改，修改后再次编译，直到没有错误信息出现为止，即编译时不弹出 Messages（信息）面板。对于有些电路原理图中一些不需要进行检查的节点，可以放置一个忽略 ERC 检查测试点。

4.3 报表的输出

Altium Designer 13 具有丰富的报表功能，用户可以方便地生成各种类型的报表。

4.3.1 网络报表

对于电路设计而言，网络报表是电路原理图的精髓，是原理图和 PCB 板连接的桥梁。所谓网络报表，指的是彼此连接在一起的一组元器件引脚，一个电路实际上就是由若干个网络组成。它是电路板自动布线的灵魂，没有网络报表，就没有电路板的自动布线，也是电路原理图设计软件与印制电路板设计软件之间的接口。网络报表包含两部分信息：元件信息和网络连接信息。

Altium Designer 13 中的 Protel 网络报表有两种，一种是对单个原理图文件的网络报表；另一种是对整个项目的网络报表。

下面通过实例介绍网络报表生成的具体步骤。

1. 设置网络报表选项

在生成网络报表之前，用户首先要设置网络报表选项。

（1）打开 PCB 项目 Common-Base Amplifier.PRJPCB 中的电路原理图文件，选择"工程"

→"工程参数"命令，打开项目管理选项对话框。

（2）单击 Options（选项）标签，弹出 Options（选项）选项卡，如图 4-14 所示。

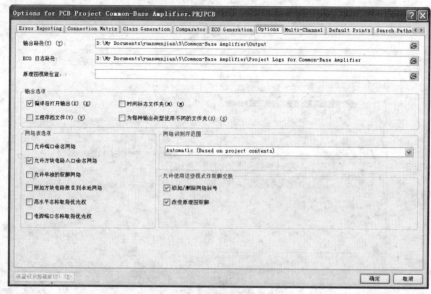

图 4-14 Options选项卡

在该选项卡中可以对网络报表的有关选项进行设置。

① 输出路径：用于设置各种报表的输出路径。系统默认的路径是系统在当前项目文档所在文件夹内创建的。如本例中，路径为 D:\My Documents\yuanwenjian\5\Common-Base Amplifier\Output（本书中所有使用的源文件均放置在光盘目录下）。单击右边的 按钮，用户可以自己设置路径。

② ECO 日志路径：用于设置 ECO 文件的输出路径。路径为 D:\My Documents\yuanwenjian\5\Common-Base Amplifier\Project Logs for Common-Base Amplifier。单击右边的 按钮，用户可以自己设置路径。

③ "输出选项"选项区域：包括 4 个复选框，即"编译后打开输出"、"时间标志文件夹"、"工程存档文档"以及"为每种输出类型使用不同的文件夹"。

④ "网络表选项"选项区域：用来设置生成网络报表的条件。

- "允许端口命名网络"复选框：用于设置是否允许用系统产生的网络名代替于电路输入/输出端口相关联的网络名。若设计的项目只是简单的电路原理图文件，不包含层次关系，可选择此复选框。

- "允许方块电路入口命名网络"复选框：用于设置是否允许用系统产生的网络名代替与子原理图入口相关联的网络名。此复选框系统默认选中。

- "允许单独的管脚网络"复选框：用于设置生成网络表时，是否允许系统自动将管脚号添加到各个网络名称中。

- "附加方块电路数目到本地网络"复选框：用于设置产生网络报表时，是否允许系统自动把图纸号添加到各个网络名称中，以识别该网络的位置，当一个工程中包含多个原理图文件时，可选择该复选框。

- "高水平名称取得优先权"复选框：用于设置产生网络时，以什么样的优先权排序。选中该复选框，系统以命令的等级决定优先权。
- "电源端口名称取得优先权"复选框：功能同上。选中该复选框，系统对电源端口给予更高的优先权。

⑤ "网络识别符范围"选项区域：用来设置网络标识的认定范围。单击右边的下三角按钮可以选择网络标识的认定范围，有 5 个选项供选择，如图 4-15 所示。

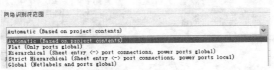

图 4-15　网络标识的认定范围列表

- Automatic（Based on project contents）：用于设置系统自动在当前项目内认定网络标识。一般情况下采用该默认选项。
- Flat（Only ports global）：用于设置使工程中的各个图纸之间直接用全局输入/输出端口来建立连接关系。
- Hierarchical（Sheet entry <-> port connections, power ports global）：用于设置在层次原理图中，通过方块电路符号内的输入/输出端口与子原理图中的输入/输出端口来建立连接关系。
- Strict Hierarchical（Sheet entry <-> port connections, power ports local）：用于设置精确的体系参数，通过方块电路符号内的输入输出端口与子原理图中的输入输出端口、电源局部端口来建立连接关系。
- Global（Netlabels and portsglobal）：用于设置工程中各个文档之间用全局网络标号与全局输入/输出来建立连接关系。

2．生成网络报表

1）单个原理图文件的网络报表的生成

对于 Common-Base Amplifier.PRJPCB 项目，只有一个

图 4-16　网络报表格式选择菜单

电路图文件 Common-Base Amplifier.SchDoc，此时只需生成单个原理图文件的网络报表即可。

打开原理图文件，设置好网络报表选项后，选择菜单栏中的"设计"→"文件的网络表"命令，系统弹出网络报表格式选择菜单，如图 4-16 所示。在 Altium Designer 13 中，针对不同的设计项目，可以创建多种网络报表格式。这些网络报表文件不但可以在 Altium Designer 13 系统中使用，而且可以被其他 EDA 设计软件所调用。

在网络报表格式选择菜单中，选择 Protel（生成原理图网络表）命令，系统自动生成当前原理图文件的网络报表文件，并存放在当前 Projects（项目）面板的 Generated 文件夹中，单击 Generated 文件夹前面的"+"，双击打开网络报表文件，如图 4-17 所示。

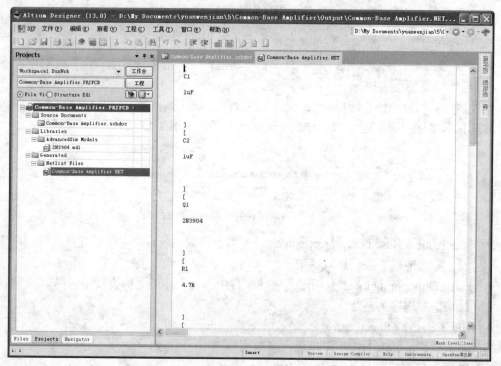

图 4-17　单个原理图文件的网络报表

该网络报表是一个简单的 ASCII 码文本文件，包含两大部分，一部分是元器件信息，另一部分是网络连接信息。

元器件信息由若干小段组成，每一个元器件的信息为一小段，用方括号隔开，空行由系统自动生成，如图 4-18 所示。

网络连接信息同样由若干小段组成，每一个网络的信息为一小段，用圆括号隔开，如图 4-19 所示。

从网络报表中可以看出元器件是否重名、是否缺少封装信息等问题。

图 4-18　一个元器件的信息　　　　　　　图 4-19　一个网络的信息

2）整个项目的网络报表的生成

对于一些比较复杂的电路系统，常常采用层次电路原理图来设计，此时，一个项目中会含有多个电路原理图文件，这里以系统提供的 Examples/ Circuit Simulation/ Common-Base Amplifier 中的 Common-Base Amplifier 项目为例，讲述如何生成整个项目的网络报表。

打开 Common-Base Amplifier.PRJPCB 项目中的任一电路图文件，设置好网络报表选项后，选择菜单栏中的"设计"→"工程的网络表"命令，系统弹出网络报表格式选择菜单，如图 4-20 所示。

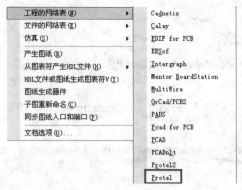

图 4-20　网络报表格式选择菜单

选择 Protel（生成原理图网络表）命令，系统自动生成当前项目的网络报表文件，并存放在当前 Projects 面板的 Generated 文件夹中，单击 Generated 文件夹前面的"+"，双击打开网络报表文件，如图 4-21 所示。

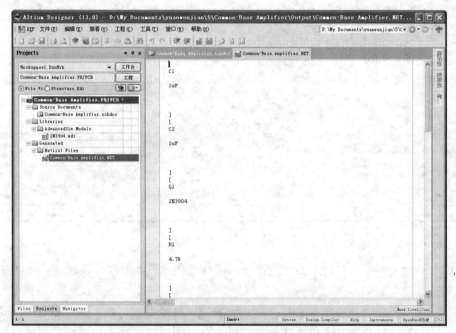

图 4-21　整个项目的网络报表

4.3.2　元器件报表

元器件报表主要用来列出当前项目中用到的所有元器件的信息，相当于一份元器件采购清单。依照这份清单，用户可以查看项目中用到的元器件的详细信息，同时在制作电路板时，可以作为采购元器件的参考。

下面还是以前面的项目 Common-Base Amplifier.PRJPCB 为例，介绍生成元器件报表的步骤。

1．设置元器件报表选项

（1）打开项目 Common-Base Amplifier.PRJPCB 中的电路原理图文件 Common-Base Amplifier.SchDoc。

（2）选择菜单栏中的"报告"→ Bill of Materials（材料清单）命令，系统弹出元器件报表对话框，如图 4-22 所示。

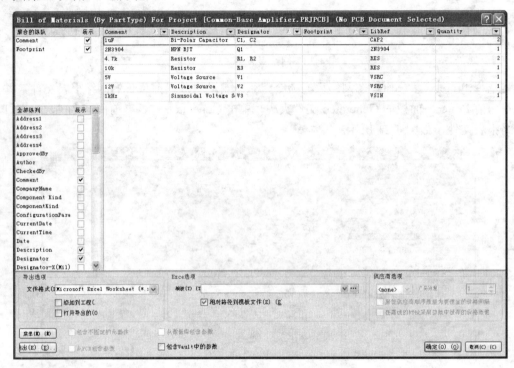

图 4-22　元器件报表对话框

在该对话框中，可以对创建的元器件报表进行选项设置。用户可以通过对话框左边的两个列表框进行设置。

①　"聚合的纵队"：分组列表框，用于设置元器件的分类标准。可以将 All Columns 列表框中的某一属性拖到该列表框中，系统将以该属性为标准，对元器件进行分类，并显示在元器件报表中。例如，分别将 Comment（说明）、Description（描述）拖到"聚合的纵队"列表框中，在以 Comment（说明）为标准的元器件报表中，相同的元器件被归为一类，而在以 Description（描述）为标准的元器件报表中，描述信息相同的元器件被归为一类，如图 4-23 和图 4-24 所示。

②　"全部纵列"：所有列表框，该列表框列出了系统提供的所有元器件属性信息。对于用户需要的元器件信息，可以选中与之对应的复选框，即可在列表中显示出来。

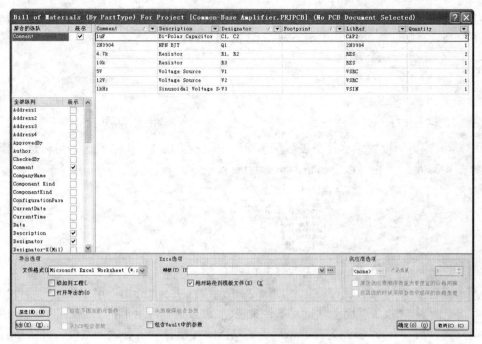

图 4-23　以Comment为标准的元器件报表

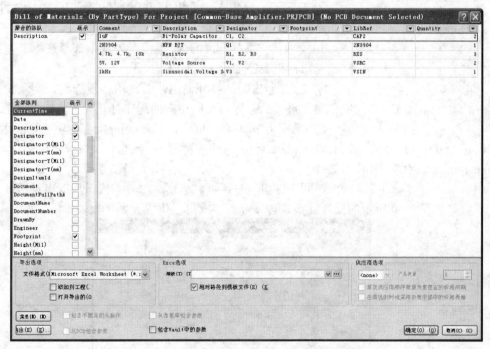

图 4-24　以Description为标准的元器件报表

在右边元器件列表的各栏中都有一个下三角按钮，单击该按钮，可以设置元器件列表的显示内容。例如，单击 Comment（说明）栏的下三角按钮，将弹出如图 4-25 所示的下拉列表。

在对话框的下方还有几个选项和按钮，其意义如下：

① 文件格式：用于设置输出文件的格式。单击后面的下三角按钮 ，将弹出文件格式选择下拉列表，如图 4-26 所示。有 5 种文件格式供选择。

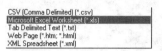

图 4-25　Comment栏下拉列表　　　　　　　图 4-26　输出文件格式下拉列表

② 模板：用于设置元器件报表显示模板。单击后面的下三角按钮 ，可以选择模板文件，如图 4-27 所示。也可以单击按钮 重新选择模板。

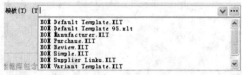

图 4-27　模板选择下拉列表

③ ：单击该按钮，弹出如图 4-28 所示的菜单。"导出"用于输出元器件报表并保存在指定位置。"报告"用于预览元器件报表。"最合适列"用于将上面元器件列表的各栏宽度调整到最适大小。"强制列查看"用于调整当前元器件列表各栏的宽度，并将所有的项目显示出来。

图 4-28　Menu菜单

④ ：输出元器件报表，其作用与 菜单中的"导出"命令相同。

⑤ 添加到工程：追加到工程中，若选中该复选框，则系统将把器件报表追加到工程中去。

⑥ 打开导出的：打开输出，若选中该复选框，则系统在生成元器件报表后，将自动以相应的程序打开。

（3）在元件报表对话框中，单击 Template 下拉列表后面的 按钮，在 D:\Program Files\AD13\Template 目录下，选择系统自带的元件报表模板文件 BOM Default Template.XLT，如图 4-29 所示。

（4）单击 按钮后，返回元件报表对话框。单击 OK 按钮，退出对话框。

设置好如图 4-30 所示的元器件报表选项以后，就可以生成元器件报表了。

图 4-29　选择元件报表模板

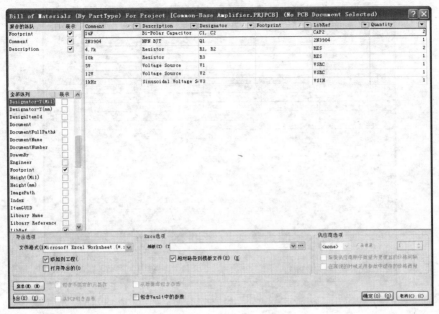

图 4-30 设置元件报表

2. 生成元器件报表

（1）选择 菜单中的"报告"命令，打开元器件报表预览对话框，如图 4-31 所示。

（2）单击 按钮，可以将该报表进行保存，默认文件名为 Common-Base Amplifier.xls，是一个 Excel 文件。

（3）单击 Open Report… 按钮，可以将该报表打开。

（4）单击 打印(P)(P) 按钮，则可以将该报表进行打印输出。

（5）选择 菜单中的"导出"命令，或者单击 按钮，保存元器件报表。它是一个 Excel 文件，打开该文件，如图 4-32 所示。

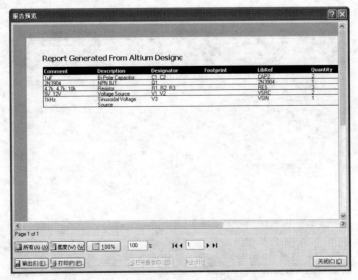

图 4-31 元器件报表预览

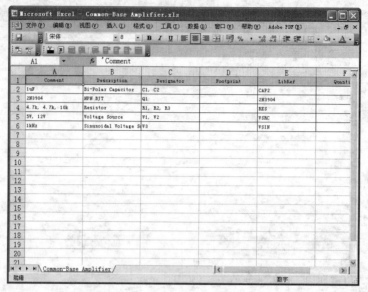

图 4-32　由Excel生成元器件报表

用户还可以根据自己的需要生成其他文件格式的元器件报表，只需在元器件报表对话框中设置一下即可，在此不再讲述。

4.3.3　元器件简单元件清单报表

Altium Design 13 还为用户提供了推荐的元件报表，不需要进行设置即可产生。

生成元器件简单元件清单报表的步骤如下：

（1）打开项目文件 Common-Base Amplifier.PRJPCB 中的电路原理图文件 Common-Base Amplifier.SchDoc。

（2）选择菜单栏中的"报告"→ Simple BOM（简单元件清单报表）命令，系统同时产生 Common-Base Amplifier.BOM 和 Common-Base Amplifier.CSV 两个文件，并加入到项目中，如图 4-33 所示。

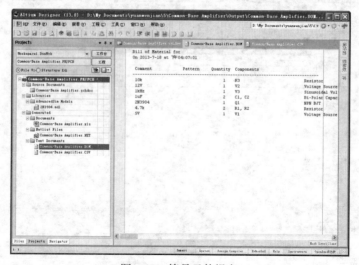

图 4-33　简易元件报表

4.3.4　元器件引脚网络报表

Altium Design 13 还为用户提供了引脚网络报表，不需要进行设置即可产生。

生成元器件引脚网络报表的步骤如下：

（1）打开项目文件 Common-Base Amplifier.PRJPCB 中的电路原理图文件 Common-Base Amplifier.SchDoc。

（2）选择菜单栏中的"报告"→ Report Single Pin Nets（引脚网络报表）命令，系统同时产生 Common-Base Amplifier.REP 文件，并加入到项目中，如图 4-34 所示。

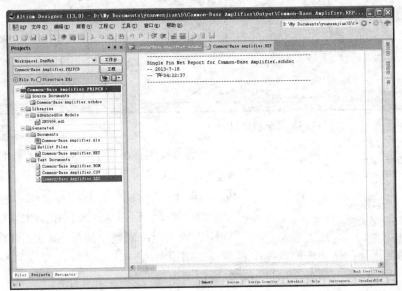

图 4-34　引脚网络报表

4.3.5　元器件测量距离

Altium Design 13 还为用户提供了测量原理图中两对象间距信息的测量。

生成元器件测量距离的步骤如下：

（1）打开项目文件 Common-Base Amplifier.PRJPCB 中的电路原理图文件 Common-Base Amplifier.SchDoc。

（2）选择菜单栏中的"报告"→"测量距离"命令，显示浮动十字光标，分别选择图 4-35 中点 A、点 B，弹出信息对话框，如图 4-36 所示，显示 A、B 点间距。

4.3.6　端口引用参考表

Alitium Designer 13 可以为电路原理图中的输入/输出端口添加端口引用参考表。端口引用参考是直接添加在原理图图纸端口上，用来指出该端口在何处被引用。

生成端口引用参考表的步骤如下：

（1）打开项目文件 Common-Base Amplifier.PRJPCB 中的电路原理图文件 Common-Base Amplifier.SchDoc。

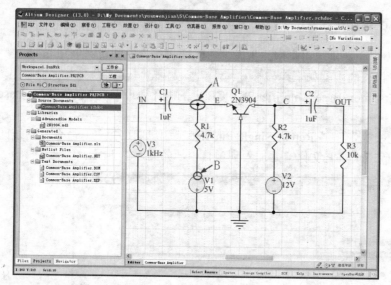

图 4-35　显示测量点

图 4-36　信息对话框

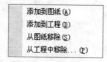

图 4-37　"端口交叉参考"子菜单

（2）对该项目执行项目编译后，选择菜单栏中的"报告"→"端口交叉参考"命令，出现图 4-37 所示菜单。其意义如下：

① 添加到图纸：向当前原理图中添加端口引用参考。

② 添加到工程：向整个项目中添加端口引用参考。

③ 从图纸移除：从当前原理图中删除端口引用参考。

④ 从工程中移除：从整个项目中删除端口引用参考。

（3）选择"添加到图纸"命令，在当前原理图中为所有端口添加引用参考。

若选择菜单栏中的"报告"→"端口交叉参考"→"从图纸移除"命令或"从工程中移除"命令，可以看到，在当前原理图或整个项目中端口引用参考被删除。

4.4　输出任务配置文件

在 Altium Designer 13 中，对于各种报表文件，可以采用前面介绍的方法逐个生成并输出，也可以直接利用系统提供的输出任务配置文件功能来输出，即只需一次设置就可以完成所有报表文件（如网络报表、元器件交叉引用报表、元器件清单报表、原理图文件打印输出、PCB 文件打印输出等）的输出。

下面介绍文件打印输出、生成输出任务配置文件的方法和步骤。

4.4.1　打印输出

为方便原理图的浏览和交流，经常需要将原理图打印到图纸上。Altium Designer 13 提供了直接将原理图打印输出的功能。

在打印之前首先进行页面设置。选择菜单栏中的"文件"→"页面设置"命令，弹出 Schematic Print Properties（原理图打印属性）对话框，如图 4-38 所示。单击"打印设置"按钮，弹出打印机设置对话框，对打印机进行设置，如图 4-39 所示。设置、预览完成后，单击"打印"按钮，打印原理图。

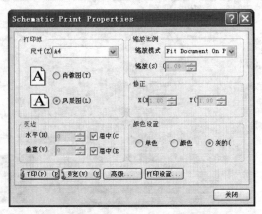

图 4-38　Schematic Print Properties对话框

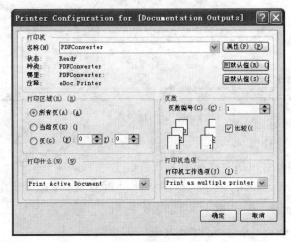

图 4-39　设置打印机

此外，选择菜单栏中的"文件"→"打印"命令，或单击"原理图标准"工具栏中的 （打印）按钮，也可以实现打印原理图的功能。

4.4.2　创建输出任务配置文件

利用输出任务配置文件批量生成报表文件之前，必须先创建输出任务配置文件。步骤如下：

（1）打开项目文件 Common-Base Amplifier.PRJPCB 中的电路原理图文件 Common-Base Amplifier.SchDoc。

（2）选择菜单栏中的"文件"→"新建"→"输出工作文件"命令，或者在 Projects（工程）面板上，单击 Projects（工程）按钮，在弹出的菜单中选择"给工程添加新的"→ Output Job File（输出工作文件）命令，弹出一个默认名为 Job1.OutJob 的输出任务配置文件。然后选择菜单栏中的"文件"→"保存为"命令，保存该文件，并取名为 Common-Base Amplifier.OutJob，如图 4-40 所示。

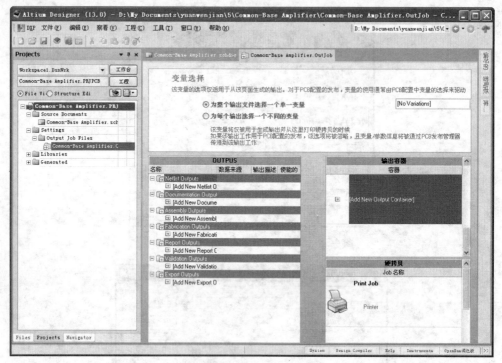

图 4-40　输出任务配置文件

在该文件中，按照输出数据类型将输出文件分为七大类：

① Netlist Outputs：表示网络表输出文件。

② Documentation Outputs：表示原理图文件和 PCB 文件的打印输出文件。

③ Assembly Outputs：表示 PCB 汇编输出文件。

④ Fabrication Outputs：表示与 PCB 有关的加工输出文件。

⑤ Report Outputs：表示各种报表输出文件。

⑥ Validation Outputs：表示各种生成的输出文件。

⑦ Export Outputs：表示各种输出文件。

（3）在对话框中的任一输出任务配置文件上单击鼠标右键，弹出输出配置环境菜单，如图 4-41 所示。

① 剪切：用于剪切选中的输出文件。

② 拷贝：用于复制选中的输出文件。

③ 粘贴：用于粘贴剪贴板中的输出文件。

④ 复制：用于在当前位置直接添加一个输出文件。

⑤ 清除：用于删除选中的输出文件。

⑥ 页面设置：用于进行打印输出的页面设置，该文件只对需要打印的文件有效。

⑦ 配制：用于对输出报表文件进行选项设置。

在本例中，选中 Netlist Outputs（网络表输出文件）栏中的 Protel（生成网络表）选项的子菜单命令，Report Outputs（报告输出）栏中的 Bill of Materials（材料清单）、Component Cross Reference（交叉引用报表）、Report Project Hierarchy（工程层次报表）、Simple BOM（简单元件清单报表）、Report Single Pin Nets（引脚网络报表）5 项后面的子菜单命令，如图 4-42 所示。

图 4-41　输出配置环境菜单　　　　图 4-42　Report Outputs（报告输出）快捷菜单

4.5　综合实例——音量控制电路

音量控制电路是所有音响设备中必不可少的单元电路。本实例设计一个如图 4-43 所示的音量控制电路，并对其进行报表输出操作。

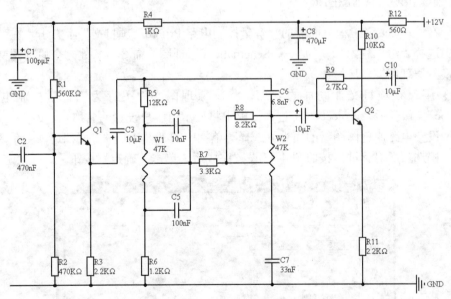

图 4-43　音量控制电路

 绘制步骤

1. 新建项目

（1）启动 Altium Designer 13，选择菜单栏中的"文件"→ New（新建）→Project（工程）→PCB 工程（印制电路板文件）命令，创建一个 PCB 项目文件，如图 4-44 所示。

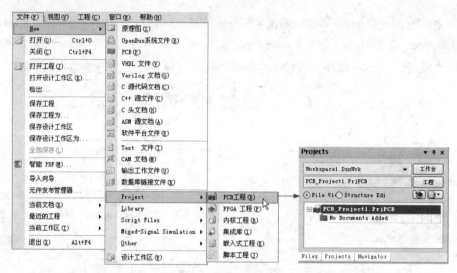

图 4-44　新建PCB项目文件

（2）选择菜单栏中的"文件"→"保存工程为"命令，将项目另存为"音量控制电路.PrjPcb"。

2．创建和设置原理图图纸

（1）在 Projects（工程）面板的"音量控制电路.PrjPcb"项目文件上右击，在弹出的快捷菜单中选择"给工程添加新的"→ Schematic（原理图）命令，新建一个原理图文件，并自动切换到原理图编辑环境。

（2）用保存项目文件同样的方法，将该原理图文件另存为"音量控制电路原理图.SchDoc"。保存后，Projects（工程）面板中将显示出用户设置的名称。

（3）设置电路原理图图纸的属性。选择菜单栏中的"设计"→"文档选项"命令，系统弹出"文档选项"对话框，按照图 4-45 设置完成后，单击"确定"按钮。

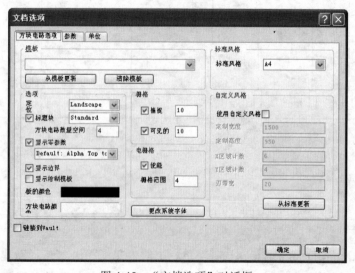

图 4-45　"文档选项"对话框

（4）设置图纸的标题栏。选择菜单栏中的"设计"→"文档选项"命令，在弹出的"文档选项"对话框中,单击"参数"选项卡,出现标题栏设置选项。在 Address(地址)选项中输入地址,在 Organization(机构)选项中输入设计机构名称,在 Title(名称)选项中输入原理图的名称。其他选项可以根据需要填写,如图 4-46 所示。

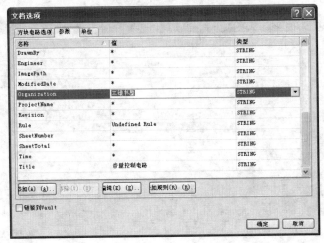

图 4-46 "参数"选项卡

3.元件的放置和属性设置

(1)激活"库"面板,在库文件列表中选择名为 Miscellaneous Devices.IntLib 的库文件,然后在过滤条件文本框中输入关键字 CAP,筛选出包含该关键字的所有元件,选择其中名为 Cap Pol2 的电解电容,如图 4-47 所示。

(2)单击 Place Cap Pol2(放置 Cap Pol2)按钮,然后将光标移动到工作窗口,进入图 4-48 所示的电解电容放置状态。

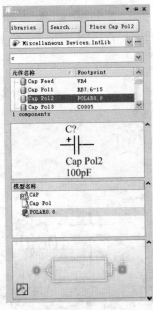

图 4-47 选择元件

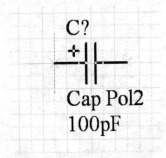

图 4-48 电解电容放置状态

（3）按 Tab 键，在弹出的 Properties for Schematic Component in Sheet（原理图元件属性）对话框中修改元件属性。将 Designator（指示符）设为 C1，将 Comment（注释）设为不可见，然后把 Value（值）改为 100μF。参数设置如图 4-49 所示。

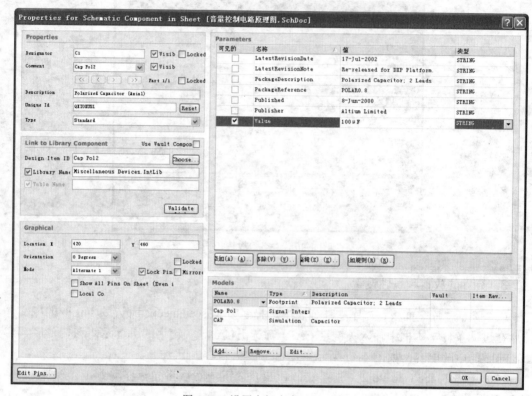

图 4-49　设置电解电容C1 的属性

（4）按 Space 键，翻转电容至图 4-50 所示的角度。

（5）在适当的位置单击，即可在原理图中放置电容 C1，同时编号为 C2 的电容自动附在光标上，如图 4-51 所示。

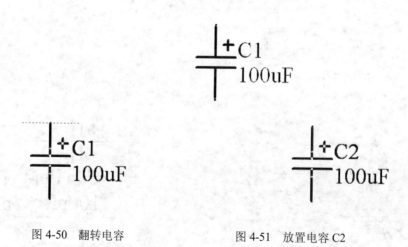

图 4-50　翻转电容　　　　　　　　　　　　图 4-51　放置电容 C2

（6）设置电容属性。再次按 Tab 键，修改电容的属性，如图 4-52 所示。

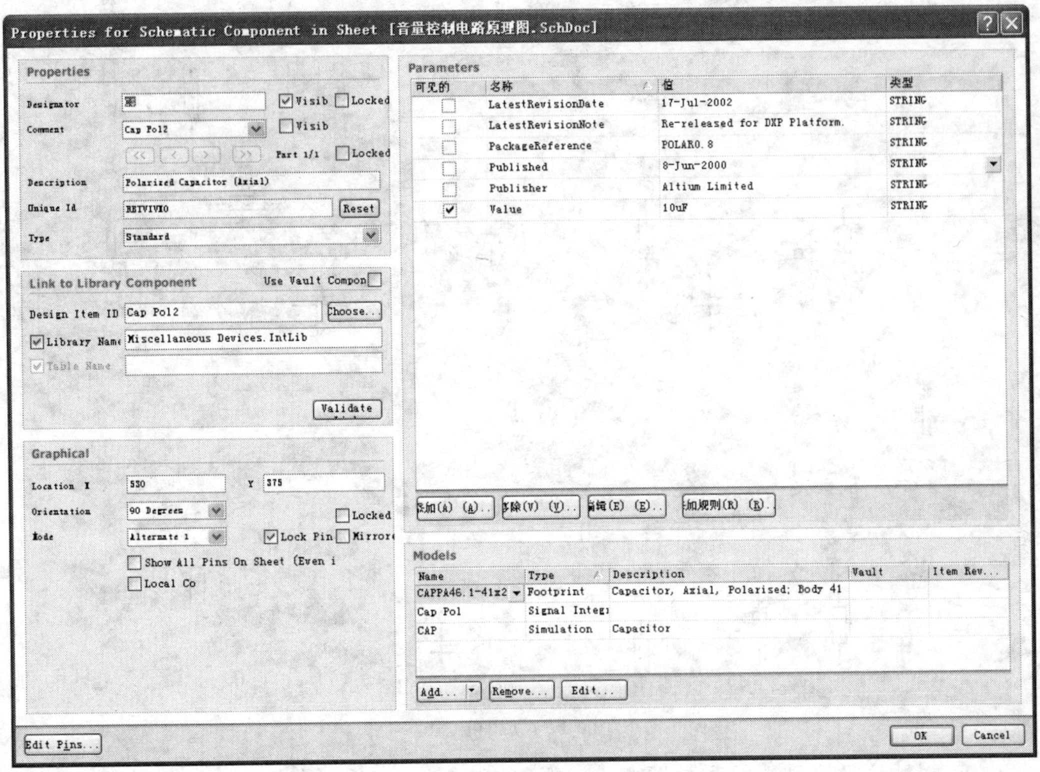

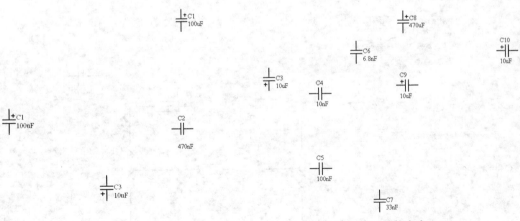

图 4-52　设置电容属性

（7）按 Space 键翻转电容，并在图 4-53 所示的位置单击放置该电容。本例中有 10 个电容，其中，C1、C3、C8、C9、C10 为电解电容，容量分别为 100μF、10μF、470μF、10μF、10μF；而 C2、C4、C5、C6、C7 为普通电容，容量分别为 470nF、10nF、100nF、6.8nF、33nF。

（8）参照上面的数据，放置好其他电容，如图 4-54 所示。

图 4-53　放置电容C3　　　　　　　　图 4-54　放置其他电容

（9）放置电阻。本例中用到 12 个电阻，为 R1～R12，阻值分别为 560kΩ、470kΩ、2.2kΩ、1kΩ、12kΩ、1.2kΩ、3.3kΩ、8.2kΩ、2.7kΩ、10kΩ、2.2kΩ、560Ω。与放置电容相

似，将这些电阻放置在原理图中合适的位置上，如图 4-55 所示。

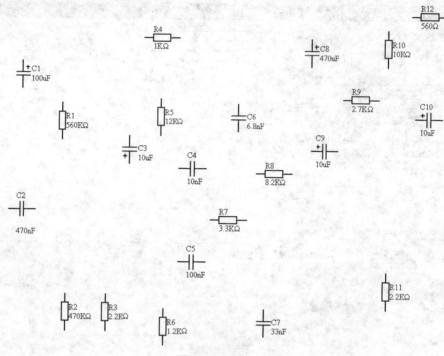

图 4-55　放置电阻

（10）以同样的方法选择和放置两个三极管 Q1 和 Q2，放置在 C3 和 C9 附近，如图 4-57 所示。

（11）采用同样的方法选择和放置两个电位器，如图 4-56 所示。

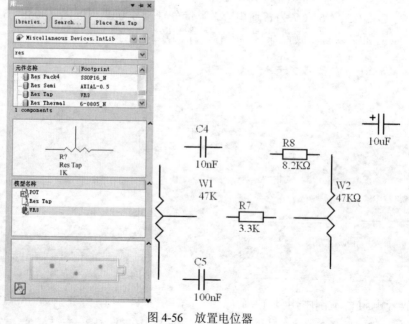

图 4-56　放置电位器

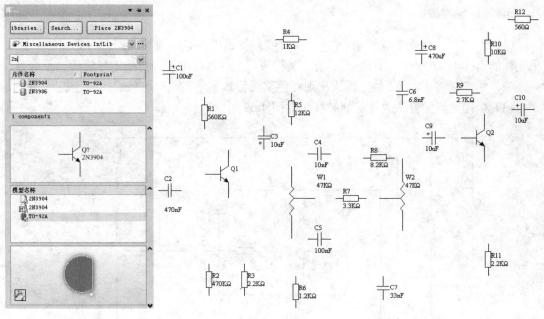

图 4-57　放置三极管

4．布局元件

元件放置完成后，需要适当地进行调整，将它们分别排列在原理图中最恰当的位置，这样有助于后续的设计。

（1）选中元件，按住鼠标左键进行拖动。将元件移至合适的位置后释放鼠标左键，即可对其完成移动操作。

在移动对象时，可以通过按 Page Up 或 Page Down 键来缩放视图，以便观察细节。

（2）选中元件的标注部分，按住鼠标左键进行拖动，可以移动元件标注的位置。

（3）采用同样的方法调整所有的元件，效果如图 4-58 所示。

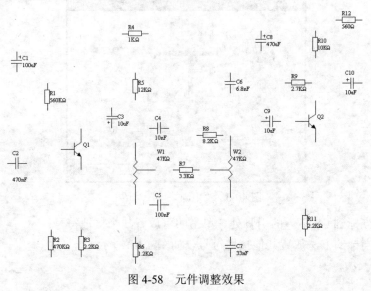

图 4-58　元件调整效果

5．原理图连线

（1）单击"连线"工具栏中的 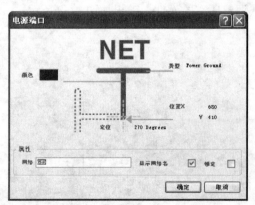（放置线）按钮进入导线放置状态，将光标移动到某个元件的引脚上（如 R1），十字光标的交叉符号变为红色，单击即可确定导线的一个端点。

（2）将光标移动到 R2 处，再次出现红色交叉符号后单击，即可放置一段导线。

（3）采用同样的方法放置其他导线，如图 4-59 所示。

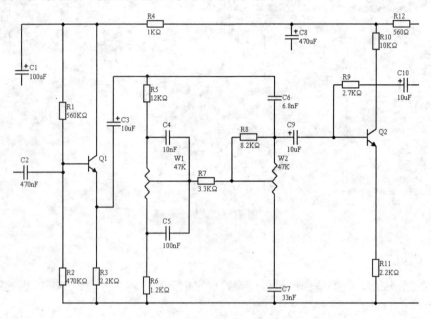

图 4-59　放置导线

（4）单击"线"工具栏中的 ⏚（GND 端口）按钮，进入接地放置状态。按 Tab 键，在弹出的"电源端口"对话框中，将"类型"设置为 Power Ground（接地），"网络"设置为 GND，如图 4-60 所示。

图 4-60　"电源端口"对话框

（5）移动光标到 C8 下方的引脚处，单击即可放置一个接地符号。

（6）采用同样的方法放置其他接地符号，如图 4-61 所示。

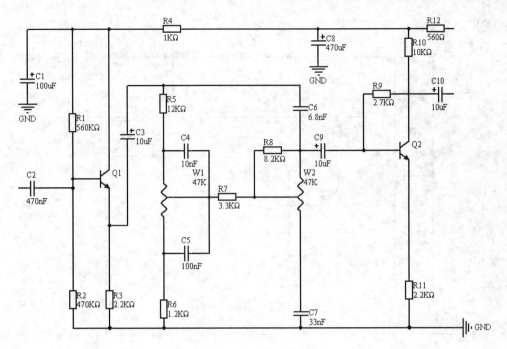

图 4-61　放置接地符号

（7）在"实用"工具栏中选择放置"＋12V"电源工具，按 Tab 键，在出现的"电源端口"对话框中，将"类型"设置为 Bar，"网络"设置为"＋12"，如图 4-62 所示。

（8）在原理图中放置电源并检查和整理连接导线，布线后的原理图如图 4-63 所示。

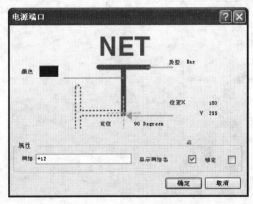

图 4-62　放置电源

6．报表输出

（1）选择菜单栏中的"设计"→"工程的网络表"→ Protel（生成项目网络表）命令，系统自动生成了当前项目的网络表文件"音量控制电路原理图.NET"，并存放在当前项目的 Generated\Netlist Files 文件夹中。双击打开该原理图的网络表文件"音量控制电路原理图.NET"，结果如图 4-64 所示。该网络表是一个简单的 ASCII 码文本文件，由多行文本组成。内容分成了两大部分，一部分是元件信息，另一部分是网络信息。系统会自动生成当前的原理图的网络表文件。

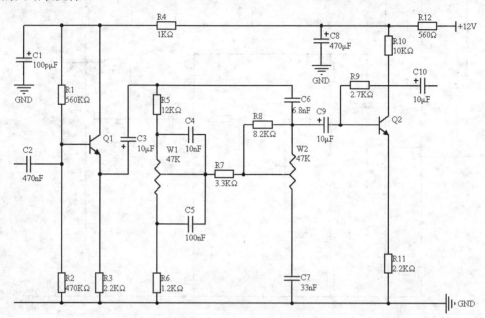

图 4-63　布线后的原理图

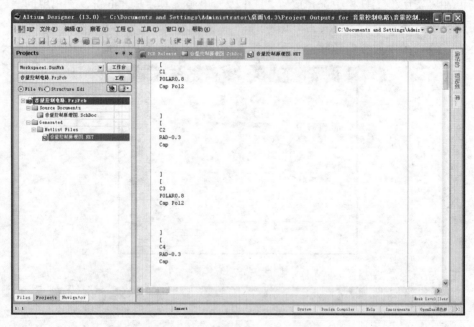

图 4-64　打开原理图的网络表文件

（2）在只有一个原理图的情况下，该网络表的组成形式与上述基于整个原理图的网络表是同一个，在此不再重复。

（3）选择菜单栏中的"报告"→ Bill of Materials（元件清单）命令，系统将弹出相应的元件报表对话框，如图 4-65 所示。

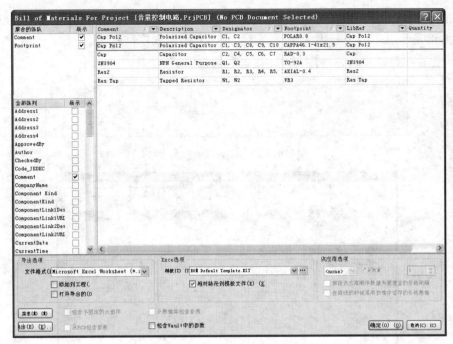

图 4-65　设置元件报表

（4）单击"菜单"按钮，在"菜单"菜单中单击"报告"命令，系统将弹出 Report Preview（报告预览）对话框，如图 4-66 所示。

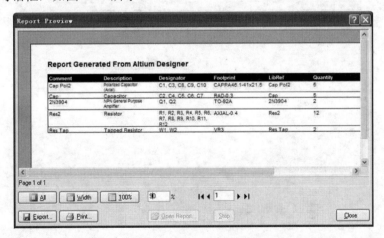

图 4-66　Report Preview（报告预览）对话框

（5）单击 Export（输出）按钮，可以将该报表进行保存，默认文件名为"音量控制电路.xls"，是一个 Excel 文件；单击 Print（打印）按钮，可以将该报表进行打印输出。

（6）在元件报表对话框中，单击 ⋯ 按钮，在 X:\Program Files\Altium Designer 13\Templates 目录下，选择系统自带的元件报表模板文件 BOM Default Template.XLT。

（7）单击"打开"按钮，返回元件报表对话框。单击"确定"按钮，退出对话框。

7．编译并保存项目

（1）选择菜单栏中的"工程"→ Compile PCB Projects（编译 PCB 项目）命令，系统将自动生成信息报告，并在 Messages（信息）面板中显示出来，如图 4-67 所示。项目完成结果如图 4-68 所示。本例没有出现任何错误信息，表明电气检查通过。

（2）保存项目，完成音量控制电路原理图的设计。

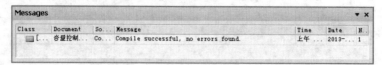

图 4-67　Messages（信息）面板

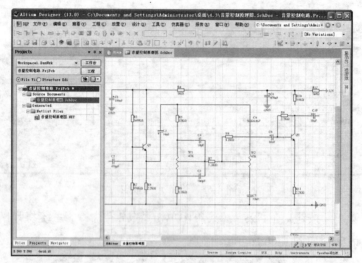

图 4-68　项目完成结果

第**5**章

层次原理图的设计

....

前面学习了在一张图纸上绘制一般电路原理图的方法，这种方法只适应于规模较小、逻辑结构比较简单的系统电路设计。当一个电路比较复杂时，就应该采用层次电路图来设计，即将整个电路系统按功能划分成若干个功能模块，每一个模块都有相对独立的功能。然后，在不同的原理图纸上分别绘制出各个功能模块。本章将介绍如何绘制层次原理图。

5.1 层次原理图概述

层次电路原理图的设计理念是将实际的总体电路进行模块划分，划分的原则是每一个电路模块都应该有明确的功能特征和相对独立的结构，而且，还要有简单、统一的接口，便于模块彼此之间的连接。

5.1.1 层次原理图的基本概念

首先来介绍一下层次原理图的基本概念。在设计原理图的过程中，用户常常会遇到这种情况，即由于设计的电路系统过于复杂而导致无法在一张图纸上完整地绘制整个电路原理图。

为了解决这个问题，需要把一个完整的电路系统按照功能划分为若干个模块，即功能电路模块。如果需要的话，还可以把功能电路模块进一步划分为更小的电路模块。这样，就可以把每一个功能电路模块的相应原理图绘制出来，我们称之为"子原理图"。然后在这些子原理图之间建立连接关系，从而完成整个电路系统的设计。

在 Altium Designer 13 电路设计系统中，原理图编辑器为用户提供了一种强大的层次原理图设计功能。层次原理图是由顶层原理图和子原理图构成的。顶层原理图由方块电路符号、方块电路 I/O 端口符号以及导线构成，其主要功能是展示子原理图之间的层次连接关系。其中，每一个方块电路符号代表一张子原理图；方块电路 I/O 端口符号代表子原理图之间的端口连接关系；导线用来将代表子原理图的方块电路符号组成一个完整的电路系统原理图。对于子原理图，它是一个由各种电路元器件符号组成的实实在在的电路原理图，通常对应着设计电路系统中的一个功能电路模块。

5.1.2　层次原理图的基本结构

Altium Designer 13 系统提供的层次原理图的设计功能非常强大,能够实现多层的层次电路原理图的设计。用户可以把一个完整的电路系统按照功能划分为若干个模块,而每一个功能电路模块又可以进一步划分为更小的电路模块,这样依次细分下去,就可以把整个电路系统划分成多层。

图 5-1 所示为一个二级层次原理图的基本结构图。

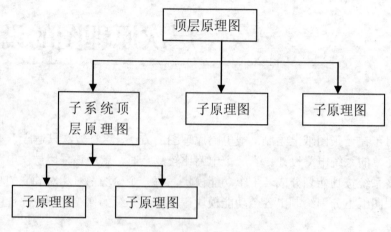

图 5-1　二级层次原理图的基本结构图

5.2　层次原理图的设计方法

基于上述设计理念,层次电路原理图设计的具体实现方法有两种,一种是自上而下的设计方法,另一种是自下而上的设计方法。

自上而下的设计方法是在绘制电路原理图之前,要求设计者对这个设计有一个整体的把握,把整个电路设计分成多个模块,确定每个模块的设计内容,然后对每一模块进行详细的设计。在 C 语言中,这种设计方法被称为自顶向下,逐步细化。该设计方法要求设计者在绘制原理图之前就对系统有比较深入的了解,对电路的模块划分比较清楚。

自下而上的设计方法是设计者先绘制子原理图,根据子原理图生成原理图符号,进而生成上层原理图,最后完成整个设计。这种方法比较适用于对整个设计不是非常熟悉的用户,是一种适合初学者选择的设计方法。

5.2.1　自上而下的层次原理图设计

本节以"基于通用串行数据总线 USB 的数据采集系统"的电路设计为例,详细介绍自上而下层次电路的具体设计过程。

采用层次电路的设计方法,将实际的总体电路按照电路模块的划分原则划分为 4 个电路模块,即 CPU 模块和三路传感器模块 Sensor1、Sensor2、Sensor3,然后先绘制出层次原理图中的顶层原理图,再分别绘制出每一电路模块的具体原理图。

自上而下绘制层次原理图的操作步骤如下。

（1）启动 Altium Designer 13，打开 Files（文件）面板，在"新的"选项栏中单击 Blank Project（PCB）（空白工程文件）选项，则在 Projects（工程）面板中出现了新建的工程文件，另存为"USB 采集系统.PrjPCB"。

（2）在工程文件 USB 采集系统.PrjPCB 上右击，在弹出的快捷菜单中选择"给工程添加新的"→ Schematic（原理图）命令，在该工程文件中新建一个电路原理图文件，另存为 Mother.SchDoc，并完成图纸相关参数的设置。

（3）选择菜单栏中的"放置"→"图表符"命令，或者单击"连线"工具栏中的 ▦（放置原理图符号）按钮，光标将变为十字形状，并带有一个原理图符号标志。

（4）移动光标到需要放置原理图符号的地方，单击确定原理图符号的一个顶点，移动光标到合适的位置，再一次单击确定其对角顶点，即可完成原理图符号的放置。

此时放置的图纸符号并没有具体的意义，需要进行进一步设置，包括其标识符、所表示的子原理图文件及一些相关的参数等。

（5）此时，光标仍处于放置原理图符号的状态，重复上一步操作即可放置其他原理图符号，右击或者按 Esc 键即可退出操作。

（6）设置原理图符号的属性。双击需要设置属性的原理图符号或在绘制状态时按 Tab 键，系统将弹出相应的"方块符号"对话框，如图 5-2 所示。原理图符号属性的主要参数含义如下。

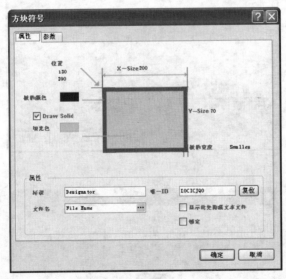

图 5-2　"方块符号"对话框

① "位置"文本框：表示原理图符号在原理图上的 X 轴和 Y 轴坐标，可以输入数值。

② X-Size（宽度）、Y-Size（高度）文本框：表示原理图符号的宽度和高度，可以输入数值。

③ "板的颜色"显示框：用于设置原理图符号边框的颜色。

④ "填充色"显示框：用于设置原理图符号的填充颜色。

⑤ Draw Solid（是否填充）复选框：勾选该复选框，则原理图符号将以"填充色"显示框中的颜色填充多边形。

⑥ "板的宽度"下拉列表框：用于设置原理图符号的边框粗细，包括 Smallest（最小）、

Small（小）、Medium（中等）和 Large（大）4 种线宽。

⑦ "标识"文本框：用于输入相应原理图符号的名称，所起的作用与普通电路原理图中的元件标识符相似，是层次电路图中用来表示原理图符号的唯一标志，不同的原理图符号应该有不同的标识符。在这里输入 U-Sensor1。

⑧ "文件名"文本框：用于输入该原理图符号所代表的下层子原理图的文件名。在这里输入 Sensor1.SchDoc。

⑨ "显示此处隐藏文本文件"复选框：用于确定是显示还是隐藏原理图符号的文本域。

（7）在"方块符号"对话框中单击"参数"选项卡，如图 5-3 所示，用户可以在"参数"选项卡中执行添加、删除和编辑原理图符号等其他有关参数的操作。单击"添加"按钮，系统将弹出如图 5-4 所示的"参数属性"对话框，在该对话框中可以设置追加的参数名称、数值等属性。

图 5-3 "参数"选项卡

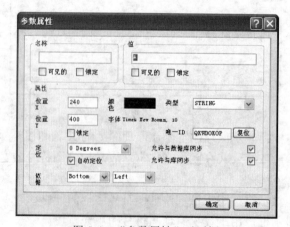

图 5-4 "参数属性"对话框

（8）在"名称"文本框中输入 Description，在"值"文本框中输入 U-Sensor1，勾选下面的"可见的"复选框，单击"确定"按钮，关闭该对话框。单击"方块符号"对话框中的

"确定"按钮，关闭该对话框。按照上述方法放置另外三个原理图符号 U-Sensor2、U-Sensor3 和 U-Cpu，并设置好相应的属性，如图 5-5 所示。

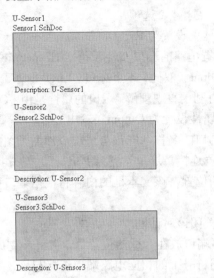
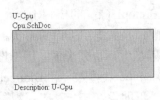

图 5-5　设置好的 4 个原理图符号

　　放置好原理图符号以后，下一步就需要在上面放置电路端口了。电路端口是原理图符号代表的子原理图之间所传输的信号在电气上的连接通道，应放置在原理图符号边缘的内侧。

　　(9) 选择菜单栏中的"放置"→"添加图纸入口"命令，或者单击"连线"工具栏中的 ▣ (放置图纸入口)按钮，光标将变为十字形状。

　　(10) 移动光标到原理图符号内部，选择放置电路端口的位置单击，会出现一个随光标移动的电路端口，但其只能在原理图符号内部的边框上移动，在适当的位置再次单击即可完成电路端口的放置。此时，光标仍处于放置电路端口的状态，继续放置其他的电路端口，右击或者按 Esc 键即可退出操作。

　　(11) 设置电路端口的属性。根据层次电路图的设计要求，在顶层原理图中，每一个原理图符号上的所有电路端口都应该与其所代表的子原理图上的一个电路输入、输出端口相对应，包括端口名称

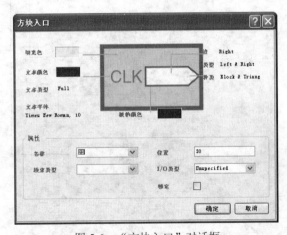

图 5-6　"方块入口"对话框

及接口形式等，因此，需要对电路端口的属性加以设置。双击需要设置属性的电路端口或在绘制状态下按 Tab 键，系统将弹出相应的"方块入口"对话框，如图 5-6 所示。电路端口属性的主要参数含义如下。

　　① "填充色"显示框：设置电路端口内部的填充颜色。
　　② "文本颜色"显示框：设置电路端口标注文本的颜色。

③ "板的颜色"显示框：设置电路端口边框的颜色。

④ "边"下拉列表框：设置电路端口在原理图符号中的大致方位，包括 Top（顶部）、Left（左侧）、Bottom（底部）和 Right（右侧）4 个选项。

⑤ "类型"：设置电路端口的形状。这里设置为 Right。

⑥ "I/O 类型"下拉列表框：用于设置电路的端口属性，包括 Unspecified（未指明）、Output（输出）、Input（输入）和 Bidirectional（双向）4 个选项。"I/O 类型"下拉列表框通常与电路端口外形的设置一一对应，这样有利于直观理解。端口的属性是由 I/O 类型决定的，这是电路端口最重要的属性。这里将端口属性设置为 Output（输出）。

⑦ "名称"下拉列表框：设置电路端口的名称，应该与层次原理图子图中的端口名称对应，只有这样才能完成层次原理图的电气连接。这里设置为 Port1。

⑧ "位置"文本框：设置电路端口的位置。该文本框的内容将根据端口移动而自动设置，用户不需要进行更改。

属性设置完毕后，单击"确定"按钮关闭该对话框。

（12）按照同样的方法，把所有的电路端口放在合适的位置处，并一一完成属性设置。

（13）使用导线或总线把每一个原理图符号上的相应电路端口连接起来，并放置好接地符号，完成顶层原理图的绘制，如图 5-7 所示。

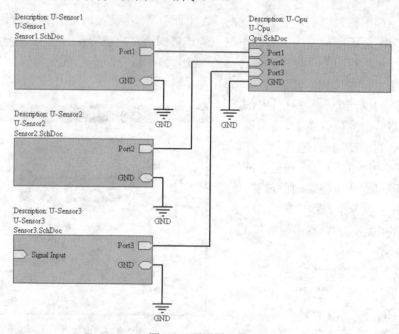

图 5-7　顶层原理图

根据顶层原理图中的原理图符号，把与之相对应的子原理图分别绘制出来，这一过程就是使用原理图符号来建立子原理图的过程。

（14）选择菜单栏中的"设计"→"产生图纸"命令，此时光标将变为十字形状。移动光标到原理图符号 U-Cpu 内部单击，系统自动生成一个新的原理图文件，名称为 Cpu.SchDoc，与相应的原理图符号所代表的子原理图文件名一致，如图 5-8 所示。此时可以看到，在该原理图中已经自动放置好了与 4 个电路端口方向一致的输入、输出端口。

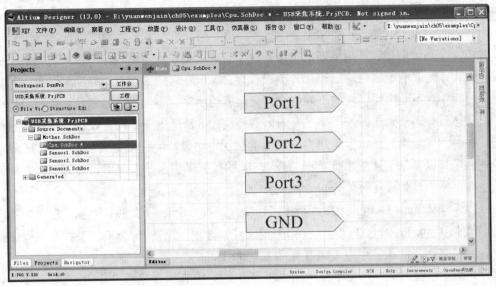

图 5-8　由原理图符号U-Cpu建立的子原理图

（15）使用普通电路原理图的绘制方法，放置各种所需的元件并进行电气连接，完成
Cpu.SchDoc 子原理图的绘制，如图 5-9 所示。

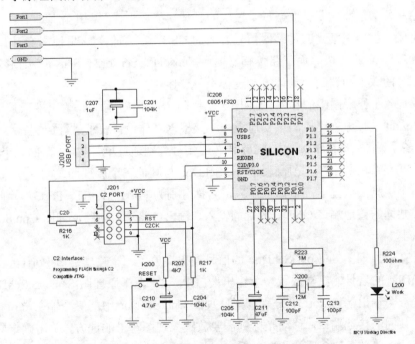

图 5-9　子原理图Cpu.SchDoc

（16）使用同样的方法，用顶层原理图中的另外三个原理图符号 U-Sensor1、U-Sensor2、
U-Sensor3 建立与其相对应的三个子原理图 Sensor1.SchDoc、Sensor2.SchDoc、Sensor3.SchDoc，
并且分别绘制出来。

至此，采用自上而下的层次电路图设计方法，完成了整个 USB 数据采集系统电路原理
图的绘制。

5.2.2　自下而上的层次原理图设计

对于一个功能明确、结构清晰的电路系统来说，采用层次电路设计方法，使用自上而下的设计流程，能够清晰地表达出设计者的设计理念。但在有些情况下，特别是在电路的模块化设计过程中，不同电路模块的不同组合，会形成功能完全不同的电路系统。用户可以根据自己的具体设计需要，选择若干个已有的电路模块，组合产生一个符合设计要求的完整电路系统。此时，该电路系统可以使用自下而上的层次电路设计流程来完成。

下面还是以"基于通用串行数据总线 USB 的数据采集系统"电路设计为例，介绍自下而上层次电路的具体设计过程。自下而上绘制层次原理图的操作步骤如下。

（1）启动 Altium Designer 13，新建工程文件。打开 Files（文件）面板，在"新的"选项栏中单击 Blank Project（PCB）（空白工程文件）选项，则在 Projects（工程）面板中显示新建的工程文件，将其另存为"USB 采集系统.PrjPCB"。

（2）新建原理图文件作为子原理图。在工程文件 USB 采集系统.PrjPCB 上右击，在弹出的快捷菜单中选择"给工程添加新的"→ Schematic（原理图）命令，在该工程文件中新建原理图文件，另存为 Cpu.SchDoc，并完成图纸相关参数的设置。采用同样的方法建立原理图文件 Sensor1.SchDoc、Sensor2.SchDoc 和 Sensor3.SchDoc。

（3）绘制各个子原理图。根据每一模块的具体功能要求，绘制电路原理图。例如，CPU模块主要完成主机与采集到的传感器信号之间的 USB 接口通信，这里使用带有 USB 接口的单片机 C8051F320 来完成。而三路传感器模块 Sensor1、Sensor2、Sensor3 则主要完成对三路传感器信号的放大和调制，具体绘制过程不再赘述。

（4）放置各子原理图中的输入、输出端口。子原理图中的输入、输出端口是子原理图与顶层原理图之间进行电气连接的重要通道，应该根据具体设计要求进行放置。

例如，在原理图 Cpu.SchDoc 中，三路传感器信号分别通过单片机 P2 口的三个引脚 P2.1、P2.2、P2.3 输入到单片机中，是原理图 Cpu.SchDoc 与其他三个原理图之间的信号传递通道，所以在这三个引脚处放置了三个输入端口，名称分别为 Port1、Port2、Port3。除此之外，还放置了一个共同的接地端口 GND。放置的输入、输出电路端口电路原理图 Cpu.SchDoc 与图5-9 完全相同。

同样，在子原理图 Sensor1.SchDoc 的信号输出端放置一个输出端口 Port1，在子原理图 Sensor2.SchDoc 的信号输出端放置一个输出端口 Port2，在子原理图 Sensor3.SchDoc 的信号输出端放置一个输出端口 Port3，分别与子原理图 Cpu.SchDoc 中的三个输入端口相对应，并且都放置了共同的接地端口。移动光标到需要放置原理图符号的地方，单击确定原理图符号的一个顶点，移动光标到合适的位置，再一次单击确定其对角顶点，即可完成原理图符号的放置。

放置输入、输出电路端口的三个子原理图 Sensor1.SchDoc、Sensor2.SchDoc 和Sensor3.SchDoc，结果如图 5-10、图 5-11 和图 5-12 所示。

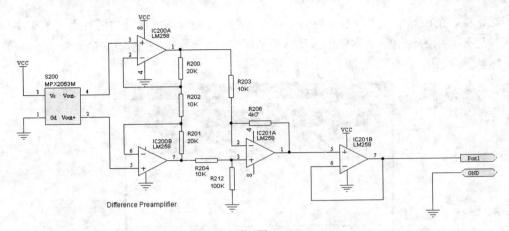

图 5-10　子原理图Sensor1.SchDoc

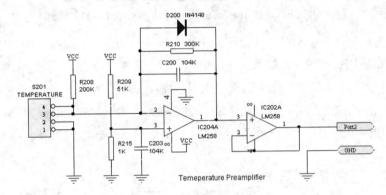

图 5-11　子原理图Sensor2.SchDoc

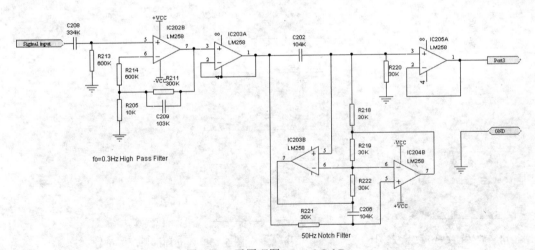

图 5-12　子原理图Sensor3.SchDoc

（5）在工程"USB 采集系统.PrjPCB"中新建一个原理图文件 Mother1.PrjPCB，以便进行顶层原理图的绘制。

（6）打开原理图文件 Mother1.PrjPCB，选择菜单栏中的"设计"→"HDL 文件或原理图生成图纸符"命令，系统将弹出如图 5-13 所示的 Choose Document to Place（选择文件放置）对话框。在该对话框中，系统列出了同一工程中除当前原理图外的所有原理图文件，用户可以选择其中的任何一个原理图来建立原理图符号。例如，这里选中 Cpu.SchDoc，单击 OK（确定）按钮，关闭该对话框。

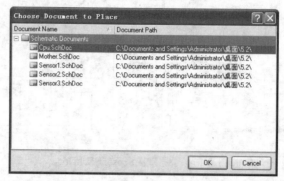

图 5-13　Choose Document to Place（选择文件放置）对话框

（7）此时光标变成十字形状，并带有一个原理图符号的虚影。选择适当的位置，将该原理图符号放置在顶层原理图中，如图 5-14 所示。该原理图符号的标识符为 U_Cpu，边缘已经放置了 4 个电路端口，方向与相应子原理图中的输入、输出端口一致。

（8）按照同样的操作方法，子原理图 Sensor1.SchDoc、Sensor2.SchDoc 和 Sensor3.SchDoc 可以在顶层原理图中分别建立原理图符号 U_Sensor1、U_Sensor2 和 U_Sensor3，如图 5-15 所示。

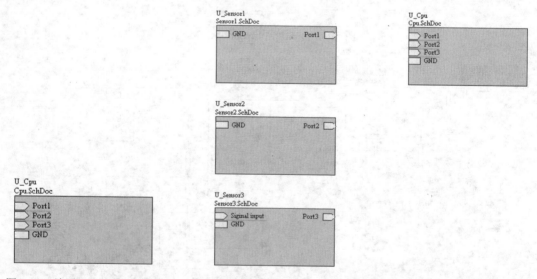

图 5-14　放置U_Cpu原理图符号　　　　图 5-15　建立顶层原理图符号

（9）设置原理图符号和电路端口的属性。由系统自动生成的原理图符号不一定完全符合设计要求，很多时候还需要进行编辑，如原理图符号的形状和大小、电路端口的位置要有利于布线连接、电路端口的属性需要重新设置等。

（10）用导线或总线将原理图符号通过电路端口连接起来，并放置接地符号，完成顶层原理图的绘制，结果和图 5-7 完全一致。

5.3 层次原理图之间的切换

在绘制完成的层次电路原理图中，一般都包含顶层原理图和多张子原理图。用户在编辑时，常常需要在这些图中来回切换查看，以便了解完整的电路结构。对于层次较少的层次原理图，由于结构简单，直接在 Projects（工程）面板中单击相应原理图文件的图标即可进行切换查看。但是对于包含较多层次的原理图，结构十分复杂，单纯通过 Projects（工程）面板来切换就很容易出错。Altium Designer 13 系统中提供了层次原理图切换的专用命令，以帮助用户在复杂的层次原理图之间方便地进行切换，实现多张原理图的同步查看和编辑。

5.3.1 由顶层原理图中的原理图符号切换到相应的子原理图

由顶层原理图中的原理图符号切换到相应子原理图的操作步骤如下。

（1）打开 Projects（工程）面板，选中工程"USB采集系统.PrjPCB"，选择菜单栏中的"工程"→"Compile PCB Project USB 采集系统.PrjPCB"命令，完成对该工程的编译。

（2）打开 Navigator（导航）面板，可以看到在面板上显示了该工程的编译信息，其中包括原理图的层次结构，如图 5-16 所示。

（3）打开顶层原理图 Mother.SchDoc，选择菜单栏中的"工具"→"上/下层次"命令，或者单击"原理图标准"工具栏中的 （上/下层次）按钮，此时光标变为十字形状。移动光标到与欲查看的子原理图相对应的原理图符号处，放在任何一个电路端口上。例如，在这里要查看子原理图 Sensor2.SchDoc，把光标放在原理图符号 U_Sensor2 中的一个电路端口 Port2 上即可。

图 5-16 Navigator（导航）面板

（4）单击该电路端口，子原理图 Sensor2.SchDoc 就出现在编辑窗口中，并且具有相同名称的输出端口 Port2 处于高亮显示状态，如图 5-17 所示。

右击退出切换状态，完成了由原理图符号到子原理图的切换，用户可以对该子原理图进行查看或编辑。用同样的方法，可以完成其他几个子原理图的切换。

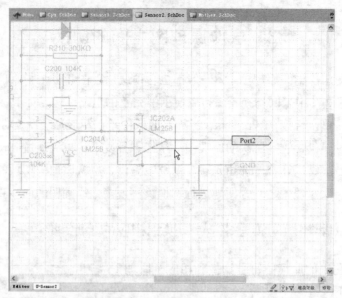

图 5-17　切换到相应子原理图

5.3.2　由子原理图切换到顶层原理图

由子原理图切换到顶层原理图的操作步骤如下。

（1）打开任意一个子原理图，选择菜单栏中的"工具"→"上/下层次"命令，或者单击"原理图标准"工具栏中的 ⬆⬇（上/下层次）按钮，此时光标变为十字形，移动光标到任意一个输入/输出端口处，如图 5-18 所示。在这里，打开子原理图 Sensor3.SchDoc，把光标置于接地端口 GND 处。

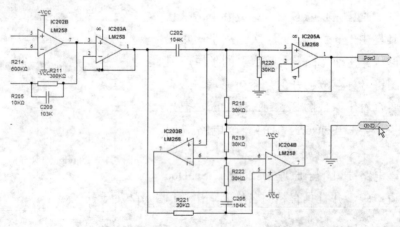

图 5-18　选择子原理图中的任一输入/输出端口

（2）单击接地端口，顶层原理图 Mother.SchDoc 就出现在编辑窗口中。并且在代表子原理图 Sensor3.SchDoc 的原理图符号中，具有相同名称的接地端口 GND 处于高亮显示状态。右击退出切换状态，完成由子原理图到顶层原理图的切换。此时，用户可以对顶层原理图进行查看或编辑。

5.4　层次设计表

通常设计的层次原理图层次较少，结构也比较简单。但是对于多层次的层次电路原理图，其结构关系却是相当复杂的，用户不容易看懂。因此，系统提供了一种层次设计表作为用户查看复杂层次原理图的辅助工具。借助层次设计表，用户可以清晰地了解层次原理图的层次结构关系，进一步明确层次电路图的设计内容。生成层次设计表的主要操作步骤如下。

（1）编译整个工程。前面已经对工程"USB 采集系统.PrjPCB"进行了编译。

（2）选择菜单栏中的"报告"→ Report Project Hierarchy（工程层次报告）命令，生成有关该工程的层次设计表。

（3）打开 Projects（工程）面板，可以看到该层次设计表被添加在该工程下的"Generated\Text Documents\"文件夹中，是一个与工程文件同名，后缀为".REP"的文本文件。

（4）双击该层次设计表文件，则系统转换到文本编辑器界面，可以查看该层次设计表。生成的层次设计表如图 5-19 所示。

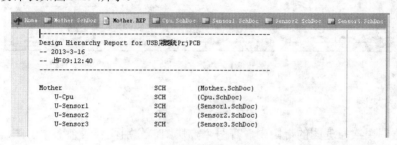

图 5-19　生成的层次设计表

从图 5-19 中可以看出，在生成的设计表中，使用缩进格式明确列出了本工程中各个原理图之间的层次关系。原理图文件名越靠左，说明该文件在层次电路图中的层次越高。

5.5　综合实例

通过前面几节的学习，用户对 Altium Designer 13 层次原理图设计方法应该有一个整体的认识。在本章的最后，用实例来详细介绍一下两种层次原理图的设计步骤。

5.5.1　声控变频器电路层次原理图设计

在层次化原理图中，表达子图之间的原理图被称为母图，首先按照不同的功能将原理图划分成一些子模块在母图中，采取一些特殊的符号和概念来表示各张原理图之间的关系。本例主要讲述自上向下的层次原理图设计，完成层次原理图设计方法中母图和子图设计。

1. 建立工作环境

（1）在 Altium Designer 13 主界面中，选择菜单栏中的"文件"→ New（新建）→Project（工程）→"PCB 工程"命令，选择"文件"→ New（新建）→"原理图"命令。

（2）右击，从弹出的快捷菜单中选择"保存工程为"命令将新建的工程文件保存为"声控变频器.PrjPcb"。然后右击，从弹出的快捷菜单中选择"保存为"命令将新建的原理图文件保存为"声控变频器.SchDoc"，如图 5-20 所示。

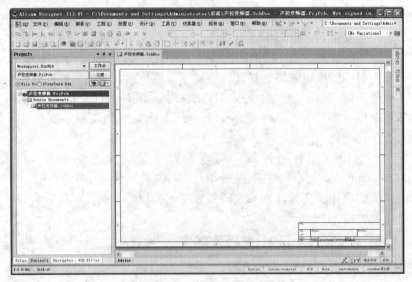

图 5-20　新建原理图文件

2．放置方块图

（1）在本例层次原理图的母图中，有两个方块图，分别代表两个下层子图。因此在进行母图设计时首先应该在原理图图纸上放置两个方块图。选择"放置"→"图表符"命令，或者单击工具栏中的 ▦ 按钮，鼠标将变为十字形状，并带有一个方块电路图标志。在图纸上单击确定方块图的左上角顶点，然后拖动鼠标绘制出一个适当大小的方块，再次单击鼠标左键确定方块图的右下角顶点，这样就确定了一个方块图。

（2）放置完一个方块图后，系统仍然处于放置方块图的命令状态，同样的方法在原理图中放置另外一个方块图。单击鼠标右键退出绘制方块图的命令状态。

（3）双击绘制好的方块图，打开"方块符号"对话框，在该对话框中可以设置方块图的参数，如图 5-21 所示。

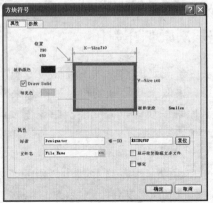

图 5-21　设置方块图属性

（4）单击"参数"标签切换到"参数"选项卡，在该选项卡中单击"添加"按钮可以为方块图添加一些参数。例如可以添加一个对该方块图的描述，如图 5-22 所示。

图 5-22　为方块图添加描述性文字

3．放置电路端口

（1）选择菜单栏中的"放置"→"添加图纸入口"命令，或者单击工具栏中的 按钮，鼠标将变为十字形状。移动鼠标到方块电路图内部，选择要放置的位置，单击鼠标左键，会出现一个电路端口随鼠标移动而移动，但只能在方块电路图内部的边框上移动，在适当的位置再一次单击鼠标即可完成电路端口的放置。

（2）双击一个放置好的电路端口，打开"方块入口"对话框，在该对话框中对电路端口属性进行设置。

（3）完成属性修改的电路端口如图 5-23（a）所示。

注意

在设置电路端口的 I/O 类型时，一定要使其符合电路的实际情况，例如本例中电源方块图中的 VCC 端口是向外供电的，所以它的 I/O 类型一定是 Output。另外，要使电路端口的箭头方向和它的 I/O 类型相匹配。

4．连线

将具有电气连接的方块图的各个电路端口用导线或者总线连接起来。完成连接后，整个层次原理图的母图便设计完成了，如图 5-23（b）所示。

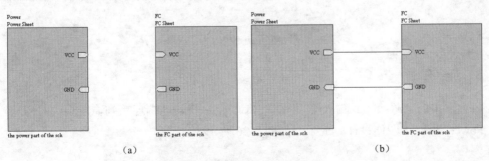

（a）　　　　　　　　　　　　　　　　　　（b）

图 5-23　设置电路端口属性

5. 设计子原理图

选择菜单栏中的"设计"→"产生图纸"命令，这时鼠标将变为十字形状。移动鼠标到方块电路图 Power 上，单击鼠标左键，系统自动生成一个新的原理图文件，名称为 Power Sheet.SchDoc，与相应的方块电路图所代表的子原理图文件名一致。

6. 加载元件库。

选择菜单栏中的"设计"→"添加/移除库"命令，打开"可用库"对话框，然后在其中加载需要的元件库。本例中需要加载的元件库如图 5-24 所示。

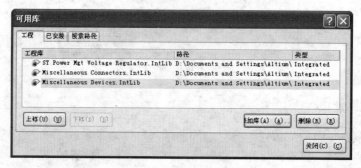

图 5-24　加载需要的元件库

7. 放置元件

（1）选择"库"面板，在其中浏览刚刚加载的元件库 ST Power Mgt Voltage Regulator. IntLib，找到所需的 L7809CP 芯片，然后将其放置在图纸上。

（2）在其他的元件库中找出需要的另外一些元件，然后将它们都放置到原理图中，再对这些元件进行布局。布局的结果如图 5-25 所示。

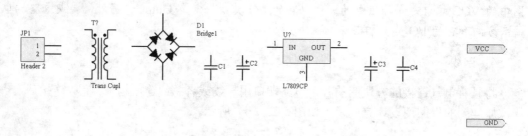

图 5-25　元件放置完成

8. 元件布线

（1）输出的电源端接到输入/输出端口 VCC 上，将接地端连接到输出端口 GND 上，至此，Power Sheet 子图便设计完成了，如图 5-26 所示。

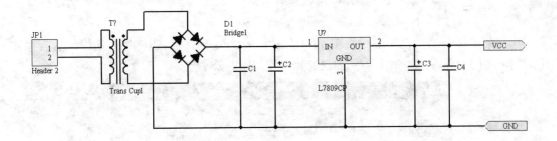

图 5-26　Power Sheet 子图设计完成

（2）按照上面的步骤完成另一个原理图子图的绘制。设计完成的 FC Sheet 子图如图 5-27 所示。

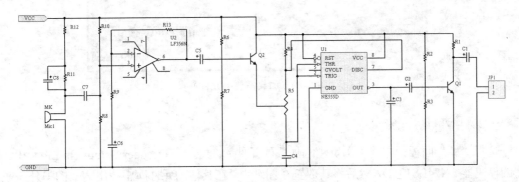

图 5-27　FC Sheet 子图设计完成

两个子图都设计完成后，整个层次原理图的设计便结束了。在本例中，讲述了层次原理图自上而下的设计方法。层次原理图的分层可以有若干层，这样可以使复杂的原理图更有条理，更加方便阅读。

5.5.2　存储器接口电路层次原理图设计

本例主要讲述自下而上的层次原理图设计。在电路的设计过程中，有时候会出现一种情况，即事先不能确定端口的情况，这时就不能将整个工程的母图绘制出来，因此自上而下的方法就不能胜任了。而自下而上的方法就是先设计好原理图的子图，然后由子图生成母图的方法。

1．建立工作环境

（1）Altium Designer 13 主界面中，选择菜单栏中的"文件"→ New（新建）→Project（工程）→"PCB 工程"命令，然后单击鼠标右键，从弹出的快捷菜单中选择"保存工程为"命令将工程文件另存为"存储器接口.PrjPcb"。

（2）选择菜单栏中的"文件"→ New（新建）→"原理图"命令，然后选择"文件"→"保存为"命令将新建的原理图文件另存为"寻址.SchDoc"。

2. 加载元件库

选择菜单栏中的"设计"→"添加/移除库"命令，打开"可用库"对话框，然后在其中加载需要的元件库。本例中需要加载的元件库如图 5-28 所示。

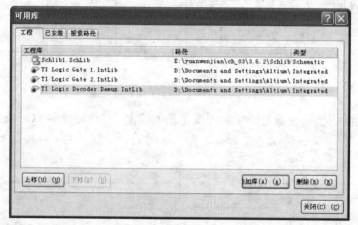

图 5-28 加载需要的元件库

3. 放置元件

选择"库"面板，在其中浏览刚刚加载的元件库 TI Logic Decoder Demux. IntLib，找到所需的译码器 SN74LS138D，然后将其放置在图纸上。在其他的元件库中找出需要的另外一些元件，然后将它们都放置到原理图中，再对这些元件进行布局。布局的结果如图 5-29 所示。

4. 元件布线

（1）绘制导线，连接各元器件，如图 5-30 所示。

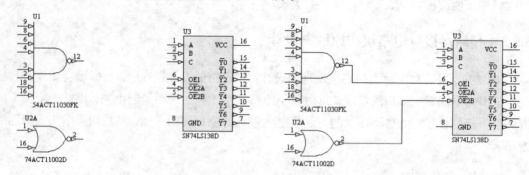

图 5-29 元件放置完成   图 5-30 放置导线

（2）在图中放置网络标签。单击菜单栏中的"放置"→"网络标号"命令，或单击工具栏中的 Net（放置网络标签）按钮，在需要放置网络标签的引脚上添加正确的网络标签，并添加接地和电源符号，将输出的电源端接到输入/输出端口 VCC 上，将接地端连接到输出端口 GND 上，至此，Power Sheet 子图便设计完成了，如图 5-31 所示。

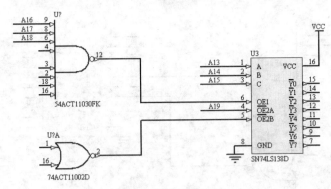

图 5-31　放置网络标签

注意

由于本电路为接口电路，有一部分引脚会连接到系统的地址和数据总线。因此，在本图中的网络标签并不是成对出现的。

5．放置输入/输出端口

（1）输入/输出端口是子原理图和其他子原理图的接口。选择菜单栏中的"放置"→"端口"命令，或者单击工具栏中的 📄 （放置端口）按钮，系统进入到放置输入/输出端口的命令状态。移动鼠标到目标位置，单击确定输入/输出端口的一个顶点，然后拖动鼠标到合适位置再次单击确定输入/输出端口的另一个顶点，这样就放置了一个输入/输出端口。

（2）双击放置完的输入/输出端口，打开"端口属性"对话框，如图 5-32 所示。在该对话框中设置输入/输出端口的名称、I/O 类型等参数。

（3）使用同样的方法，放置电路中所有的输入/输出端口，如图 5-33 所示。这样就完成了"寻址"原理图子图的设计。

6．绘制"存储"原理图子图

与绘制"寻址"原理图子图同样的方法，绘制"存储"原理图子图，如图 5-34 所示。

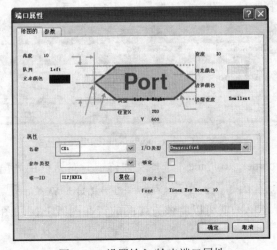

图 5-32　设置输入/输出端口属性

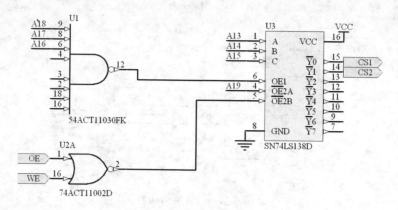

图 5-33 寻址原理图子图

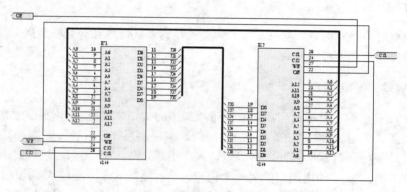

图 5-34 存储原理图子图

7. 设计存储器接口电路母图

（1）选择菜单栏中的"文件"→"新建"→"原理图"命令，然后选择菜单栏中的"文件"→"保存为"命令，将新建的原理图文件另存为"存储器接口.SchDoc"。

（2）选择菜单栏中的"设计"→"HDL 文件或图纸生成图表符"命令，打开 Choose Document to Place（选择文件位置）对话框，如图 5-35 所示。

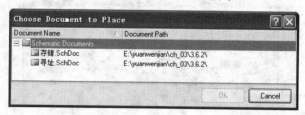

图 5-35 Choose Document to Place对话框

（3）在 Choose Document to Place（选择文件位置）对话框中列出了所有的原理图子图。选择"存储.SchDoc"原理图子图，单击按钮，鼠标光标上就会出现一个方块图，移动光标到原理图中适当的位置，单击就可以将该方块图放置在图纸上，如图 5-36 所示。

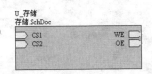

图 5-36　放置好的方块图

⚠ **注意**

在自上而下的层次原理图设计方法中，在进行母图向子图转换时，不需要新建一个空白文件，系统会自动生成一个空白的原理图文件。但是在自下而上的层次原理图设计方法中，一定要先新建一个原理图空白文件，才能进行由子图向母图的转换。

（4）同样的方法将"寻址.SchDoc"原理图生成的方块图放置到图纸中，如图 5-37 所示。

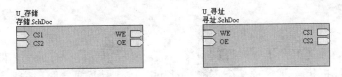

图 5-37　生成的母图方块图

（5）用导线将具有电气关系的端口连接起来，就完成了整个原理图母图的设计，如图 5-38 所示。

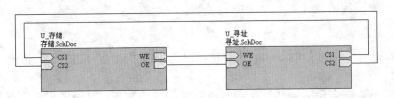

图 5-38　存储器接口电路母图

8．编译原理图

选择菜单栏中的"工程"→"Compile PCB Project 存储器接口.PrjPcb"（编译存储器接口电路板项目.PrjPcb）命令，将原理图进行编译，在 Projects（工程）工作面板中就可以看到层次原理图中母图和子图的关系。

本例主要介绍了采用自下而上方法设计原理图时，从子图生成母图的方法。

第**6**章

印制电路板的环境设置

· · · · · · · · ·

设计印制电路板是整个工程设计的最终目的。原理图设计得再完美，如果电路板设计不合理，性能将大打折扣，严重时甚至不能正常工作。制板商要参照用户所设计的 PCB 图来进行电路板的生产。由于要满足功能上的需要，电路板设计往往有很多的规则要求，如要考虑到实际中的散热和干扰等问题。

本章主要介绍印制电路板的设计基础、PCB 编辑环境、PCB 创建及 PCB 视图操作等知识，使读者对电路板的设计有一个全面的了解。

6.1　印制电路板的设计基础

在设计之前，首先介绍一些有关印制电路板的基础知识，以便用户能更好地理解和掌握以后 PCB 的设计过程。

6.1.1　印制电路板的概念

印制电路板（Printed Circuit Board），简称 PCB，是以绝缘覆铜板为材料，经过印制、腐蚀、钻孔及后处理等工序，在覆铜板上刻蚀出 PCB 图上的导线，将电路中的各种元器件固定并实现各元器件之间的电气连接，使其具有某种功能。随着电子设备的飞速发展，PCB越来越复杂，上面的元器件越来越多，功能也越来越强大。

印制电路板根据导电层数的不同，可以分为单面板、双面板和多层板三种。

（1）单面板：单面板只有一面覆铜，另一面用于放置元器件，因此只能利用敷了铜的一面设计电路导线和元器件的焊接。单面板结构简单，价格便宜，适用于相对简单的电路设计。对于复杂的电路，由于只能单面走线，所以布线比较困难。

（2）双面板：双面板是一种双面都敷有铜的电路板，分为顶层 Top Layer 和底层 Bottom Layer。它双面都可以布线焊接，中间为一层绝缘层，元器件通常放置在顶层。由于双面都可以走线，因此双面板可以设计比较复杂的电路。它是目前使用最广泛的印制电路板结构。

（3）多层板：如果在双面板的顶层和底层之间加上别的层，如信号层、电源层或者接地层，即构成了多层板。通常的 PCB 板，包括顶层、底层和中间层，层与层之间是绝缘的，用于隔离布线，两层之间的连接是通过过孔实现的。一般的电路系统设计用双面板和四层板即可满足设计需要，只是在较高级电路设计中，或者有特殊要求时，如对抗高频干扰要求很高的情况下使用六层或六层以上的多层板。多层板制作工艺复杂，层数越多，设计时间越长，成本也越高。但随着电子技术的发展，电子产品越来越小巧精密，电路板的面积要求越来越小，因此目前多层板的应用也日益广泛。

下面介绍几个印制电路板中常用的概念。

1．元器件封装

元器件的封装是印制电路设计中非常重要的概念。元器件的封装就是实际元器件焊接到印制电路板时的焊接位置与焊接形状，包括了实际元器件的外形尺寸、空间位置、各引脚之间的间距等。元器件封装是一个空间的概念，对于不同的元器件可以有相同的封装，同样一种封装可以用于不同的元器件。因此，在制作电路板时必须知道元器件的名称，同时也要知道该元器件的封装形式。

2．过孔

过孔是用来连接不同板层之间导线的孔。过孔内侧一般由焊锡连通，用于元器件引脚的插入。过孔可分为三种类型：通孔、盲孔和隐孔。从顶层直接通到底层，贯穿整个 PCB 的过孔称为通孔；只从顶层或底层通到某一层，并没有穿透所有层的过孔称为盲孔；只在中间层之间相互连接，没有穿透底层或顶层的过孔就称为隐孔。

3．焊盘

焊盘主要用于将元器件引脚焊接固定在印制板上并将引脚与 PCB 上的铜膜导线连接起来，以实现电气连接。通常焊盘有三种形状，即圆形、矩形和正八边形，如图 6-1 所示。

图 6-1　焊盘

4．铜膜导线和飞线

铜膜导线是印制电路板上的实际走线，用于连接各个元器件的焊盘。它不同于印制电路板布线过程中的飞线。所谓飞线，又叫预拉线，是系统在装入网络报表以后自动生成的不同元器件之间错综交叉的线。

铜膜导线与飞线的本质区别在于铜膜导线具有电气连接特性，而飞线则不具有。飞线只是一种形式上的连线，只是在形式上表示出各个焊盘之间的连接关系，没有实际电气连接意义。

6.1.2 印制电路板的设计流程

要想制作一块实际的电路板，首先要了解印制电路板的设计流程。印制电路板的设计流程如图 6-2 所示。

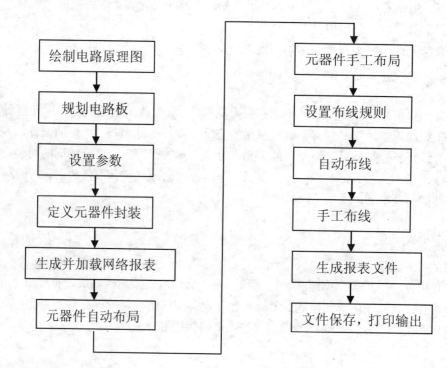

图 6-2 印制电路板的设计流程

1. 绘制电路原理图

电路原理图是设计印制电路板的基础，此工作主要在电路原理图的编辑环境中完成。如果电路图很简单，也可以不用绘制原理图，直接进入 PCB 电路设计。

2. 规划电路板

印制电路板是一个实实在在的电路板，其规划包括电路板的规格、功能、工作环境等诸多因素，因此在绘制电路板之前，用户应该对电路板有一个总体的规划，包括确定电路板的物理尺寸、元器件的封装、采用几层板以及各元器件的摆放位置等。

3. 设置参数

主要是设置电路板的结构及尺寸、板层参数、通孔的类型、网格大小等。

4. 定义元器件封装

原理图绘制完成后，正确加入网络报表，系统会自动地为大多数元器件提供封装。但是对于用户自己设计的元器件或者某些特殊元器件必须由用户自己创建或修改元器件的封装。

5. 生成并加载网络报表

网络报表是连接电路原理图和印制电路板设计之间的桥梁，是电路板自动布线的灵魂。只有将网络报表装入 PCB 系统后，才能进行电路板的自动布线。在设计好的 PCB 板上生成网络报表和加载网络报表，必须保证产生的网络报表已没有任何错误，所有元器件都能够加载到 PCB 中。加载网络报表后，系统将产生一个内部的网络报表，形成飞线。

6. 元器件自动布局

元器件自动布局是由电路原理图根据网络报表转换成的 PCB 图。对于电路板上元器件较多且比较复杂的情况，可以采用自动布局。由于一般元器件自动布局都不很规则，甚至有的相互重叠，因此必须手动调整元器件的布局。

元器件布局的合理性将影响到布线的质量。对于单面板设计，如果元器件布局不合理将无法完成布线操作；而对于双面板或多层板的设计，如果元器件布局不合理，布线时将会放置很多过孔，使电路板走线变得很复杂。

7. 元器件手工布局

对于那些自动布局不合理的元器件，可以进行手工调整。

8. 设置布线规则

飞线设置好后，在实际布线之前，要进行布线规则的设置，这是 PCB 设计所必需的一步。在这里用户要设置布线的各种规则，如安全距离、导线宽度等。

9. 自动布线

Altium Designer 13 提供了强大的自动布线功能，在设置好布线规则之后，可以利用系统提供的自动布线功能进行自动布线。只要设置的布线规则正确、元器件布局合理，一般都可以成功完成自动布线。

10. 手工布线

在自动布线结束后，有可能因为元器件布局，使自动布线无法完全解决问题或产生布线冲突，此时就需要进行手工布线加以调整。如果自动布线完全成功，则可以不必手工布线。另外，对于一些有特殊要求的电路板，不能采用自动布线，必须由用户手工布线来完成设计。

11. 生成报表文件

印制电路板布线完成之后，可以生成相应的各种报表文件，如元器件报表清单、电路板信息报表等。这些报表可以帮助用户更好地了解所设计的印制电路板和管理所使用的元器件。

12. 文件保存，打印输出

生成了各种报表文件后，可以将其打印输出保存，包括 PCB 文件和其他报表文件均可打印，以便今后工作中使用。

6.1.3 印制电路板设计的基本原则

印制电路板中元器件的布局、走线的质量，对电路板的抗干扰能力和稳定性有很大的影响，所以在设计电路板时应遵循 PCB 设计的基本原则。

1．元器件布局

元器件布局不仅影响电路板的美观，而且还影响电路的性能。在元器件布局时，应注意以下几点：

（1）按照关键元器件布局，即首先布置关键元器件，如单片机、DSP、存储器等，然后按照地址线和数据线的走向布置其他元器件。

（2）高频元器件引脚引出的导线应尽量短些，以减少对其他元器件及电路的影响。

（3）模拟电路模块与数字电路模块分开布置，不要混乱地放置在一起。

（4）带强电的元器件与其他元器件的距离尽量远一些，并布置在调试时不易接触到的地方。

（5）对于质量较大的元器件，安装到电路板上时要加一个支架固定，防止元器件脱落。

（6）对于一些发热严重的元器件，可以安装散热片。

（7）电位器、可变电容等元器件应放置在便于调试的地方。

2．布线

在布线时，应遵循以下基本原则：

（1）输入端与输出端导线应尽量避免平行布线，以防发生反馈耦合。

（2）对于导线的宽度，应尽量宽一些，最好取 15mil 以上，最小不能小于 10mil。

（3）导线间的最小间距是由线间绝缘电阻和击穿电压决定的，在条件允许的范围内尽量大一些，一般不能小于 12mil。

（4）微处理器芯片的数据线和地址线尽量平行布线。

（5）布线时走线尽量少拐弯，若需要拐弯，一般取 45° 走向或圆弧形。在高频电路中，拐弯时不能取直角或锐角，以防止高频信号在导线拐弯时发生信号反射现象。

（6）在条件允许范围内，尽量使电源线和接地线粗一些。

6.2　PCB 编辑环境

PCB 编辑环境的主菜单与电路原理图编辑环境的主菜单风格类似，不同的是提供了许多用于 PCB 编辑操作的功能选项。下面详细介绍如何设置 PCB 编辑环境。

6.2.1　启动印制电路板编辑环境

在 Altium Designer 13 系统中，打开一个 PCB 文件后，即可进入到印制电路板的编辑环境中。

选择菜单栏中的"文件"→"打开"命令，在弹出的对话框中选择一个 PCB 文件，如图 6-3 所示。

图 6-3　打开PCB文件对话框

单击 打开(O) 按钮以后，系统打开一个 PCB 文件，进入到 PCB 编辑环境，如图 6-4 所示。

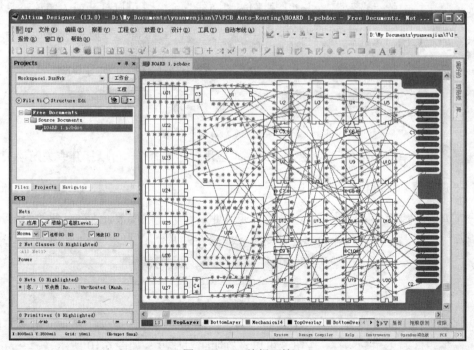

图 6-4　PCB编辑环境

6.2.2　PCB 编辑环境界面简介

1．主菜单

在 PCB 设计过程中，各项操作都可以通过主菜单栏中的相应命令来完成，如图 6-5 所示。对于菜单中的各项具体命令将在以后用到的地方详细讲解。

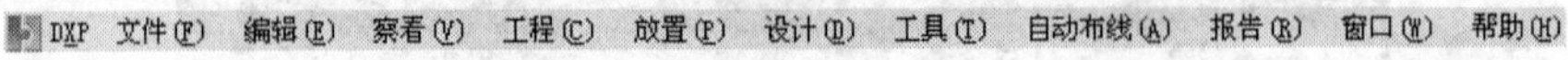

图 6-5 PCB编辑环境中的主菜单

2."PCB 标准"工具栏

PCB 编辑环境的标准工具栏如图 6-6 所示。该工具栏为用户提供了一些常用文件操作的快捷方式。

图 6-6 "PCB标准"工具栏

选择菜单栏中的"查看"→"工具栏"→"PCB 标准"命令，可以打开或关闭该工具栏。

3."布线"工具栏

该工具栏主要用于 PCB 布线时放置各种图元，如图 6-7 所示。
选择菜单栏中的"查看"→"工具栏"→"布线"命令，可以打开或关闭该工具栏。

4."应用程序"工具栏

该工具栏中包括 6 个按钮，每一个按钮都有一个下拉工具栏，如图 6-8 所示。

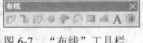
图 6-7 "布线"工具栏

图 6-8 "应用程序"工具栏

选择菜单栏中的"查看"→"工具栏"→"应用程序"命令，可以打开或关闭该工具栏。

5."过滤器"工具栏

该工具栏可以根据网络、元器件号或者元器件属性等过滤参数，使符合条件的图元在编辑区内高亮显示，不符合条件的部分则变暗，如图 6-9 所示。

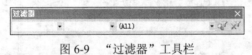

图 6-9 "过滤器"工具栏

选择菜单栏中的"查看"→"工具栏"→"过滤器"命令，可以打开或关闭该工具栏。
单击编辑区右下角的  按钮，可以设置明暗对比度，如图 6-10 所示。

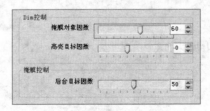

图 6-10 明暗对比度菜单

6."导航"工具栏

该工具栏主要用于实现不同界面之间的快速切换，如图 6-11 所示。

图 6-11 "导航"工具栏

选择菜单栏中的"查看"→"工具栏"→"导航"命令，可以打开或关闭该工具栏。

7．层次标签

单击层次标签页，可以显示不同的层次图纸，如图 6-12 所示。每层的元器件和走线都用不同颜色加以区分，便于对多层次电路板进行设计。

图 6-12 层次标签

6.2.3 PCB 面板

单击编辑区右下角面板控制中心的 PCB 按钮，在弹出的菜单中选择 PCB 命令，系统弹出 PCB 面板，如图 6-13 所示。

单击 Components ▼ 中的下三角按钮，可以为面板模式选择参数，如图 6-14 所示。

图 6-13 PCB面板

图 6-14 面板模式选择参数菜单

若选择前三种则进入浏览模式，若选择中间三种则进入相应的编辑器中。

对于下面的 Component Class（元器件分类列表）、Components（元件封装列表）、Component Primitives（封装图元列表）栏，显示的是符合它前面几栏的内容。

最后一栏为取景框栏，取景框栏中的取景框可以任意移动，也可以放大缩小。它显示了当前编辑区内的图形在 PCB 上所处的位置。

（1）Mask（屏蔽查询）：若选中该复选框，则符合参数的图元将高亮显示，其他部分则变暗。过滤掉的图元不能被选择编辑，该复选框在 From-To 编辑器中不能使用。

（2）选择：若选中该复选框，则图元在高亮的同时被选中。该复选框在 From-To 编辑器中也不能使用。

（3）缩放：该复选框主要用于决定编辑区内的取景是否随着选中的图元区域的大小进行缩放，从而使选中的图元充满整个编辑区。

（4）缩放 Level：若选中该复选框，则每次选取新图元时，上次选中的图元将退出高亮状态。否则上一次的图元仍然保持高亮状态。

（5）应用：该按钮用于在更改参数或者复选框后单击刷新显示。

（6）清除：该按钮用于清除选中图元，使其退出高亮状态。

6.3　利用 PCB 向导创建 PCB 文件

Altium Designer 13 为用户提供了 PCB 向导，帮助用户在向导的指引下创建 PCB 文件。通过向导创建 PCB 文件是最简单也是最常用的方法，用户可以在创建的过程中设置 PCB 外形、板层、接口等参数。

通过 PCB 向导创建 PCB 文件的具体步骤如下：

（1）打开 Files（文件）面板，在面板的"从模板新建文件"栏中单击 PCB Board Wizard（PCB 向导），打开"PCB 板向导"对话框，如图 6-15 所示。若 Files（文件）面板中没有显示"从模板新建文件"栏，单击面板中的 ⊗ 按钮，将上面的栏关闭后，就会显示"从模板新建文件"栏。

图 6-15　"PCB 板向导"对话框

（2）单击对话框中的 一步(N)>> N 按钮，进入"选择板单位"对话框，如图 6-16 所示。有两个单选按钮，"英制的"表示尺寸单位为英制 mil，"公制的"尺寸单位为公制毫米。这里选择"英制的"。

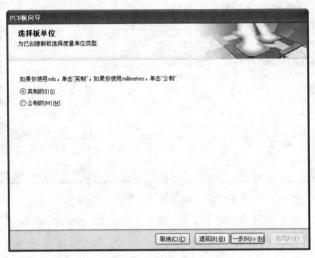

图 6-16　"选择板单位"对话框

（3）设置完成后，单击对话框中的 一步(N)>> N 按钮，进入"选择板剖面"，如图 6-17 所示。在该对话框中可以选择系统提供的标准模板，单击一个模板后，在右侧的列表框中可以预览该模板。这里选择 Custom，自定义 PCB 规格。

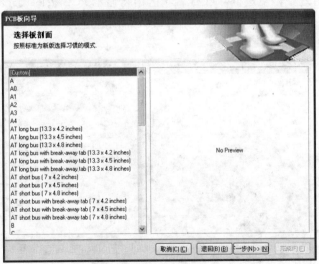

图 6-17　"选择板剖面"对话框

（4）选择 Custom 后，单击对话框中的 一步(N)>> N 按钮，进入"选择板详细信息"对话框，如图 6-18 所示。

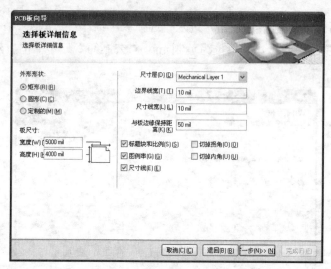

图 6-18　"选择板详细信息"对话框

在该对话框中设置参数包括：PCB 板的外形，有三种可选择，即"矩形"、"圆形"和"定制的"；板尺寸；尺寸层；边界线宽；尺寸线宽；与板边缘保持距离等。

各个复选框的作用如下：

① 标题块和比例：若选中该复选框，则在 PCB 图纸上添加标题栏和刻度栏。

② 图例串：若选中该复选框，则在 PCB 板上添加 Legend 特殊字符串。Legend 特殊字符串放置在钻孔视图内，在 PCB 文件输出时自动转换成钻孔列表信息。

③ 尺寸线：若选中该复选框，PCB 编辑区内将显示 PCB 板的尺寸线。

④ 切掉拐角：若选中该复选框，单击对话框中的 一步(N)>> N 按钮，进入"选择板切角加工"对话框，如图 6-19 所示。

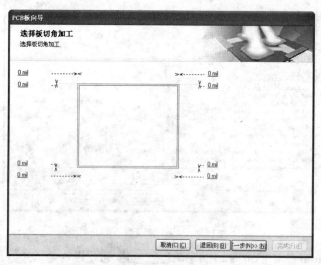

图 6-19　"选择板切角加工"对话框

在该对话框中，可以设置切除 PCB 板的 4 个指定尺寸的板角。

⑤ 切掉内角：若选中该复选框，单击对话框中的 一步(N)>> N 按钮，进入"选择板内角加工"

对话框，如图 6-19 所示。再单击对话框中的 一步(N)>> (N) 按钮，进入"选择板内角加工"对话框，如图 6-20 所示。

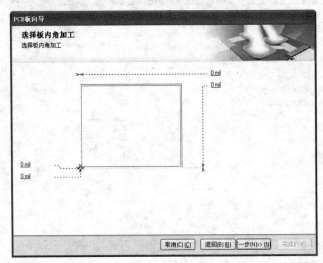

图 6-20 "选择板内角加工"对话框

在该对话框中，可以设置在 PCB 板内部切除指定尺寸的板块。

（5）设置完成后，单击对话框中的 一步(N)>> (N) 按钮，进入"选择板层"对话框，如图 6-21 所示。

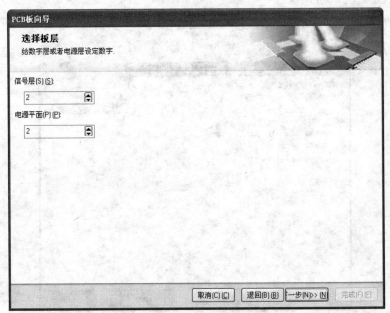

图 6-21 "选择板层"对话框

在该对话框中，用户需要设置信号层和内电层的层数。一般地，若设计的 PCB 板为双面板，应将信号层的层数设置为 2，将内电层的层数设置为 0。这里分别设置为 2 层。

（6）设置完成后，单击对话框中的 一步(N)>> (N) 按钮，进入"选择过孔类型"对话框，如

图 6-22 所示。

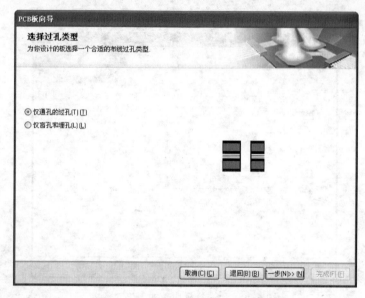

图 6-22 "选择过孔类型"对话框

在该对话框中，若选择"仅通孔的过孔"单选按钮，则表示设置的过孔风格为通孔；若选择"仅盲孔和埋孔"单选按钮，则表示设置的过孔风格为盲孔或隐孔。在选择的时候，对话框右侧会显示过孔风格预览。

（7）设置完成后，单击对话框中的 一步(N)>> N 按钮，进入"选择元件和布线工艺"对话框，如图 6-23 所示。

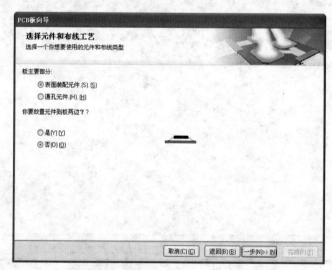

图 6-23 "选择元件和布线工艺"对话框

在该对话框中，若选择"表面装配元件"单选按钮，则表示设置的元器件为表面贴片元器件；若选择"通孔元件"单选按钮，则表示设置的元器件为通孔插式元器件。同时还可以设置是否将元器件放置在 PCB 板的两面。

（8）设置完成后，单击对话框中的 一步(N)≫(N) 按钮，进入"选择默认线和过孔尺寸"对话框，如图 6-24 所示。

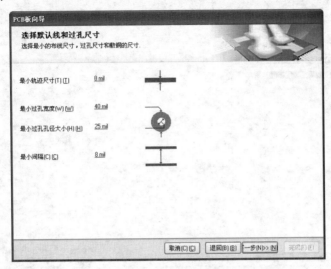

图 6-24　"选择默认线和过孔尺寸"对话框

在该对话框中，可以设置新 PCB 板的最小导线尺寸值、最小过孔宽度值、最小过孔孔径值以及导线间的间距。这里采用系统默认值。

（9）设置完成后，单击对话框中的 一步(N)≫(N) 按钮，进入"板向导完成"对话框，如图 6-25 所示。在该对话框中，单击 完成(F)(F) 按钮，完成 PCB 文件创建。

图 6-25　"板向导完成"对话框

（10）此时系统根据前面的设置自动生成一个默认名为 PCB1.PcbDoc 的文件，同时进入到 PCB 编辑环境中，如图 6-26 所示。

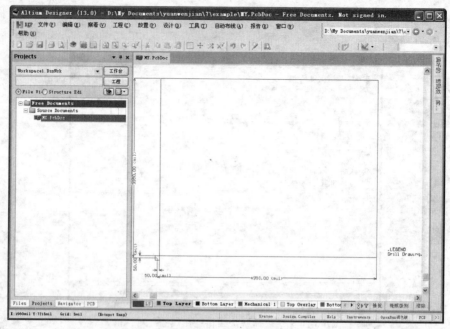

图 6-26　新建的PCB文件

保存并重新命名该 PCB 文件，输入名称 MY.PcbDoc。

6.4　使用菜单命令创建 PCB 文件

除了通过 PCB 向导创建 PCB 文件以外，用户还可以使用菜单命令创建 PCB 文件。

首先创建一个空白的 PCB 文件，然后设置 PCB 板的各项参数。

选择菜单栏中的"文件"→ New（新建）→PCB（印制电路板文件）命令，或者在 Files（文件）面板的"新的"栏中，单击 PCB File，即可进入 PCB 编辑环境中。此时 PCB 文件没有设置参数，用户需要对该文件的各项参数进行设置。

6.4.1　PCB 板层设置

Altium Designer 13 提供了一个图层堆栈管理器对各种板层进行设置和管理，在图层堆栈管理器中可以添加、删除、移动工作层等。

启动图层堆栈管理器的方法有两种：

（1）选择菜单栏中的"设计"→"层叠管理"命令，打开板层设置对话框。

（2）在 PCB 图纸编辑区内右击，在弹出的快捷菜单中选择"选项"→"层叠管理"命令。

启动后层堆栈管理器如图 6-27 所示。

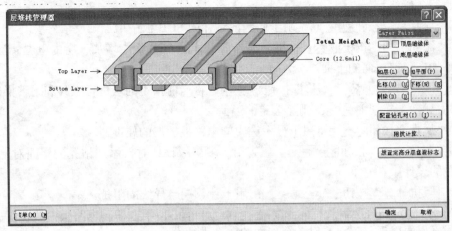

图 6-27　层堆栈管理器

　　单击层堆栈管理器左下方的 [菜单(X)] 按钮，或者在图层堆栈管理器单击鼠标右键，系统弹出如图 6-28 所示的快捷菜单，各菜单命令的功能如下所述。

　　（1）实例层堆栈：级联菜单中为用户提供了多种标准电路板层式样，如图 6-28 所示。

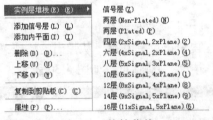

图 6-28　快捷菜单

　　用户可以根据自己的需要选择其中的一项，并在图层堆栈管理器中显示设置的电路板示意图。

　　（2）添加信号层：用于在当前电路板中添加一个信号层。

　　（3）添加内平面：用于在当前电路板中添加一个内电层。

　　（4）删除：用于删除所选的电路板层。

　　（5）上移：用于将选中的电路板层向上移动一层。

　　（6）下移：用于将选中的电路板层向下移动一层。

　　（7）复制到剪贴板：用于把层堆栈管理器窗口复制到剪贴板中。

　　（8）属性：用于显示选中的电路板板层的属性。

　　层堆栈管理器右边的按钮和复选框的功能如下：

　　（1）"顶层绝缘体"复选框：若选中该复选框，PCB 板顶层将附上绝缘层。单击左边的 按钮，可以打开"绝缘层设置"对话框，如图 6-29 所示。"材料"表示绝缘材料；"厚度"表示绝缘层厚度；"电介质常数"表示绝缘系数。

　　（2）"底层绝缘体"复选框：若选中该复选框，PCB

图 6-29　"绝缘层设置"对话框

板底层将附上绝缘层。

（3）"添加层"按钮 加层(L) (L)：用于向当前设计的 PCB 板中增加一层信号层。

（4）"添加平面"按钮 加平面(P)：用于向当前设计的 PCB 板中增加一层内电层。新增加的层面将添加在当前层面的下面。

（5）"上移" 上移(U) (U)、"下移"按钮 下移(W) (W)：将当前指定的层进行上移和下移操作。

（6）"删除"按钮 删除(D) (D)：删除选定的当前层。

（7）"属性"按钮 ....：用于显示选中的电路板板层的属性。

（8）"阻抗计算"按钮 配置钻孔对(I) (I)...：用于多层板设计时，添加钻孔的层面对，主要用于盲过孔的设计中。

（9）"阻抗计算"按钮 阻抗计算...：用于计算铜膜导线的阻抗。

（10）"放置定高分层盘旋标志"按钮 放置定高分层盘旋标志：用于在印制电路板中放置盘旋标志。设置好层面以后，还需要对各个层面的属性进行设置。

6.4.2　工作层面颜色设置

工作层面颜色设置对话框用于设置 PCB 板层的颜色，打开工作层面颜色设置对话框的方式如下：

（1）选择菜单栏中的"设计"→"板层颜色"命令，打开工作层面颜色设置对话框。

（2）在 PCB 图纸编辑区内单击鼠标右键，从弹出的快捷菜单中选择"选项"→"板层颜色"命令，也可打开"视图配置"对话框，如图 6-30 所示。

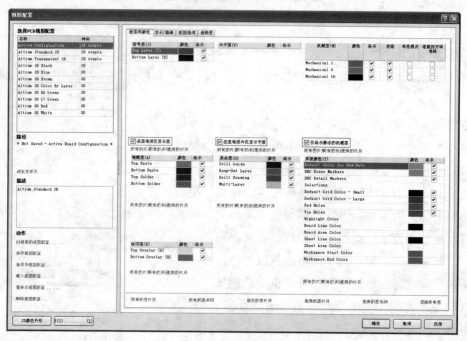

图 6-30　"视图配置"对话框

在该对话框中共有 7 个选项区域，分别可以对"信号层"、"内平面"、"机械层"、"掩膜层"、"其他层"、"系统颜色"和"丝印层"进行颜色设置。在每一层的右边都有一个颜色块，用于对该层进行颜色设置。"展示"复选框决定是否显示该层电路。

在此只介绍"系统颜色"区域中部分项的意义，对于其他各项的意义非常简单，这里不再讲述。

（1）DEC Error Markers：用于设置 DRC 检查时错误标志的颜色。

（2）Selections：用于设置图元被选中时的颜色。

（3）Pad Holes：用于设置焊盘内孔的颜色。

（4）Via Holes：用于设置过孔的颜色。

6.4.3　环境参数设置

在设计 PCB 板之前，除了要设置电路板的板层参数外，还需要设置环境参数。

选择菜单栏中的"设计"→"板参数选项"命令，或者在 PCB 图纸编辑区内单击鼠标右键，从弹出的快捷菜单中选择"选项"→"板参数选项"命令，打开"板选项"对话框，如图 6-31 所示。

图 6-31　"板选项"对话框

在该对话框中有 7 个选项区域，用于设置电路板设计的一些基本环境参数，其主要设置及功能如下：

（1）度量单位：用于选择设计中使用的测量单位。单击下拉列表，可选择英制测量单位（Imperial）或公制测量单位（Metric）。

（2）图纸位置：选项区域中的 X 和 Y 用于设置从图纸左下角到 PCB 板左下角的 x 坐标和 y 坐标的值；"宽度"用于设置 PCB 板的宽度；"高度"用于设置 PCB 板的高度。用户创建好 PCB 板后，若不需要对 PCB 板的大小进行调整，这些值可以不必更改。

（3）标识显示：用于选择元器件标识符的显示方式，有两种选择，即 Display Physical Designators（按物理方式显示）和 Display Logical Designators（按逻辑方式显示）。

（4）捕获选项：用于设置图纸捕获网格的距离，即工作区的分辨率，也就是鼠标移动时的最小距离。用于系统在给定的范围内进行电气节点的搜索和定位，系统默认值为 8mil。

（5）布线工具路径：用于设置布线层，一般采用系统默认值 Do not use。

6.4.4　PCB 边界设定

PCB 板边界设定包括 PCB 板物理边界设定和电气边界设定两个方面。物理边界用来界定 PCB 板的外部形状，而电气边界用来界定元器件放置和布线的区域范围。

1. 设定物理边界

选择菜单栏中的"设计"→"板子形状"命令，系统弹出 PCB 板形状设定命令，如图 6-32 所示。

图 6-32　PCB形状设定命令

（1）重新定义板形状：可以使用该命令来重新设定 PCB 板的形状，具体操作如下：

① 执行该命令，光标变成十字形，原来的 PCB 变成绿色。

② 在编辑区的绿色区域内单击鼠标左键，确定一点作为 PCB 板的起点。

③ 移动光标到合适位置，再次单击鼠标左键，确定第二点。依次下去，绘制出一个封闭的多边形。

④ 绘制完成后，单击鼠标右键退出绘制状态。此时，PCB 板的形状就重新确定了。

（2）移动板子顶点：重新设定 PCB 板形状以后，执行该命令，可以移动 PCB 板的顶点位置。

（3）移动板子形状：执行该命令，可以移动 PCB 板在编辑区中的位置。

重新设定了 PCB 形状以后，单击编辑区左下方的板层标签的 Mechanical1（机械层 1）标签，将其设置为当前层。然后，选择菜单栏中的 "放置"→"走线" 命令，光标变成十字形，沿 PCB 板边绘制一个闭合区域，即可设定 PCB 板的物理边界。

2. 设定电气边界

在 PCB 板元器件自动布局和自动布线时，电气边界是必需的，它界定了元器件放置和布线的范围。

设定电气边界的步骤如下：

（1）在前面设定了物理边界的情况下，单击板层标签的 Keep-Out Layer（禁止布线层）标签，将其设定为当前层。

（2）选择菜单栏中的"放置"→"禁止布线"→"线径"命令，光标变成十字形，绘制出一个封闭的多边形。

（3）绘制完成后，单击鼠标右键退出绘制状态。

此时，PCB 板的电气边界设定完成。

6.5 PCB 视图操作管理

为了使 PCB 设计能够快速顺利地进行下去，就需要对 PCB 视图进行移动、缩放等基本操作。本节将介绍一些视图操作管理方法。

6.5.1 视图移动

在编辑区内移动视图的方法有以下几种：

（1）使用鼠标拖动编辑区边缘的水平滚条或竖直滚条。

（2）使用鼠标滚轮，上下滚动鼠标滚轮，视图将上下移动；若按住 Shift 键后，上下滚动鼠标滚轮，视图将左右移动。

（3）在编辑区内，单击鼠标右键并按住不放，光标变成手形后，可以任意拖动视图。

6.5.2 视图的放大或缩小

1．整张图纸的缩放

在编辑区内，对整张图纸的缩放有以下几种方式：

（1）使用菜单命令"放大"或"缩小"对整张图纸进行缩放操作。

（2）使用快捷键 Page Up（放大）和 Page Down（缩小）。利用快捷键进行缩放时，放大和缩小是以鼠标箭头为中心的，因此最好将鼠标放在合适位置。

（3）使用鼠标滚轮，若要放大视图，则按住 Ctrl 键，上滚滚轮；若要缩小视图，则按住 Ctrl 键，下滚滚轮。

2．区域放大

1）设定区域的放大

选择菜单栏中的"查看"→"区域"命令，或者单击主工具栏中的 ▓（合适指定的区域）按钮，光标变成十字形。在编辑区内需要放大的区域单击鼠标左键，拖动鼠标形成一个矩形区域，如图 6-33 所示。

然后再次单击鼠标左键，则该区域被放大，如图 6-34 所示。

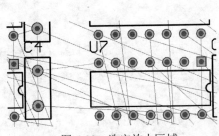

图 6-33 选定放大区域

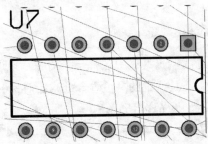

图 6-34 选定区域被放大

2）以鼠标为中心的区域放大

选择菜单栏中的"查看"→"点周围"命令，光标变成十字形。在编辑区内指定区域单击鼠标左键，确定放大区域的中心点，拖动鼠标，形成一个以中心点为中心的矩形，再次单击鼠标左键，选定的区域将被放大。

3. 对象放大

对象放大分两种，一种是选定对象的放大，另一种是过滤对象的放大。

1）选定对象的放大

在 PCB 上选中需要放大的对象，选择菜单栏中的"查看"→"被选中的对象"命令或者单击主工具栏中的 （合适选择的对象）按钮，则所选对象被放大，如图 6-35 所示。

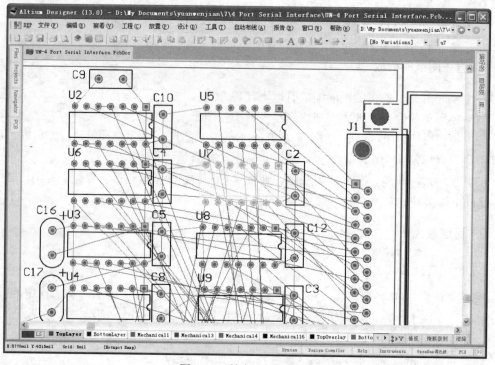

图 6-35　所选对象被放大

2）过滤对象的放大

在过滤器工具栏中选择一个对象后，选择菜单栏中的"查看"→"过滤的对象"命令或者单击主工具栏中的 （适合过滤的对象）按钮，则所选中的对象被放大，且该对象处于高亮状态，如图 6-36 所示。

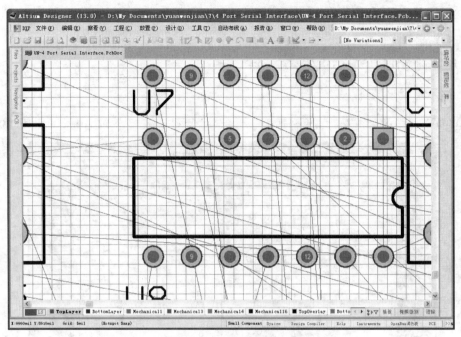

图 6-36　过滤对象被放大

6.5.3　整体显示

1. 显示整个 PCB 图纸

选择菜单栏中的"查看"→"合适图纸"命令，系统显示整个 PCB 图纸，如图 6-37 所示。

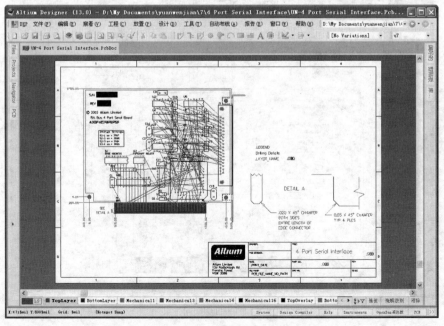

图 6-37　显示整个PCB图纸

2. 显示整个 PCB 图文件

选择菜单栏中的"查看"→"适合文件"命令，或者在主工具栏中单击 按钮，系统显示整个 PCB 图文件，如图 6-38 所示。

3. 显示整个 PCB 板

选择菜单栏中的"查看"→"合适板子"命令，系统显示整个 PCB 板，如图 6-39 所示。

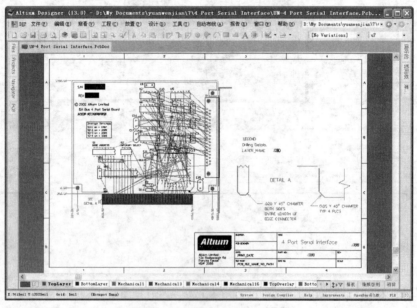

图 6-38　显示整个 PCB 图文件

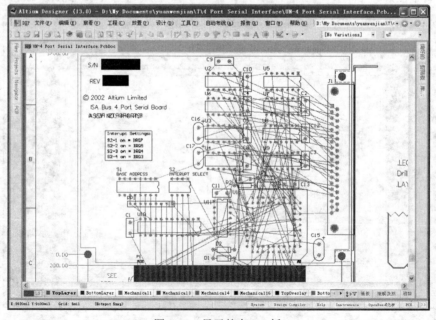

图 6-39　显示整个 PCB 板

第7章

印制电路板的设计

• • • • • • • •

PCB 板的设计是电路设计工作中最关键的阶段，只有真正完成 PCB 板的设计才能进行实际电路的设计。因此，PCB 印制电路板的设计是每一个电路设计者必须掌握的技能。

本章将主要介绍印制电路板设计的一些基本概念，以及印制电路板的设计方法和步骤等。通过本章的学习，使用户能够掌握印制电路板设计的过程。

7.1 PCB 编辑器的编辑功能

PCB 编辑器的编辑功能包括对象的选取、取消选取、移动、删除、复制、粘贴、翻转及对齐等，利用这些功能，可以很方便地对 PCB 图进行修改和调整。下面介绍这些功能。

7.1.1 选取和取消选取对象

1. 对象的选取

1）用鼠标直接选取单个或多个元器件

对于单个元器件的情况，将光标移到要选取的元器件上单击即可。这时整个元器件变成灰色，表明该元器件已经被选取，如图 7-1 所示。

对于多个元器件的情况，单击并拖动鼠标，拖出一个矩形框，将要选取的多个元器件包含在该矩形框中，释放鼠标后即可选取多个元器件，或者按住 Shift 键，用鼠标逐一单击要选取的元器件，也可选取多个元器件。

2）用工具栏中的▢（选择区域内部）按钮选取

单击▢按钮，光标变成十字形，在欲选取区域单击鼠标左键，确定矩形框的一个端点，拖动鼠标将选取的对象包含在矩形框中，再次单击鼠标左键，确定矩形框的另一个端点，此时矩形框内的对象被选中。

3）用菜单命令选取

选择菜单栏中的"编辑"→"选中"命令，弹出如图 7-2 所示的菜单。

① 区域内部：执行此命令后，光标变成十字形状，用鼠标选取一个区域，则区域内的对象被选取。

② 区域外部：用于选取区域外的对象。

③ 全部：执行此命令后，PCB 图纸上的所有对象都被选取。

④ 板：该命令用来选取整个 PCB 板，包括板边界上的对象。而 PCB 板外的对象不会被选取。

⑤ 网络：用于选取指定网络中的所有对象。执行该命令后，光标变成十字形，单击指定网络的对象即可选中整个网络。

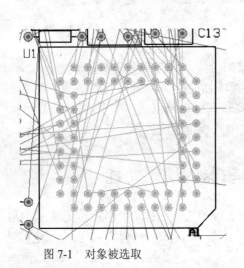

图 7-1 对象被选取

区域内部 (I)	
区域外部 (O)	
接触矩形 (U)	
接触线 (L)	
全部 (A)	Ctrl+A
板 (B)	Ctrl+B
网络 (N)	
连接的铜皮 (P)	Ctrl+H
物理连接 (C)	
Physical Connection Single Layer	
器件连接	
器件网络	
Room连接	
当前层上所有的 (Y)	
自由物体 (F)	
所有锁住	
不在栅格上的焊盘 (G)	
切换选择 (T)	

图 7-2 "选中"菜单

⑥ 连接的铜皮：用于选取与指定的对象具有铜连接关系的所有对象。

⑦ 物理连接：用于选取指定的物理连接。

⑧ 器件连接：用于选取与指定元器件的焊盘相连接的所有导线、过孔等。

⑨ 器件网络：用于选取当前文件中与指定元器件相连的所有网络。

⑩ Room 连接：用于选取处于指定 Room 空间中的所有连接导线。

⑪ 当前层上所有的：用于选取当前层上的所有对象。

⑫ 自由物体：用于选取当前文件中除元器件外的所有自由对象，如导线、焊盘、过孔等。

⑬ 所有锁住：用于选中所有锁定的对象。

⑭ 不在栅格上的焊盘：用于选中所有不对准网络的焊盘。

⑮ 切换选择：执行该命令后，对象的选取状态将被切换，即若该对象原来处于未选取状态，则被选取；若处于选取状态，则取消选取。

2. 取消选取

取消选取也有多种方法，这里介绍几种常用的方法。

（1）直接用鼠标单击 PCB 图纸上的空白区域，即可取消选取。

（2）单击工具栏中的 ✕（取消所有选定）按钮，可以将图纸上所有被选取的对象取消选取。

（3）选择菜单栏中的"编辑"→"取消选中"命令，弹出如图 7-3 所示菜单。

图 7-3　"取消选中"菜单

① 区域内部：用于取消区域内对象的选取。

② 区域外部：用于取消区域外对象的选取。

③ 全部：用于取消当前 PCB 图中所有处于选取状态对象的选取。

④ 当前层上所有的：用于取消当前层面上的所有对象的选取。

⑤ 自由物体：用于取消当前文件中除元器件外的所有自由对象的选取，如导线、焊盘、过孔等。

⑥ 切换选择：执行该命令后，对象的选取状态将被切换，即若该对象原来处于未选取状态，则被选取；若处于选取状态，则取消选取。

（4）按住 Shift 键，逐一单击已被选取的对象，可以取消其选取状态。

7.1.2　移动和删除对象

1．单个对象的移动

1）单个未选取对象的移动

将光标移到需要移动的对象上（不需要选取），按下鼠标左键不放，拖动鼠标，对象将会随光标一起移动，到达指定位置后松开鼠标左键，即可完成移动；或者选择菜单栏中的"编辑"→"移动"→"移动"命令，光标变成十字形状，用鼠标左键单击需要移动的对象后，对象将随光标一起移动，到达指定位置后再次单击鼠标左键，完成移动。

2）单个已选取对象的移动

将光标移到需要移动的对象上（该对象已被选取），同样按下鼠标左键不放，拖动至指定位置后松开鼠标左键；或者选择菜单栏中的 "编辑"→"移动"→"移动选择" 命令，将对象移动到指定位置；或者单击工具栏中的 ✛（移动选择）按钮，光标变成十字形状，单击需要移动的对象后，对象将随光标一起移动，到达指定位置后再次单击鼠标左键，完成移动。

2．多个对象的移动

需要同时移动多个对象时，首先要将所有要移动的对象选中。然后在其中任意一个对象上按下鼠标左键不放，拖动鼠标，所有选中的对象将随光标整体移动，到达指定位置后松开鼠标左键；或者选择菜单栏中的"编辑"→"移动"→"移动选择"命令，将所有对象整体移动到指定位置；或者单击主工具栏中的 ✛ 按钮，将所有对象整体移动到指定位置，完成移动。

3．菜单命令移动

除了上面介绍的两种菜单移动命令外，系统还提供了其他一些菜单移动命令。选择菜单栏中的"编辑"→"移动"命令，弹出如图 7-4 所示的菜单。

图 7-4 "移动"菜单

（1）移动：用于移动未选取的对象。

（2）拖动：使用该命令移动对象时，与该对象连接的导线也随之移动或拉长，不断开该对象与其他对象的电气连接关系。

（3）器件：执行该命令后，光标变成十字形，单击需要移动的元器件后，元器件将随光标一起移动，再次单击，即可完成移动。或者在 PCB 编辑区空白区域内单击鼠标左键，将弹出元器件选择对话框，在对话框中可以选择移动的元器件。

（4）重布线：执行该命令后，光标变成十字形，选取要移动的导线，可以在不改变其两端端点位置的情况下改变不布线路径。

（5）旋转选择：用于将选取的对象按照设定角度旋转。

（6）翻转选择：用于镜像翻转已选取的对象。

4．对象的删除

（1）选择菜单栏中的"编辑"→"删除"命令，鼠标光标变成十字形。将十字形光标移到要删除的对象上，单击即可将其删除。

（2）此时，光标仍处于十字形状态，可以继续单击删除其他对象。若不再需要删除对象，单击鼠标右键或按 Esc 键即可退出。

（3）也可以单击选取要删除的对象，然后按 Delete 键将其删除。

（4）若需要一次性删除多个对象，用鼠标选取要删除的多个对象后，选择菜单栏中的"编辑"→"清除"命令或按 Delete（删除）键，即可以将选取的多个对象删除。

7.1.3 对象的复制、剪切和粘贴

1．对象的复制

对象的复制是指将对象复制到剪贴板中，具体步骤如下：

（1）在 PCB 图上选取需要复制的对象。

（2）执行复制命令有三种方法：

① 选择菜单栏中的"编辑"→"拷贝"命令。

② 单击工具栏中的 ▣（复制）按钮。

③ 使用快捷键 Ctrl+C 或 E+C。

（3）执行复制命令后，光标变成十字形，单击已被选取的复制对象，即可将对象复制到剪贴板中，完成复制操作。

2．对象的剪切

具体步骤如下：

（1）在 PCB 图上选取需要剪切的对象。

（2） 执行剪切命令有三种方法：

① 选择菜单栏中的"编辑"→"剪切"命令。

② 单击工具栏中的 （剪切）按钮。

③ 使用快捷键 Ctrl+X 或 E+T。

（3）执行剪切命令后，光标变成十字形，单击要剪切对象，该对象将从 PCB 图上消失，同时被复制到剪贴板中，完成剪切操作。

3．对象的粘贴

对象的粘贴就是把剪贴板中的对象放置到编辑区里，有三种方法：

（1）选择菜单栏中的"编辑"→"粘贴"命令。

（2）单击工具栏上的 （粘贴）按钮。

（3）使用快捷键 Ctrl+V 或 E+P。

执行粘贴命令后，光标变成十字形状，并带有欲粘贴对象的虚影，在指定位置上单击即可完成粘贴操作。

4．对象的橡皮图章粘贴

使用橡皮图章粘贴时，执行一次操作命令，可以进行多次粘贴。具体步骤如下：

（1）选取要进行橡皮图章粘贴的对象。

（2）执行橡皮图章粘贴命令有三种方法：

① 选择菜单栏中的"编辑"→"橡皮图章"命令。

② 单击工具栏中的 按钮。

③ 使用快捷键 Ctrl+R 或者 E+B。

（3）执行命令后，光标变成十字形，单击被选中的对象后，该对象被复制并随光标移动。在图纸指定位置单击鼠标左键，放置被复制的对象，此时仍处于放置状态，可连续放置。

（4）放置完成后，单击鼠标右键或按 Esc 键退出橡皮图章粘贴命令。

5．对象的特殊粘贴

前面所讲的粘贴命令中，对象仍然保持其原有的层属性，若要将对象放置到其他层面中去，就要使用特殊粘贴命令。具体步骤如下：

（1）将对象欲放置的层面设置为当前层。

（2）执行特殊粘贴命令：

① 选择菜单栏中的"编辑"→"特殊粘贴"命令。

图 7-5 "选择性粘贴"对话框

② 使用快捷键 E+A。

（3）执行命令后，系统弹出如图 7-5 所示的"选择性粘贴"对话框。

用户根据需要，选择合适的复选框，以实现不同的功能。各复选框的意义如下：

① 粘贴到当前层：若选中该复选框，则表示将剪贴板中的对象粘贴到当前的工作层中。

② 保持网络名称：若选中该复选框，则表示保持网络名称。

③ 复制的制定者：若选中该复选框，则复制对象的元器件序列号将与原始元器件的序列号相同。

④ 添加元件类：若选中该复选框，则将所粘贴的元器件纳入同一类元器件。

（4）设置完成后，单击 [粘贴] 按钮，进行粘贴操作，或者单击 [粘贴阵列...] 按钮，进行阵列粘贴。

6. 对象的阵列式粘贴

具体步骤如下：

（1）将对象复制到剪贴板中。

（2）选择菜单栏中的"编辑"→"特殊粘贴"命令，在弹出的对话框中单击 [粘贴阵列...] 按钮，或者单击实用工具栏中的 ☒（应用工具）按钮，在弹出的菜单中选择 ▦（阵列式粘贴）项，系统弹出"设置粘贴阵列"对话框，如图 7-6 所示。

在该对话框中，各项设置的意义如下所述。

① 条效计数：用于输入需要粘贴的对象的个数。

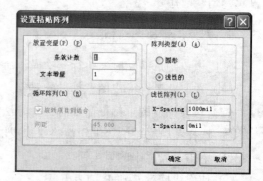

图 7-6 "设置粘贴阵列"对话框

② 文本增量：用于输入粘贴对象序列号的递增数值。

③ 圆形：若选中该单选按钮，则阵列式粘贴时圆形布局。

④ 线性的：若选中该单选按钮，则阵列式粘贴时直线布局。

若选中"圆形"单选按钮，则"循环阵列"选项区域被激活。

① 旋转项目到适合：若选中该复选框，则粘贴对象随角度旋转。

② 间距：用于输入旋转的角度。

若选中"线性的"单选按钮，则"线性阵列"选项区域被激活。

① X-Spacing：用于输入每个对象的水平间距。

② Y-Spacing：用于输入每个对象的垂直间距。

（3）设置完成后，单击 确定 按钮，光标变成十字形，在图纸的指定位置单击鼠标左键，即可完成阵列式粘贴，如图 7-7 所示。

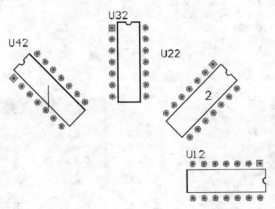

图 7-7　阵列式粘贴

7.1.4　对象的翻转

在 PCB 设计过程中，为了方便布局，往往要对对象进行翻转操作。下面介绍几种常用的翻转方法。

1．利用空格键

单击需要翻转的对象并按住不放，等到鼠标光标变成十字形后，按空格键可以进行翻转。每按一次空格键，对象逆时针旋转 90°。

2．用 X 键实现元器件左右对调

单击需要对调的对象并按住不放，等到鼠标光标变成十字形后，按 X 键可以对对象进行左右对调操作。

3．用 Y 键实现元器件上下对调

单击需要对调的对象并按住不放，等到鼠标光标变成十字形后，按 Y 键可以对对象进行上下对调操作。

7.1.5　对象的对齐

选择菜单栏中的"编辑"→"对齐"命令，弹出"对齐"菜单，如图 7-8 所示。
其各项的功能如下：
（1）对齐：执行该命令后，弹出"排列对齐"对话框，如图 7-9 所示。

图 7-8 "对齐"菜单

图 7-9 "排列对象"对话框

该对话框中主要包括两部分。

① "水平的"选项区域。用来设置对象在水平方向的排列方式。

- 不改变：水平方向上保持原状，不进行排列。
- 左边：水平方向左对齐，等同于"左对齐"命令。
- 居中：水平方向中心对齐，等同于"水平中心对齐"命令。
- 右边：水平方向右对齐，等同于"右对齐"命令。
- 等间距：水平方向均匀排列，等同于"水平分布"命令。

② "垂直的"选项区域。用来设置对象在垂直方向的排列方式。

- 不改变：垂直方向上保持原状，不进行排列。
- 置顶：顶端对齐，等同于"顶对齐"命令。
- 居中：垂直中心对齐，等同于"垂直中心对齐"命令。
- 置底：底端对齐，等同于"底对齐"命令。
- 等间距：垂直方向均匀排列，等同于"垂直分布"命令。

（2）左对齐：将选取的对象向最左端的对象对齐。

（3）右对齐：将选取的对象向最右端的对象对齐。

（4）水平中心对齐：将选取的对象向最左端对象和最右端对象的中间位置对齐。

（5）水平分布：将选取的对象在最左端对象和最右端组对象之间等距离排列。

（6）增加水平间距：将选取的对象水平等距离排列并加大对象组内各对象之间的水平距离。

（7）减少水平间距：将选取的对象水平等距离排列并缩小对象组内各对象之间的水平距离。

（8）顶对齐：将选取的对象向最上端的对象对齐。

（9）底对齐：将选取的对象向最下端的对象对齐。

（10）向上排列：将选取的对象向最上端对象和最下端对象的中间位置对齐。

（11）向下排列：将选取的对象在最上端对象和最下端对象之间等距离排列。

（12）增加垂直间距：将选取的对象垂直等距离排列并加大对象组内各对象之间的垂直距离。

（13）减少垂直间距：将选取的对象垂直等距离排列并缩小对象组内各对象之间的垂直距离。

7.1.6 PCB 图纸上的快速跳转

在 PCB 设计过程中，经常需要将光标快速跳转到某个位置或某个元器件上，在这种情况下，可以使用系统提供的快速跳转命令。

图 7-10 "跳转"菜单

选择菜单栏中的"编辑"→"跳转"命令，弹出"跳转"菜单，如图 7-10 所示。

（1）绝对原点：用于将光标快速跳转到 PCB 的绝对原点。

（2）当前原点：用于将光标快速跳转到 PCB 的当前原点。

（3）新位置：执行该命令后，弹出如图 7-11 所示的对话框。

在该对话框中输入坐标值后，单击 确定 按钮，光标将跳转到指定位置。

（4）器件：执行该命令后，系统弹出如图 7-12 所示的对话框。

在对话框中输入元器件标识符后，单击 确定 按钮，光标将跳转到该元器件处。

（5）网络：用于将光标跳转到指定网络处。

（6）焊盘：用于将光标跳转到指定焊盘上。

（7）字符串：用于将光标跳转到指定字符串处。

（8）错误标志：用于将光标跳转到错误标记处。

（9）选择：用于将光标跳转到选取的对象处。

（10）位置标志：用于将光标跳转到指定的位置标记处。

（11）设置位置标志：用于设置位置标记。

图 7-11 "Jump To Location"对话框 　　图 7-12 "Component Designator（元器件标识符）"对话框

7.2 PCB 图的绘制

本节将介绍一些在 PCB 编辑中常用到的操作，包括在 PCB 图中绘制和放置各种元素，如走线、焊盘、过孔、文字标注等。在 Altium Designer 13 的 PCB 编辑器菜单命令的"放置"菜单中，系统提供了各种元素的绘制和放置命令，同时这些命令也可以在工具栏中找到，如图 7-13 所示。

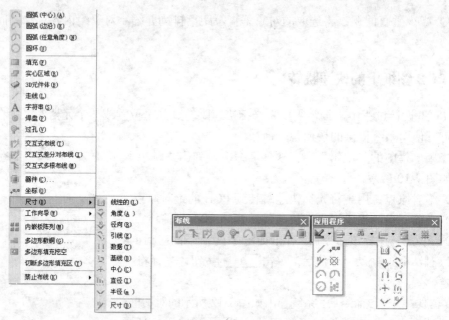

图 7-13　"放置"菜单和工具栏

7.2.1　绘制铜膜导线

在绘制导线之前，单击板层标签，选定导线要放置的层面，将其设置为当前层。

1．启动绘制铜膜导线命令

启动绘制铜膜导线命令有 4 种方法：

（1）选择菜单栏中的"放置"→"交互式布线"命令。

（2）单击布线工具栏中的 （交互式布线连接）按钮。

（3）在 PCB 编辑区内单击鼠标右键，在弹出的快捷菜单中选择"交互式布线"命令。

（4）使用快捷键 P+T。

2．绘制铜膜导线

（1）启动绘制命令后，光标变成十字形，在指定位置单击鼠标左键，确定导线起点。

（2）移动光标绘制导线，在导线拐弯处单击鼠标左键，然后继续绘制导线，在导线终点处再次单击鼠标，结束该导线的绘制。

（3）此时，光标仍处于十字形状态，可以继续绘制导线。绘制完成后，单击鼠标右键或按 Esc 键，退出绘制状态。

3．导线的属性设置

（1）在绘制导线过程中，按 Tab 键，弹出交互式布线对话框，如图 7-14 所示。

在该对话框中，可以设置导线宽度、所在层面、过孔直径以及过孔孔径，同时还可以通过按钮重新设置布线宽度规则和过孔布线规则等。此设置将作为绘制下一段导线的默认值。

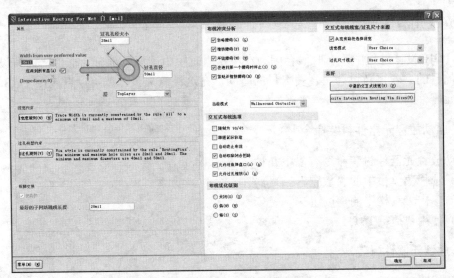

图 7-14　交互式布线对话框

（2）绘制完成后，双击需要修改属性的导线，弹出导线属性"轨迹"对话框，如图 7-15 所示。

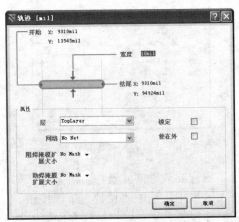

图 7-15　"轨迹"对话框

在此对话框中，可以设置导线的起始和终止坐标、宽度、层面、网络等属性，还可以设置是否锁定，是否具有禁止布线区属性。

7.2.2　绘制直线

这里绘制的直线多指与电气属性无关的线，它的绘制方法、属性设置与前面讲的对导线的操作基本相同，只是启动绘制命令的方法不同。

启动绘制直线命令有三种方法：

（1）选择菜单栏中的"放置"→"走线"命令。

（2）单击实用工具栏中的 ▨ 按钮，在弹出的菜单中选择 ∕（放置走线）项。

（3）使用快捷键 P+L。

对于绘制方法与属性设置，这里不再详述。

7.2.3 放置元器件封装

在 PCB 设计过程中，有时候会因为在电路原理图中遗漏了部分元器件，而使设计达不到预期的目的。若重新设计将耗费大量的时间，在这种情况下，就可以直接在 PCB 中添加遗漏的元器件封装。

1．启动放置元器件封装命令

启动放置元器件封装命令有以下几种方法：
（1）选择菜单栏中的"放置"→"器件"命令。
（2）单击工具栏中的▓按钮。
（3）使用快捷键 P+C。

2．放置元器件封装

启动放置命令后，系统弹出"放置元件"对话框，如图 7-16 所示。

图 7-16　"放置元件"对话框

在该对话框中可以选择、放置要放置的元器件封装。方法如下：
（1）在"放置类型"选项区域中，选中"封装"单选按钮。
（2）若已知要放置的元器件封装名称，则将封装名称输入"元件详情"选项区域中"封装"文本框中；若不能确定封装名称，则单击文本框后面的□按钮，弹出"浏览库"对话框，如图 7-17 所示。该对话框中列出了当前库中所有元器件的封装，选择要添加的元器件封装。

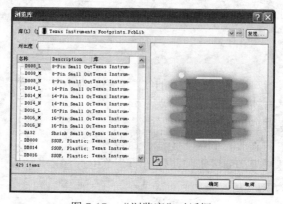

图 7-17　"浏览库"对话框

（3）选定后，可以在"位号"和"注释"文本框中为该封装输入标识符和注释文字。

（4）单击 确定 按钮后，选定元器件的封装外形将随光标移动，在图纸的合适位置单击鼠标左键放置该封装。放置完成后，单击鼠标右键退出。

3．设置元器件属性

双击放置完成的元器件封装，或者在放置状态下，按 Tab 键，系统弹出"元件 Designator1"设置对话框，如图 7-18 所示。

图 7-18 "元件Designator1"设置对话框

该对话框中各个参数的意义如下。

1）"元件属性"选项区域

（1）层：用于设置元器件放置的层面。

（2）旋转：用于设置元器件放置时旋转的角度。

（3）X 轴位置、Y 轴位置：用于设置元器件的位置坐标。

（4）类型：用于设置元器件的类型。

（5）高度：用于设置元器件的高度，作为 PCB 3D 仿真时的参考。

2）"标识"选项区域

（1）文本：用于设置元器件标号。

（2）高度：设置标号中字体的高度。

（3）宽度：设置字体的宽度。

（4）层：设置标号所在层面。

（5）旋转：设置字体旋转角度。

（6）X 轴位置、Y 轴位置：设置标号的位置坐标。

（7）正片：设置标号的位置，单击后面的下三角按钮，可以选择。

3）"注释"选项区域

该选项区域的设置项与"标识"选项区域相同。

4）"封装"选项区域

显示当前的封装名称、库文件名等信息。

5）"原理图涉及信息"选项区域

该区域包含与 PCB 封装对应的原理图元器件的相关信息。

7.2.4 放置焊盘和过孔

1．放置焊盘

1）启动放置焊盘命令

有如下几种方法：

（1）选择菜单栏中的"放置"→"焊盘"命令。

（2）单击工具栏中的◎（放置焊盘）按钮。

（3）使用快捷键 P+P。

2）放置焊盘

启动命令后，光标变成十字形并带有一个焊盘图形。移动光标到合适位置，单击鼠标左键即可在图纸上放置焊盘。此时系统仍处于放置焊盘状态，可以继续放置。放置完成后，单击鼠标右键退出。

3）设置焊盘属性

在焊盘放置状态下按 Tab 键，或者双击放置好的焊盘，打开"焊盘"对话框，如图 7-19 所示。

在该对话框中，可以设置关于焊盘的各种属性。

（1）位置：设置焊盘中心点的位置坐标。

① X：设置焊盘中心点的 X 坐标。

② Y：设置焊盘中心点的 Y 坐标。

③ 旋转：设置焊盘旋转角度。

（2）孔洞信息：设置焊盘孔的尺寸大小。

① 通孔尺寸：设置焊盘中心通孔尺寸。通孔有三种类型：

● 圆形：通孔形状设置为圆形，如图 7-20 所示。

- 正方形：通孔形状为正方形，如图 7-21 所示，同时添加参数设置"旋转"，设置正方形放置角度，默认为 0°。
- 槽：通孔形状为槽形，如图 7-22 所示，同时添加参数设置"长度"、"旋转"，设置槽大小，图 7-22 中"长度"为 10，"旋转"角度为 0°。

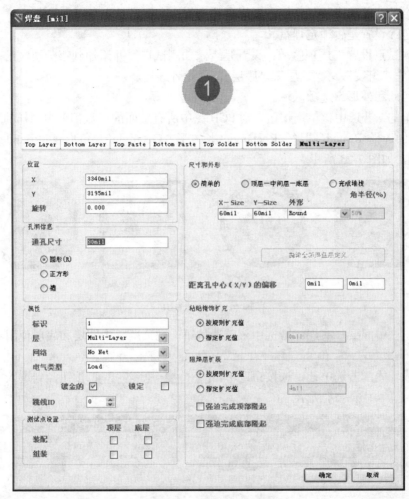

图 7-19 "焊盘"对话框

图 7-20 圆形通孔

图 7-21 正方形通孔

图 7-22 槽形通孔

（3）"属性"选项区域。

① 标识：设置焊盘标号。

② 层：设置焊盘所在层面。对于插式焊盘，应选择 Multi-Layer，对于表面贴片式焊盘，

应根据焊盘所在层面选择 Top-Layer 或 Bottom-Layer。

③ 网络：设置焊盘所处的网络。

④ 电气类型：设置电气类型，有三个选项可选，即 Load（负载点）、Terminator（终止点）和 Source（源点）。

⑤ 镀金的；若选中该复选框，则焊盘孔内将涂上铜，是上下焊盘导通。

⑥ 锁定：设置是否锁定焊盘。

（4）"测试点设置"选项区域：设置是否添加测试点，并添加到哪一层，后面有两个复选框"装配"、"组装"在"顶层"、"底层"，供读者选择。

（5）"尺寸和外形"选项区域。

① 简单的：若选中该单选按钮，则 PCB 图中所有层面的焊盘都采用同样的形状。焊盘有 4 种形状供选择：Round（圆形）、Rectangle（长方形）、Octangle（八角形）和 Rounded Rectangle（圆角矩形），如图 7-23 所示。

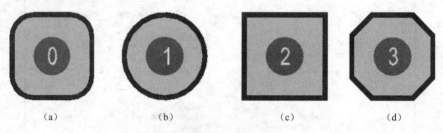

（a）   （b）   （c）   （d）

图 7-23 焊盘形状

② 顶层—中间层—底层：若选中该单选按钮，则顶层、中间层和底层使用不同形状的焊盘。

③ 完成堆栈：若选中该单选按钮，单击 编辑全部焊盘层定义... 按钮，则进入"焊盘层编辑器"对话框，如图 7-24 所示。

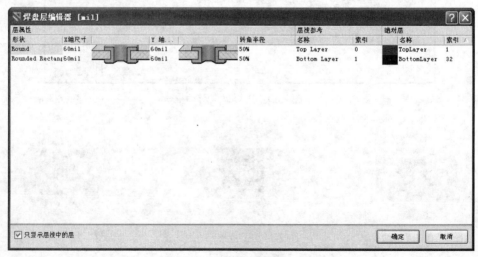

图 7-24 "焊盘层编辑器"对话框

在该对话框中，可以对焊盘的形状、尺寸逐层设置。

对于焊盘属性设置对话框中的其他各项，一般采用默认设置即可。

2．放置过孔

过孔主要用来连接不同板层之间的布线。一般情况下，在布线过程中，换层时系统会自动放置过孔，用户也可以自己放置。

1）启动放置过孔命令

有以下几种方式：

（1）选择菜单栏中的"放置"→"过孔"命令。

（2）单击工具栏中的 （放置过孔）按钮。

（3）使用快捷键 P+V。

2）放置过孔

启动命令后，光标变成十字形并带有一个过孔图形。移动光标到合适位置，单击鼠标左键即可在图纸上放置过孔。此时系统仍处于放置过孔状态，可以继续放置。放置完成后，单击鼠标右键退出。

3）过孔属性设置

在过孔放置状态下按 Tab 键，或者双击放置好的过孔，打开"过孔"对话框，如图 7-25 所示。

图 7-25　"过孔"对话框

（1）"直径"选项区域：设置过孔直径外形参数。

① 有三种类型可供选择：简化、顶—中间—底、全部层栈。选择不同的类型显示不同

的参数。

② 孔尺寸：设置过孔孔径的尺寸大小。

③ 直径：设置过孔外直径尺寸。

④ 位置 X、Y：设置过孔中心点的位置坐标。

（2）"属性"选项区域。

① 始层：设置过孔的起始板层。

② 末层：设置过孔的终止板层。

③ 网络：设置过孔所属网络。

④ 锁定：设置是否锁定过孔。

（3）"测试点设置"选项区域。

设置是否添加测试点，并添加到哪一层，后面有两个复选框供选择。

7.2.5　放置文字标注

文字标注主要是用来解释说明 PCB 图中的一些元素。

1．启动放置文字标注命令

有如下几种方式：

（1）选择菜单栏中的"放置"→"字符串"命令。

（2）单击工具栏中的 **A**（放置字符串）按钮。

（3）使用快捷键 P+S。

2．放置文字标注

启动命令后，光标变成十字形并带有一个字符串虚影，移动光标到图纸中需要文字标注的位置，单击鼠标左键放置字符串。此时系统仍处于放置状态，可以继续放置字符串。放置完成后，单击鼠标右键退出。

3．字符串属性设置

在放置状态下按 Tab 键，或者双击放置完成的字符串，系统弹出"串"对话框，如图 7-26 所示。

（1）宽度：设置字符串的宽度。

（2）Height（高度）：设置字符串长度。

（3）旋转：设置字符串的旋转角度。

（4）位置 X、Y：设置字符串的位置坐标。

（5）文本：设置文字标注的内容。可以自定义输入，也可以单击后面的下三角按钮进行选择。

（6）层：设置文字标注所在的层面。

（7）字体：设置字体。后面有三个单选按钮，选择后，下面一栏中会显示与之对应的设置内容。

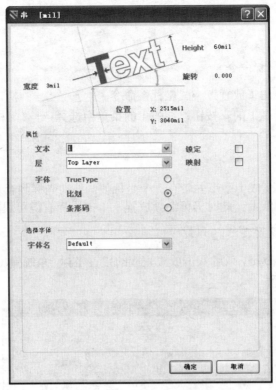

图 7-26   "串"对话框

7.2.6   放置坐标原点和位置坐标

在 PCB 编辑环境中，系统提供了一个坐标系，它是以图纸的左下角为坐标原点的，用户可以根据需要建立自己的坐标系。

1. 放置坐标原点

1）启动放置坐标原点命令

有以下几种方式：

（1）选择菜单栏中的"编辑"→"原点"→"设置"命令。

（2）单击实用工具栏中的 按钮，在弹出的菜单中选择 项。

（3）使用快捷键 E+O+S。

2）放置坐标原点

启动命令后，光标变成十字形。将光标移到要设置成原点的点处，单击鼠标左键即可。若要恢复到原来的坐标系，选择菜单栏中的"编辑"→"原点"→"复位"命令。

2．放置位置坐标

1）启动放置位置坐标命令

（1）选择菜单栏中的"放置"→"坐标"命令。

（2）单击实用工具栏中的 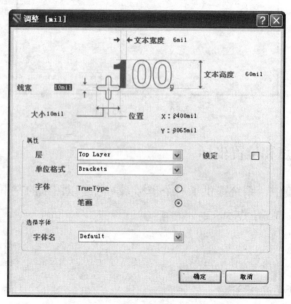 按钮，在弹出的菜单中选择 ⁺¹⁰·¹⁰（坐标）项。

（3）使用快捷键 P+O。

2）放置位置坐标

启动命令后，光标变成十字形并带有一个坐标值。移动光标到合适位置，单击鼠标左键即可将坐标值放置到图纸上。此时仍可继续放置，单击鼠标右键可退出。

3）位置坐标属性设置

在放置状态下按 Tab 键，或者双击放置完成的位置坐标，系统弹出"位置坐标属性设置"对话框，如图 7-27 所示。

图 7-27　"位置坐标属性设置"对话框

在该对话框中，单击"单位格式"后面的下三角按钮，可以选择位置坐标的单位标注样式，有三种：None（不标注单位）、Normal（一般标注）和 Brackets（单位放在小括号中）。对于其他各项的设置，与前面基本相同，在此不再讲述。

7.2.7　放置尺寸标注

在 PCB 设计过程中，系统提供了多种标注命令，用户可以使用这些命令，在电路板上进行尺寸标注。

1．启动尺寸标注命令

（1）选择菜单栏中的"放置"→"尺寸"命令，系统弹出尺寸标注菜单，如图 7-28 所示。选择执行菜单中的一个命令。

（2）单击实用工具栏中的 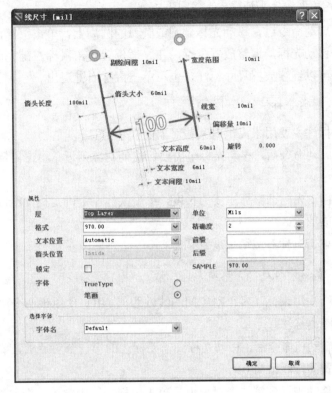（放置尺寸）按钮，打开"线尺寸"对话框，如图 7-29 所示。

图 7-28 尺寸标注菜单   图 7-29   "线尺寸"对话框

2．放置尺寸标注

1）放置直线尺寸标注 （线性的）

（1）启动命令后，移动光标到指定位置，单击鼠标左键确定标注的起始点。

（2）移动光标到另一个位置，再次单击确定标注的终止点。

（3）继续移动光标，可以调整标注的放置位置，在合适位置单击鼠标完成一次标注。

（4）此时仍可继续放置尺寸标注，也可单击鼠标右键退出。

2）放置角度尺寸标注 （角度）

（1）启动命令后，移动光标到要标注的角的顶点或一条边上，单击鼠标左键确定标注第一个点。

（2）移动光标，在同一条边上距第一点稍远处，再次单击鼠标左键确定标注的第二点。

（3）移动光标到另一条边上，单击鼠标左键确定第三点。

（4）移动光标，在第二条边上距第三点稍远处，再次单击鼠标左键。

（5）此时标注的角度尺寸确定，移动光标可以调整放置位置，在合适位置单击鼠标左键完成一次标注。

（6）可以继续放置尺寸标注，也可单击鼠标右键退出。

3）放置半径尺寸标注 （径向）

（1）启动命令后，移动光标到圆或圆弧的圆周上，单击鼠标，则半径尺寸被确定。

（2）移动光标，调整放置位置，在合适位置单击鼠标左键完成一次标注。

（3）可以继续放置尺寸标注，也可单击鼠标右键退出。

4）放置前导标注 （引线）

前导标注主要用来提供对某些对象的提示信息。

（1）启动命令后，移动光标至需要标注的对象附近，单击鼠标左键确定前导标注箭头的位置。

（2）移动光标调整标注线的长度，单击鼠标左键确定标注线的转折点，继续移动鼠标并单击，完成放置。

（3）单击鼠标右键退出放置状态。

5）放置数据标注 （数据）

数据标注用来标注多个对象间的线性距离，用户使用该命令可以实现对两个或两个以上的对象的距离标注。

（1）启动该命令后，移动光标到需要标注的第一个对象上，单击鼠标左键确定基准点位置，此位置的标注值为 0。

（2）移动光标到第二个对象上，单击鼠标左键确定第二个参考点。

（3）继续移动光标到下一个对象，单击确定对象的参考点，以此下去。

（4）选择完所有对象后，单击鼠标右键，停止选择对象。移动光标调整标注放置的位置，在合适位置单击鼠标右键，完成放置。

6）放置基线尺寸标注 （基线）

（1）启动命令后，移动光标到基线位置。单击鼠标左键确定标注基准点。

（2）移动光标到下一个位置，单击鼠标左键确定第二个参考点，该点的标注被确定，移动光标可以调整标注位置，在合适位置单击鼠标左键确定标注位置。

（3）移动光标到下一个位置，按照上面的方法继续标注。标注完所有的参考点后，单击鼠标右键退出。

7）放置中心尺寸标注 （中心）

中心尺寸标注用来标注圆或圆弧的中心位置，标注后，在中心位置上会出现一个十字标记。

（1）启动命令后，移动光标到需要标注的圆或圆弧的圆周上，单击鼠标左键，光标将自动跳到圆或圆弧的圆心位置，并出现一个十字标记。

（2）移动光标调整十字标记的大小，在合适大小时，单击鼠标左键确定。

（3）可以继续选择标注其他圆或圆弧，也可以单击鼠标右键退出。

8）放置直线式直径尺寸标注 （直径）

（1）启动命令后，移动光标到圆的圆周上，单击鼠标左键确定直径标注的尺寸。

（2）移动光标调整标注放置位置，在合适位置再次单击鼠标左键，完成标注。

（3）此时，系统仍处于标注状态，可以继续标注，也可以单击鼠标右键退出。

9）放置射线式直径尺寸标注 （半径）

标注方法与前面所讲的放置直线式直径尺寸标注方法基本相同。

10）放置尺寸标注 （尺寸）

（1）启动命令后，移动光标到指定位置，单击鼠标左键确定标注的起始点。

（2）移动光标可到另一个位置，再次单击确定标注的终止点。

（3）继续移动光标，可以调整标注的放置位置，可360°旋转，在合适位置单击鼠标完成一次标注。

（4）此时仍可继续放置尺寸标注，也可单击鼠标右键退出。

3．设置尺寸标注属性

对于上面所讲的各种尺寸标注，它们的属性设置大体相同，这里只介绍其中的一种。双击放置的线性尺寸标注，系统弹出"线尺寸"对话框，如图7-29所示。

7.2.8 绘制圆弧

1．中心法绘制圆弧

1）启动中心法绘制圆弧命令

有以下几种方式：

（1）选择菜单栏中的"放置"→"圆弧（中心）"命令。

（2）单击"实用"工具栏中的 （应用工具）按钮，在弹出的菜单中选择 （从中心放置圆弧）项。

（3）使用快捷键 P+A。

2）绘制圆弧

（1）启动命令后，光标变成十字形。移动光标，在合适位置单击鼠标左键，确定圆弧中心。

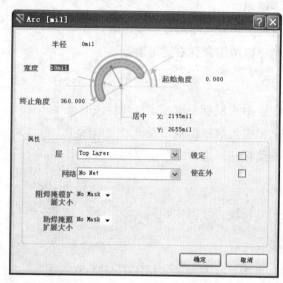

图 7-30　"Arc" 对话框

（2）移动光标，调整圆弧的半径大小，在合适大小时，单击鼠标左键确定。

（3）继续移动光标，在合适位置单击鼠标左键确定圆弧起点位置。

（4）此时，光标自动跳到圆弧的另一个端点处，移动光标，调整端点位置，单击鼠标左键确定。

（5）可以继续绘制下一个圆弧，也可单击鼠标右键退出。

3）设置圆弧属性

在绘制圆弧状态下按 Tab 键，或者单击绘制完成的圆弧，打开"Arc"对话框，如图 7-30 所示。

在该对话框中，可以设置圆弧的"居中 X、Y"中心位置坐标、"起始角度"、"终止角度"、"宽度"、"半径"，以及圆弧所在的层面、所属的网络等参数。

2．边缘法绘制圆弧

1）启动边缘法绘制圆弧命令

（1）选择菜单栏中的"放置"→"圆弧（边沿）"命令。

（2）单击"实用"工具栏中的 （通过边沿放置圆弧）按钮。

（3）使用快捷键 P+E。

2）绘制圆弧

启动命令后，光标变成十字形。移动光标到合适位置，单击鼠标左键确定圆弧的起点。移动光标，再次单击鼠标左键确定圆弧的终点，一段圆弧绘制完成。可以继续绘制圆弧，也可以单击鼠标右键退出。采用此方法绘制出的圆弧都是 90° 圆弧，用户可以通过设置属性改变其弧度值。

3）设置圆弧属性

其设置方法同上。

3．绘制任何角度的圆弧

1）启动绘制命令

（1）选择菜单栏中的"放置"→"圆弧（任意角度）"命令。

（2）单击"实用"工具栏中的 （应用工具）按钮，在弹出的菜单中选择 （通过边沿放置圆弧（任意角度））项。

（3）使用快捷键 P+N。

2）绘制圆弧

（1）启动命令后，光标变成十字形。移动光标到合适位置，单击鼠标左键确定圆弧起点。

（2）拖动光标，调整圆弧半径大小，在合适大小时，再次单击鼠标左键确定。

（3）此时，光标会自动跳到圆弧的另一端点处，移动光标，在合适位置单击鼠标左键确定圆弧的终止点。

（4）可以继续绘制下一个圆弧，也可单击鼠标右键退出。

3）设置圆弧属性

其设置方法同上。

7.2.9　绘制圆

1．启动绘制圆命令

（1）选择菜单栏中的"放置"→"圆环"命令。

（2）单击"实用"工具栏中的 ⬛（应用工具）按钮，在弹出的菜单中选择◎（放置圆环）项。

（3）使用快捷键 P+U。

2．绘制圆

启动绘制命令后，光标变成十字形。移动光标到合适位置，单击鼠标左键确定圆的圆心位置。此时光标自动跳到圆周上，移动光标可以改变半径大小，再次单击确定半径大小，一个圆绘制完成。可以继续绘制，也可单击鼠标右键退出。

3．设置圆属性

在绘制圆状态下按 Tab 键，或者单击绘制完成的圆，打开圆属性设置对话框，其设置内容与 7.2.8 节中讲的圆弧的属性设置相同。

7.2.10　放置填充区域

1．放置矩形填充

1）启动放置矩形填充命令

（1）选择菜单栏中的"放置"→"填充"命令。

（2）单击工具栏中的 ⬛（放置填充）按钮。

（3）使用快捷键 P+F。

2）放置矩形填充

启动命令后，光标变成十字形。移动光标到合适位置，单击鼠标左键确定矩形填充的一角。移动鼠标，调整矩形的大小，在合适大小时，再次单击鼠标左键确定矩形填充的对角，一个矩形填充完成。可以继续放置，也可以单击鼠标右键退出。

3）设置矩形填充属性

在放置状态下按 Tab 键，或者单击放置完成的矩形填充，打开"填充"对话框，如图 7-31 所示。

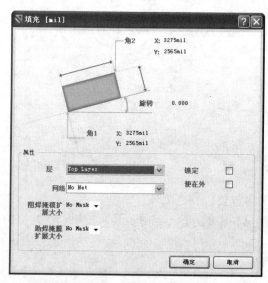

图 7-31 "填充"对话框

在该对话框中，可以设置矩形填充的旋转角度、角 1 X、Y 的坐标、角 2 X、Y 的坐标以及填充所在的层面、所属网络等参数。

2．放置多边形填充

1）启动放置多边形填充命令

（1）选择菜单栏中的"放置"→"实心区域"命令。

（2）使用快捷键 P+R。

2）放置多边形填充

（1）启动绘制命令后，光标变成十字形。移动光标到合适位置，单击鼠标左键确定多边形的第一条边上的起点。

（2）移动光标，单击鼠标左键确定多边形第一条边的终点，同时也作为第二条边的起点。

（3）依次下去，直到最后一条边，单击鼠标右键退出该多边形的放置。

（4）可以继续绘制其他多边形填充，也可以单击鼠标右键退出。

3）设置多边形填充属性

在放置状态下按 Tab 键，或者单击放置完成的多边形填充，打开"区域"对话框，如图 7-32 所示。

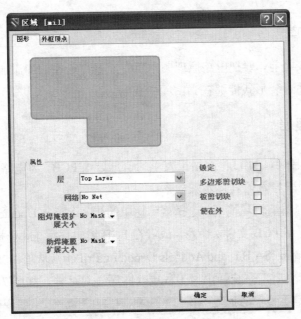

图 7-32 "区域"对话框

在该对话框中，可以设置多边形填充所在的层面和所属网络等参数。

7.3 在 PCB 编辑器中导入网络报表

在前面几节中，主要学习了 PCB 设计过程中用到的一些基础知识。从本节开始，将介绍如何完整地设计一块 PCB 板。

7.3.1 准备工作

1．准备电路原理图和网络报表

网络报表是电路原理图的精髓，是原理图和 PCB 板连接的桥梁，没有网络报表，就没有电路板的自动布线。对于如何生成网络报表，在第 4 章中已经详细讲过。

2．新建一个 PCB 文件

在电路原理图所在的项目中新建一个 PCB 文件。进入 PCB 编辑环境后，设置 PCB 设计环境，包括设置网格大小和类型、光标类型、板层参数、布线参数等。大多数参数都可以用系统默认值，而且这些参数经过设置之后，符合用户个人的习惯，以后无须再去修改。

3．规划电路板

规划电路板主要是确定电路板的边界，包括电路板的物理边界和电气边界。在需要放置固定孔的地方放上适当大小的焊盘。

4. 装载元器件库

在导入网络报表之前，要把电路原理图中所有元器件所在的库添加到当前库中，保证原理图中指定的元器件封装形式能够在当前库中找到。

7.3.2 导入网络报表

完成了前面的工作后，即可将网络报表里的信息导入 PCB，为电路板的元器件布局和布线做准备。将网络报表导入的具体步骤如下：

（1）在 SCH 原理图编辑环境下，选择菜单栏中的"设计"→ Update ISA Bus and Address Decoding.PcbDoc（更新 PCB 文件）命令。或者在 PCB 编辑环境下，选择菜单栏中的"设计" → Irnport Changes From ISA Bus and Address Decoding.PrjPcb（从项目文件更新）命令。

（2）执行以上命令后，系统弹出"工程更改顺序"对话框，如图 7-33 所示。

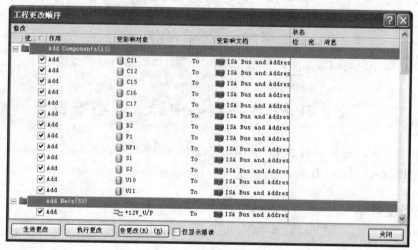

图 7-33　"工程更改顺序"对话框

该对话框中显示出当前对电路进行的修改内容，左边为"修改"列表，右边是对应修改的"状态"。主要的修改有 Add Components、Add Nets、Add Components Classes 和 Add Rooms 几类。

（3）单击"工程更改顺序"对话框中的 [生效更改] 按钮，系统将检查所有的更改是否都有效，如果有效，将在右边的"检查"栏对应位置打勾；若有错误，"检查"栏中将显示红色错误标识。一般的错误都是因为元器件封装定义不正确，系统找不到给定的封装，或者设计 PCB 时没有添加对应的集成库。此时需要返回到电路原理图编辑环境中，对有错误的元器件进行修改，直到修改完所有的错误，即"检查"栏中全为正确内容为止。

（4）若用户需要输出变化报告，可以单击对话框中的 [告更改(R) (R)] 按钮，系统弹出报告预览对话框，如图 7-34 所示。在该对话框中可以打印输出该报告。

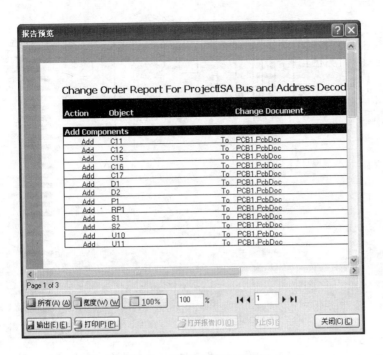

图 7-34 "报告预览"对话框

（5）单击"工程更改顺序"对话框中的 执行更改 按钮，系统执行所有的更改操作，如果执行成功，"状态"下的"完成"列表栏将被勾选，执行结果如图 7-35 所示。此时，系统将元器件封装等装载到 PCB 文件中，如图 7-36 所示。

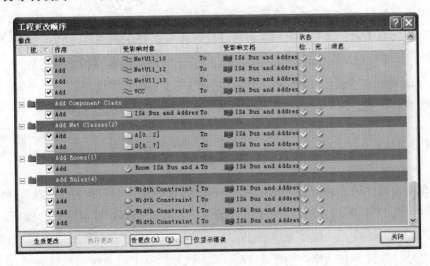

图 7-35 更改执行结果

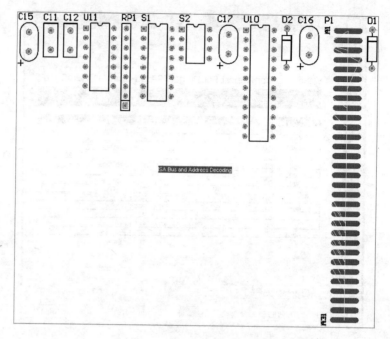

图 7-36　加载网络报表和元器件封装的PCB图

7.4　元器件的布局

网络报表导入后，所有元器件的封装已经加载到 PCB 上，此时需要对这些封装进行布局。合理的布局是 PCB 布线的关键。若单面板设计元器件布局不合理，将无法完成布线操作；若双面板元器件布局不合理，布线时将会放置很多过孔，使电路板导线变得非常复杂。

Altium Designer 13 提供了两种元器件布局的方法，一种是自动布局，另一种是手工布局。这两种方法各有优劣，用户应根据不同的电路设计需要选择合适的布局方法。

7.4.1　自动布局

自动布局适合于元器件比较多的情况。 Altium Designer 13 提供了强大的自动布局功能，设置好合理的布局规则参数后，采用自动布局将大大提高设计电路板的效率。

在 PCB 编辑环境下，选择菜单栏中的"工具"→"器件布局"→"自动布局"命令，系统弹出"自动放置"对话框，如图 7-37 所示。该对话框中有两种布局规则可以选择："成群的放置项"分组布局和"统计的放置项"统计式布局。

1."成群的放置项"单选按钮

若选中该项，系统将根据元器件之间的连接性，将元器件划分成组，并以布局面积最小为标准进行布局。这种布局适合于元器件数量不太多的情况。选中"快速元件放置"复选框，系统将进行快速元器件布局。

2. "统计的放置项"单选按钮

若选中该项，系统将以元器件之间连接长度最短为标准进行布局。这种布局适合于元器件数目比较多的情况。选择该选项后，对话框中的设置内容也将随之变化，如图7-38所示。

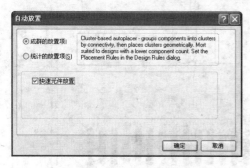
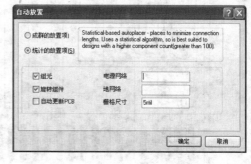

图 7-37 "自动放置"对话框   图 7-38 统计式布局设置对话框

统计式布局设置对话框中的设置及功能如下：

（1）组元：该复选框用于将当前布局中连接密切的元器件组成一组，即布局时将这些元器件作为整体来考虑。

（2）旋转组件：该复选框用于在布局时改变元器件的旋转方向。

（3）自动更新 PCB：该复选框用于在布局中自动更新 PCB 板。

（4）电源网络：用于输入电源网络名称。

（5）地网络：用于输入接地网络名称。

（6）栅格尺寸：用于设置网格大小。

图 7-39 自动布局结束提示

如果选择"统计的放置项"单选按钮的同时，选中"自动更新 PCB"复选框，将在布局结束后对 PCB 板进行自动元器件布局更新。

设置完成后，单击 确定 按钮，关闭设置对话框，系统开始自动布局。此时，在编辑器的左下角出现一个进度条，显示自动布局的进度。布局需要的时间与元器件的数量多少有关。在完成自动布局后将弹出如图 7-39 所示的对话框，提示自动布局结束。自动布局完成后如图 7-40 所示。

在布局过程中，若想中途终止自动布局，选择菜单栏中的"工具"→自动布局→"停止自动布局"命令即可。从图 7-40 中可以看出，使用系统的自动布局功能，虽然布局的速度和效率都很高，但是布局的结果并不令人满意。因此，很多情况下必须对布局结果进行调整，即采用手工布局，按用户的要求进一步进行设计。

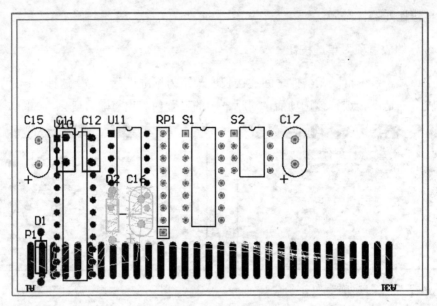

图 7-40　自动布局结果

7.4.2　手工布局

在系统自动布局后，手工对元器件布局进行调整。

1．调整元器件位置

手工调整元器件的布局时，需要移动元器件，其方法在前面的 PCB 编辑器的编辑功能中讲过。

2．排列相同元器件

在 PCB 板上，经常把相同的元器件排列放置在一起，如电阻、电容等。若 PCB 板上这类元器件较多，依次单独调整很麻烦，可以采用以下方法：

（1）查找相似元器件。选择菜单栏中的"编辑"→"查找相似对象"命令，光标变成十字形，在 PCB 图纸上单击选取一个电阻，系统弹出查找相似对象对话框，如图 7-41 所示。

在该对话框的 Footprint（封装）栏中选择 Same（相似），单击 应用(A) (A) 按钮，再单击 确定 按钮，此时，PCB 图中所有电容都处于选取状态。

（2）选择菜单栏中的"工具"→"器件布局"→"排列板子外的器件"命令，所有电容自动排列到 PCB 板外。

（3）选择菜单栏中的"工具"→"器件布局"→"在矩形区域排列"命令，光标变成十字形，在 PCB 板外单击鼠标绘制出一个长方形，此时所有的电容都自动排列到该矩形区域内。手工稍微调整，如图 7-42 所示。

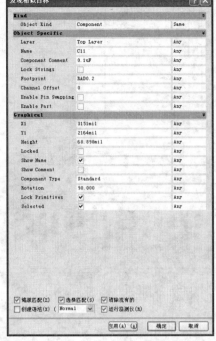

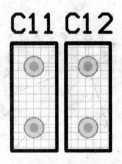

图 7-41　查找相似对象对话框　　　　　　　　图 7-42　排列电容

（4）单击工具栏中的 （清除当前过滤器）按钮，取消电容的屏蔽选择状态，对其他元器件进行操作。

（5）操作全部完成后，将 PCB 板外面的元器件移到 PCB 板内。

3. 修改元器件标注

双击要调整的标注，打开"标识"对话框，如图 7-43 所示。

此对话框中的设置内容相信用户已经很清楚了，在此不再讲述。

手工调整后，元器件的布局如图 7-44 所示。

图 7-43　"标识"对话框

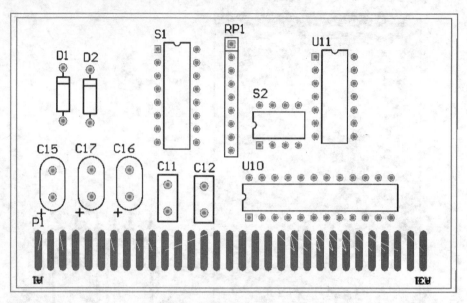

图 7-44 手工调整后元器件的布局

7.4.3 3D 效果图

手工布局完成以后，用户可以查看 3D 效果图，以检查布局是否合理。

选择菜单栏中的"查看"→"切换到三维显示"命令，系统自动切换到 3D 显示图，如图 7-45 所示。

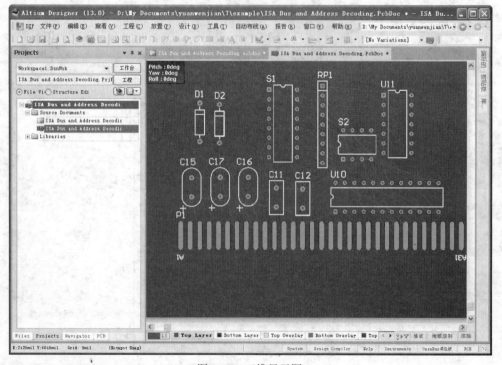

图 7-45 三维显示图

选择菜单栏中的"查看"→"切换到二维显示"命令，系统自动返回2显示图。

在 PCB 编辑器内，选择菜单栏中的"工具"→"遗留工具"→"3D 显示"命令，系统生成该 PCB 的 3D 效果图，加入到该项目生成的 PCB 3D Views 文件夹中并自动打开 PCB1.PcbDoc。PCB 板生成的 3D 效果图如图 7-46 所示。

在 PCB3D 编辑器内，单击右下角的 PCB3D 面板按钮，打开 PCB3D 面板，如图 7-47 所示。

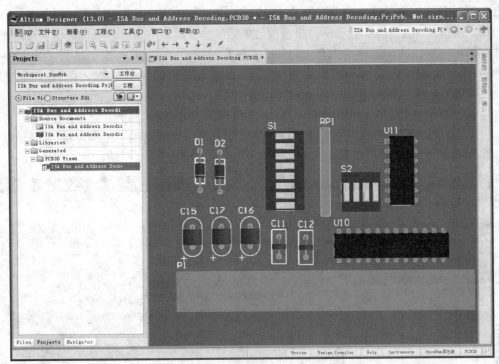

图 7-46　PCB板生成的 3D效果图

1."浏览网络"选项区域

该区域列出了当前 PCB 文件内的所有网络。选择其中一个网络以后，单击 高亮 按钮，则此网络呈高亮状态；单击 清除 按钮，可以取消高亮状态。

2."显示"选项区域

该区域用于控制 3D 效果图中的显示方式，分别可以对元器件、丝印层、铜、文本以及电路板进行控制。

3. 预览框区域

将光标移到该区域中以后，单击鼠标左键并按住不放，拖动光标，3D 图将跟着旋转，展示不同方向上的效果。

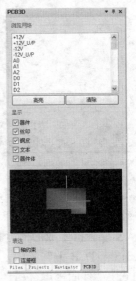

图 7-47　PCB 3D面板

4."表达"选项区域

用于设置轴约束和连线框。

7.4.4 网络密度分析

网络密度分析是利用 Altium Designer 13 系统提供的密度分析工具,对当前 PCB 文件的元件放置及其连接情况进行分析。密度分析会生成一个临时的密度指示图,覆盖在原 PCB 图上面。在图中,绿色的部分表示网络密度较低,红色表示网络密度较高的区域,元件密集、连线多的区域颜色会呈现一定的变化趋势。密度指示图显示了 PCB 板布局的密度特征,可以作为各区域内布线难度和布通率的指示信息。用户根据密度指示图进行相应的布局调整,有利于提高自动布线的布通率,降低布线难度。

下面以布局好的计算机麦克风电路原理图的 PCB 文件为例,进行网络密度分析。

(1)在 PCB 编辑器中,选择菜单栏中的"工具"→"密度图"命令,系统自动执行对当前 PCB 文件的密度分析,如图 7-48 所示。

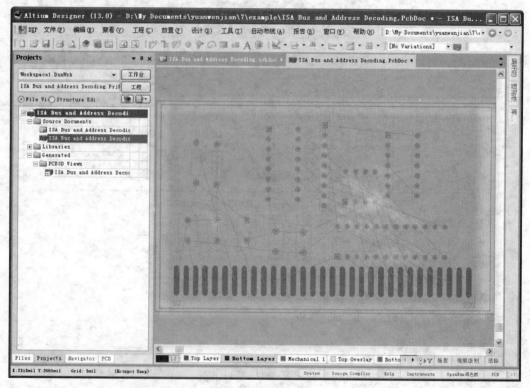

图 7-48 生成密度图

(2)按 End 键刷新视图,或者通过单击文件选项卡切换到其他编辑器视图中,即可恢复到普通的 PCB 文件视图中。

从密度分析生成的密度指示图中可以看出,该 PCB 布局密度较低。

(3)在 PCB 编辑器中,选择菜单栏中的"工具"→"Clear 密度图"命令,系统取消对当前 PCB 文件的密度分析,返回手工布局状态。

通过 3D 视图和网络密度分析，可以进一步对 PCB 元件布局进行调整。完成上述工作后，就可以进行布线操作了。

7.5　PCB 板的布线

在对 PCB 板进行了布局以后，用户就可以进行 PCB 板布线了。 PCB 板布线可以采取两种方式：自动布线和手工布线。

7.5.1　自动布线

Altium Designer 13 提供了强大的自动布线功能，它适合于元器件数目较多的情况。

在自动布线之前，用户首先要设置布线规则，使系统按照规则进行自动布线。对于布线规则的设置，在前面已经详细讲解过，在此不再重复讲述。

1．自动布线策略设置

在利用系统提供自动布线操作之前，先要对自动布线策略进行设置。在 PCB 编辑环境中，选择菜单栏中的"自动布线"→"设置"命令，系统弹出如图 7-49 所示的"Situs 布线策略（布线位置策略）"对话框。

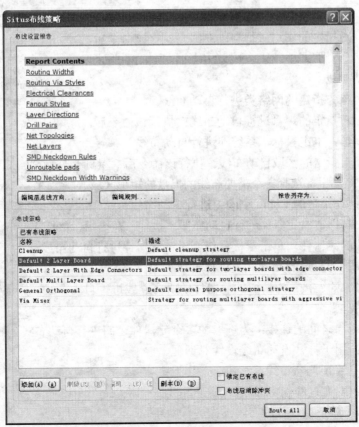

图 7-49　"Situs布线策略"对话框

1）"布线设置报告"选项区域

对布线规则设置进行汇总报告，并进行规则编辑。该选项区域列出了详细的布线规则，并以超链接的方式，将列表链接到相应的规则设置栏，可以进行修改。

（1）单击 编辑层走线方向...... 按钮，可以设置各个信号层的走线方向。

（2）单击 编辑规则...... 按钮，可以重新设置布线规则。

（3）单击 报告另存为...... 按钮，可以将规则报告导出保存。

2）"布线策略"选项区域

该选项区域中，系统提供了 6 种默认的布线策略：Cleanup（优化布线策略）、Default 2 Layer Board（双面板默认布线策略）、Default 2 Layer With Edge Connectors（带边界连接器的双面板默认布线策略）、Default Multi Layer Board（多层板默认布线策略）、General Orthogonal（普通直角布线策略）以及 Via Miser（过孔最少化布线策略）。单击 添加(A) (A) 按钮，可以添加新的布线策略。一般情况下均采用系统默认值。

2. 自动布线

在自动布线之前，再来介绍一下"自动布线"菜单。选择"自动布线"命令，系统弹出"自动布线"菜单，如图 7-50 所示。

（1）全部：用于对整个 PCB 板所有的网络进行自动布线。

（2）网络：对指定的网络进行自动布线。执行该命令后，鼠标将变成十字形，可以选中需要布线的网络，再次单击鼠标，系统会进行自动布线。

（3）网络类：为指定的网络类进行自动布线。

（4）连接：对指定的焊盘进行自动布线。执行该命令后，鼠标将变成十字形，单击鼠标，系统即进行自动布线。

（5）区域：对指定的区域自动布线。执行该命令后，鼠标将变成十字形，拖动鼠标选择一个需要布线的焊盘的矩形区域。

图 7-50 "自动布线"菜单

（6）Room：在指定的 Room 空间内进行自动布线。

（7）元件：对指定的元器件进行自动布线。执行该命令后，鼠标将变成十字形，移动鼠标选择需要布线的元器件，单击鼠标系统会对该元器件进行自动布线。

（8）器件类：为指定的元器件类进行自动布线。

（9）选中对象的连接：为选取的元器件的所有连线进行自动布线。执行该命令前，先选择要布线的元器件。

（10）选择对象之间的连接：为选取的多个元器件之间进行自动布线。

（11）设置：用于打开自动布线设置对话框。

（12）停止：终止自动布线。

（13）复位：对布过线的 PCB 进行重新布线。

（14）Pause：对正在进行的布线操作进行中断。

在这里对已经手工布局好的看门狗电路板采用自动布线。

选择菜单栏中的"自动布线"→"全部"命令，系统弹出"Situs 布线策略（布线位置策略）"对话框，此对话框与前面讲的"Situs 布线策略（布线位置策略）"对话框基本相同。在 Routing Strategies 区域，选择 Default 2 Layer Board（双面板默认布线策略），然后单击 Route All 按钮，系统开始自动布线。

在自动布线过程中，会出现 Messages（信息）对话框，显示当前布线信息，如图 7-51 所示。

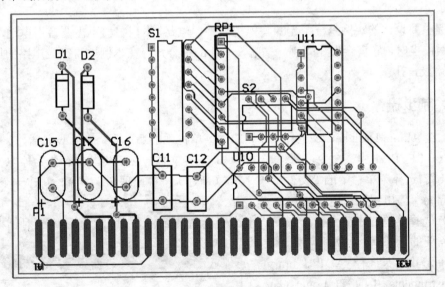

图 7-51　自动布线信息

自动布线后的 PCB 板如图 7-52 所示。

图 7-52　自动布线结果

除此之外，用户还可以根据前面介绍的命令，对电路板进行局部自动布线操作。

7.5.2　手工布线

在 PCB 板上元器件数量不多，连接不复杂的情况下，或者在使用自动布线后需要对元器件布线进行修改时，都可以采用手工布线方式。

在手工布线之前，也要对布线规则进行设置，设置方法与自动布线前的设置方法相同。

在手工调整布线过程中，经常要删除一些不合理的导线。Altium Designer 13 系统提供了

图 7-53　"取消布线"菜单

用命令方式删除导线的方法。

选择菜单栏中的"工具"→"取消布线"命令，系统弹出
"取消布线"菜单，如图 7-53 所示。

（1）全部：用于取消所有的布线。

（2）网络：用于取消指定网络的布线。

（3）连接：用于取消指定的连接，一般用于连个焊盘之间。

（4）器件：用于取消指定元器件之间的布线。

（5）Room：用于取消指定 Room 空间内的布线。

将布线取消后，选择菜单栏中的"放置"→"交互式布线"命令，或者单击工具栏中的
（交互式布线连接）按钮，启动绘制导线命令，重新手工布线。

7.6　综合实例

本节将通过两个简单的实例来介绍 PCB 布局设计。通过本节的学习，相信用户对 PCB
的设计有了基本的掌握，能够完成基本的 PCB 设计。

7.6.1　停电报警器电路设计

本例中要设计的实例是一个无源型停电报警器电路。本报警器不需要备用电池，当 220V
交流电网停电时，它就会发出"嘟——嘟——"的报警声。在本例中将完成电路的原理图和
PCB 电路板设计。

 绘制步骤

（1）在 Altium Designer 13 主界面中，选择菜单栏中的"文件"→ New（新建）→Project
（工程）→"PCB 工程"命令，新建一个 PCB 工程文件，然后将其保存为"停电报警器电
路.PrjPcb"。选择菜单栏中的"文件"→ New（新建）→"原理图"命令，新建一个原理图，
将其保存为"停电报警器电路.SchDoc"。

（2）选择菜单栏中的"设计"→"添加/移除库"命令，弹出"可用库"对话框，在其
中加载需要的元件库。本例中需要加载
的元件库为安装路径 AD13\Library\
Texas Instruments 中的 TI Logic Gate
1.IntLib、Miscellaneous Devices.IntLib
和 Miscellaneous Connectors.IntLib 元件
库，如图 7-54 所示。

（3）选择菜单栏中的"设计"→"文
档选项"命令，弹出"文档选项"对话
框，在其中设置原理图绘制时的工作环
境。

（4）选择"库"面板，在其中浏览

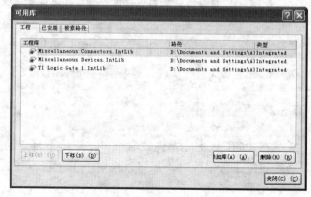

图 7-54　加载需要的元件库

原理图需要的元件，然后将其放置在图纸上，如图 7-55 所示。

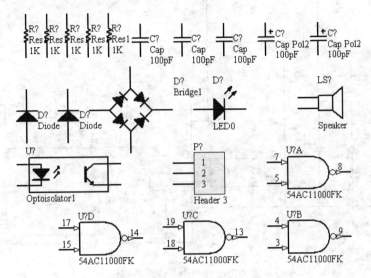

图 7-55　原理图需要的所有元件

（5）按照电路中元件的大概位置摆放元件。用拖动的方法来改变元件的位置，如果需要改变元件的方向，则可以按空格键。布局结果如图 7-56 所示。

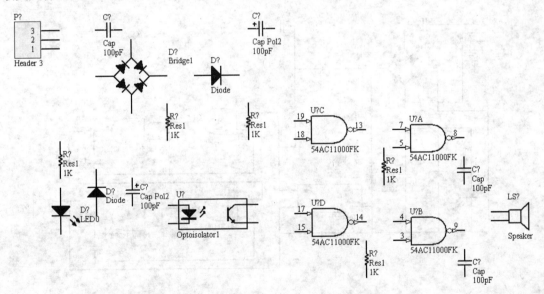

图 7-56　元件布局结果

（6）选择菜单栏中的"放置"→"线"命令，或单击"连线"工具栏中的 ≋| （放置线）按钮，完成整个原理图布线后的效果如图 7-57 所示。

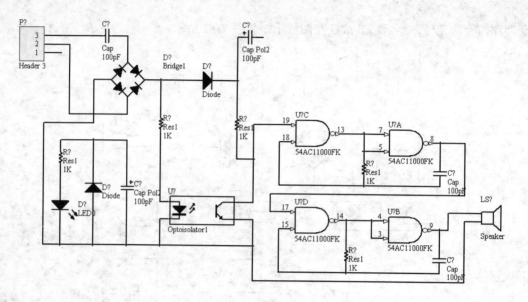

图 7-57　原理图布线后的效果

（7）单击"连线"工具栏中的 ▤ （放置 GND 端口）按钮，移动光标到需要的位置单击，放置接地符号，如图 7-58 所示。

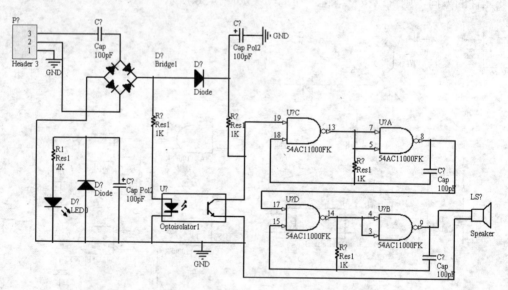

图 7-58　放置接地符号

（8）双击元件，编辑所有元件的编号、参数值等属性，完成这一步的原理图，如图 7-59 所示。

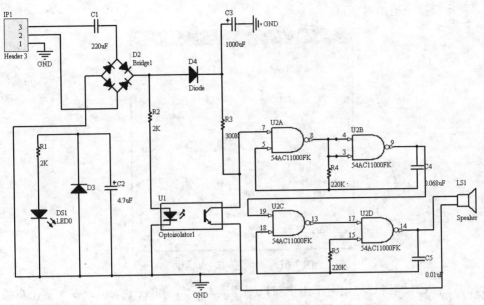

图 7-59　设置元件属性后的原理图

（9）单击"连线"工具栏中的 Net()（放置网络标号）按钮，移动光标到目标位置，单击即可将网络标签放置到图纸上。

（10）保存所做的工作，整个停电报警器的原理图便绘制完成了，如图 7-60 所示。

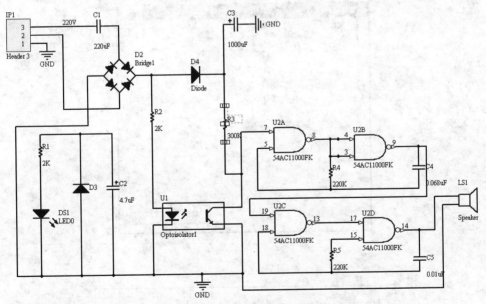

图 7-60　原理图绘制完成

（11）选择菜单栏中的"文件"→ New（新建）→PCB 命令，新建一个 PCB 文件，然后将其保存为"停电报警器电路.PcbDoc"。

（12）选择菜单栏中的"设计"→"板参数选项"命令，弹出"板选项"对话框。在对话框中设置 PCB 设计的工作环境，包括尺寸、各种栅格等，如图 7-61 所示。完成设置后，单击"确定"按钮退出对话框。

图 7-61　"板选项"对话框

（13）在 PCB 编辑环境中，单击主窗口工作区左下角的 Keep-Out Layer（禁止布线层）标签，切换到禁止布线层。然后选择菜单栏中的"放置"→"走线"命令，此时光标变成十字形，用与绘制导线相同的方法在图纸上绘制一个矩形区域，双击所绘制的直线，弹出"轨迹"对话框，如图 7-62 所示。在该对话框中，通过设置直线的起始点坐标，设定该区域长为 3600mil，宽为 1100mil，最后得到的矩形区域如图 7-63 所示。

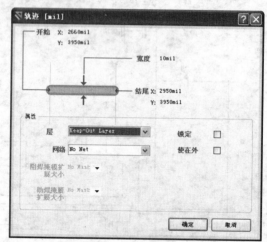

图 7-62　"轨迹"对话框

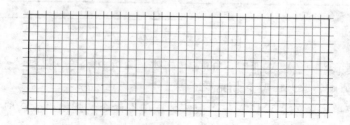

图 7-63　规定好的禁止布线区域

（14）选择菜单栏中的"设计"→"Import Changes From 停电报警器.PrjPcb（从停电报警器.PrjPcb 输入变化）"命令，弹出"工程更改顺序"对话框。在该对话框中单击"生效更改"按钮对所有的元件封装进行检查，在检查全部通过后，单击"执行更改"按钮将所有的元件封装加载到 PCB 文件中去，如图 7-64 所示。最后，单击"关闭"按钮退出对话框。在 PCB 图纸中可以看到，加载到 PCB 文件中的元件封装如图 7-65 所示。

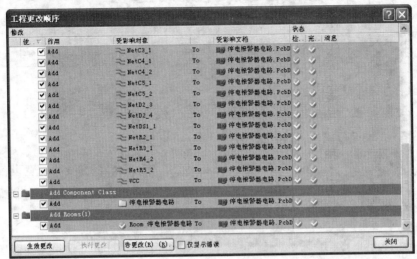

图 7-64 "工程更改顺序"对话框

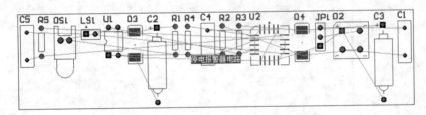

图 7-65 加载到PCB文件中的元件封装

（15）对元件先进行手动布局，与原理图中元件的布局一样，用拖动的方法来移动元件的位置。为了使多个电阻摆放整齐，可以将 5 个电阻的封装全部选中，然后单击"对齐"工具面板中的▥（上对齐）按钮，将 5 个电阻元件上对齐。PCB 布局完成后的效果如图 7-66 所示。

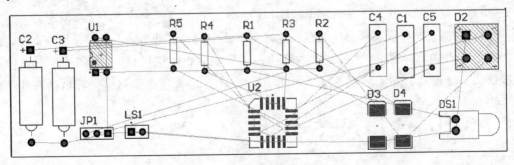

图 7-66 PCB布局完成后的效果

（16）单击主窗口工作区左下角的 Top Layer（顶层）标签，切换到顶层，然后单击"连线"工具栏中的 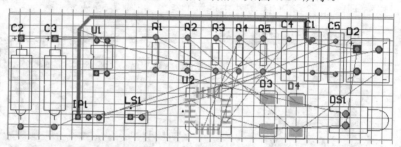（交互式布线连接）按钮，光标变成十字形，移动光标到 C1 的一个焊盘上，单击确定导线的起点，拖曳鼠标绘制出一条直线，一直到导线另一端元件 JP1 的焊盘处，先单击确定导线的转折点，再单击确定导线的终点，如图 7-67 所示。

图 7-67　在顶层绘制一条导线

（17）双击绘制的导线，弹出"轨迹"对话框。在该对话框中将导线的线宽设置为 30mil。另外，选中"锁定"复选框，还要确定导线所在的板层为 Top Layer（顶层），如图 7-68 所示，最后单击"确定"按钮退出对话框。

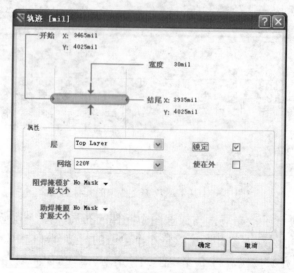

图 7-68　"轨迹"对话框

（18）用同样的操作，手动绘制电源线和地线，并将已经绘制的导线全部锁定。

（19）对其余的导线进行自动布线。选择菜单栏中的"自动布线"→"全部"命令，弹出"Situs 布线策略（布线位置策略）"对话框，在该对话框中选择 Default 2 Layer Board（双面板默认布线策略）布线规则，然后单击 Route All（所有线路）按钮进行自动布线，如图 7-69 所示。

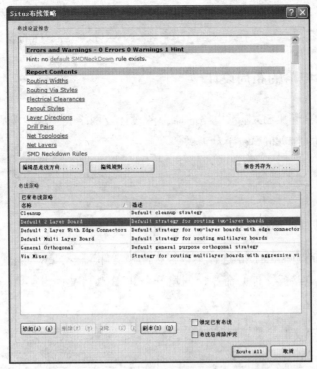

图 7-69　"Situs布线策略（布线位置策略）"对话框

（20）布线时在 Messages（信息）工作面板中会给出布线信息。完成布线后的 PCB 如图 7-70 所示，Messages（信息）面板中的布线信息如图 7-71 所示。

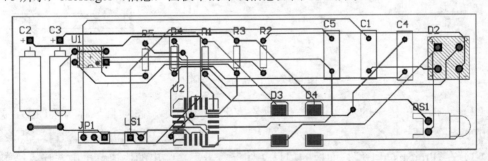

图 7-70　完成布线后的PCB

Class	Document	S...	Message	Time	Date	N..
S...	伴电报警...		Situs Starting Memory	上午 ...	2013...	5
S...	伴电报警...		Situs Completed Memory in 0 Seconds	上午 ...	2013...	6
S...	伴电报警...		Situs Starting Layer Patterns	上午 ...	2013...	7
S...	伴电报警...		Situs Completed Layer Patterns in 0 Seconds	上午 ...	2013...	8
S...	伴电报警...		Situs Starting Main	上午 ...	2013...	9
R...	伴电报警...		Situs Calculating Board Density	上午 ...	2013...	10
S...	伴电报警...		Situs Completed Main in 0 Seconds	上午 ...	2013...	11
S...	伴电报警...		Situs Starting Completion	上午 ...	2013...	12
S...	伴电报警...		Situs Completed Completion in 0 Seconds	上午 ...	2013...	13
S...	伴电报警...		Situs Starting Straighten	上午 ...	2013...	14
S...	伴电报警...		Situs Completed Straighten in 0 Seconds	上午 ...	2013...	15
R...	伴电报警...		Situs 37 of 37 connections routed (100.00%) in 0 Sec...	上午 ...	2013...	16
S...	伴电报警...		Situs Routing finished with 0 contentions(s). Faile...	上午 ...	2013...	17

图 7-71　Messages（信息）面板

（21）选择菜单栏中的工程"→ Compile PCB Project（编译 PCB 工程）命令，对整个设计工程进行编译。完成之后保存所做的工作，整个停电报警器工程的设计工作便完成了。

7.6.2 LED 显示电路的布局设计

完成如图 7-72 所示 LED 显示电路的原理图设计及网络表生成，然后完成电路板外形尺寸设定，实现元件的自动布局及手动调整。

 绘制步骤

1. 新建项目并创建原理图文件

（1）启动 Altium Design 13，选择菜单栏中的"文件"→ New（新建）→Project（工程）→PCB 工程（印制电路板文件）命令，创建一个 PCB 项目文件。

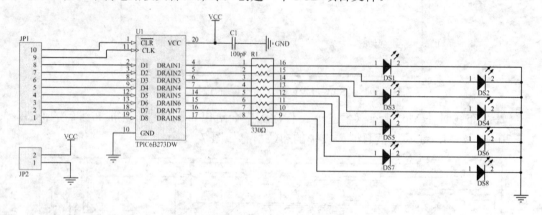

图 7-72　LED显示电路原理图

（2）选择菜单栏中的"文件"→"保存工程为"命令，将项目另存为"LED 显示电路.PrjPcb"。

（3）在 Projects（工程）面板的项目文件上右击，在弹出的快捷菜单中选择"给工程添加新的"面板"→ Schematic（原理图）命令，新建一个原理图文件，并自动切换到原理图编辑环境。

（4）用保存项目文件的方法，将该原理图文件另存为"LED 显示原理图.SchDoc"。

（5）设计完成如图 7-72 所示的原理图。

（6）在原理图编辑环境下，选择菜单栏中的"设计"→"工程的网络表"→ Protel（产生 Protel 格式的网络表）命令，生成一个对应于 LED 显示电路原理图的网络表，如图 7-73 所示。

图 7-73　LED显示电路原理图的网络表

（7）在 Projects（工程）面板的项目文件上右击，在弹出的快捷菜单中选择"给工程添加新的"面板"→ PCB（新建 PCB 文件）命令，新建一个 PCB 电路板文件，并自动切换到 PCB 编辑环境。保存 PCB 文件为"LED 显示电路.PcbDoc"。

2．规划电路板

（1）在 PCB 编辑器中，选择菜单栏中的"设计"→"层叠管理"命令，系统将弹出"层堆栈管理器"对话框。在该对话框中单击"菜单"按钮，在弹出的"菜单"菜单中单击"实例层堆栈"→"两层 (Non-Plated)"命令，如图 7-74 所示，即可将电路板类型设置为双面板。

（2）在机械层绘制一个 2000mil×1500mil 大小的矩形框作为电路板的物理边界，然后切换到禁止布线层。在物理边界绘制一个 1900mil×1400mil 大小的矩形框作为电路板的电气边界，两边界之间的间距为 50mil。

（3）重新定义电路板的外形。选择菜单栏中的"设计"→"板子形状"→"重新定义板形"命令，然后沿着步骤（2）中定义的物理边界绘制出电路板的边界，即可将电路板的外形定义为物理边界的大小。

（4）放置电路板的安装孔。在电路板四角的适当位置放置 4 个内外径均为 3mm 的焊盘充当安装孔。电路板外形如图 7-75 所示。

（5）设置图纸区域的栅格参数。选择菜单栏中的"设计"→"板参数选项"命令，系统将弹出"板选项"对话框。在该电路板中，按图 7-76 所示的参数设置电路板工作窗口中的栅格参数。设置完毕后单击"确定"按钮。

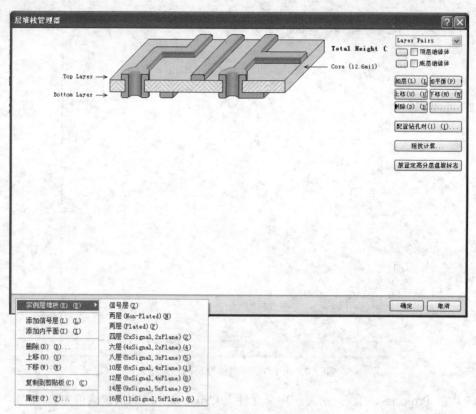

图 7-74 "层堆栈管理器"对话框

图 7-75 电路板外形

图 7-76 设置电路板工作窗口中的栅格参数

3. 加载网络表与元件

由于 Altium Designer 13 实现了真正的双向同步设计，在 PCB 电路设计过程中，用户可以不生成网络表，而直接将原理图内容传输到 PCB。

（1）在原理图编辑环境下，选择菜单栏中的"设计"→"Update PCB Document LED 显示原理图.PcbDoc"（更新 PCB 文件）命令，系统将弹出"工程更改顺序"对话框。

（2）单击"生效更改"按钮，系统会逐项检查所提交修改的有效性，并在"状态"栏的"检查"选项中显示装入的元件是否正确，正确的标识为 ✅，错误的标识为 ❌。如果出现错误，一般是找不到元件对应的封装。这时应该打开相应的原理图，检查元件封装名是否正确或添加相应的元件封装库，进行相应处理。

（3）若元件封装和网络都正确，单击"执行更改"按钮，"工程更改顺序"对话框刷新为如图 7-77 所示。工作区已经自动切换到 PCB 编辑状态，单击"关闭"按钮，关闭该对话框。电路板加载了网络表与元件封装，如图 7-78 所示。

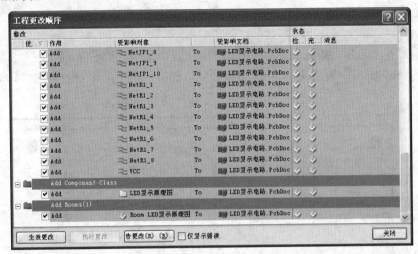

图 7-77　执行更新命令后的"工程更改顺序"对话框

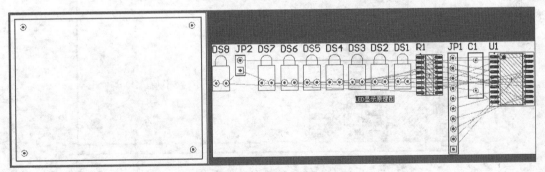

图 7-78　载入网络表与元件封装

4．元件布局

加载网络表及元件封装之后，必须将这些元件按一定规律与次序排列在电路板中，此时可利用元件布局功能。

（1）二极管的预布局。将 8 个二极管移至电路板边缘，如图 7-79 所示。

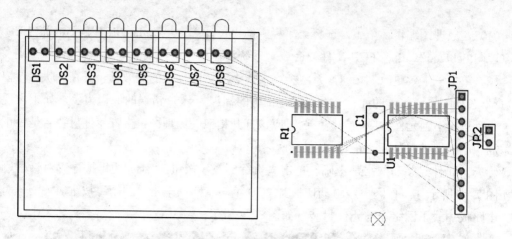

图 7-79 二极管布局

（2）锁定 8 个二极管，然后选择菜单栏中的"工具"→"器件布局"→"自动放置"命令，自动布局结果如图 7-80 所示。自动布局后，还需要用手动调整的方式优化调整部分元件的位置。

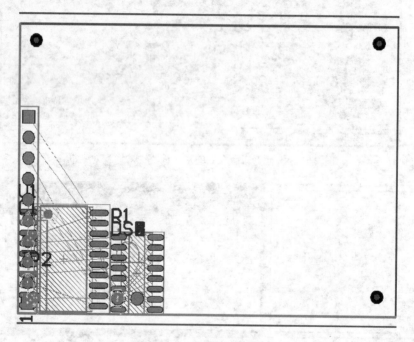

图 7-80 自动布局结果

（3）调整元件布局。通过移动元件、旋转元件、排列元件、调整元件标注及剪切复制元件等命令，将滤波电容尽量移至元件 U1 附近，然后将插接件 JP1 和 JP2 移至电路板边缘。手动调整元件布局后的 PCB 布局如图 7-81 所示。

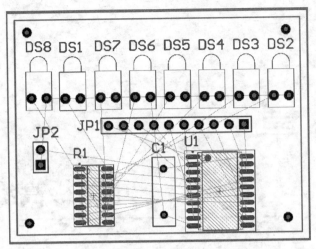

图 7-81　手动调整元件布局后的PCB布局

5. 查看 PCB 效果图并进行网络密度分析

布局完毕后，通过系统生成的 3D 效果图可以直观地查看视觉效果。

（1）选择菜单栏中的"工具"→"遗留工具"→"3D 显示"命令，系统将生成当前 PCB 的 3D 效果图并将其加入到该项目同时自动打开，如图 7-82 所示。

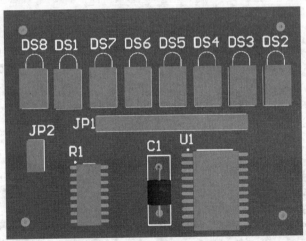

图 7-82　LED显示电路的 3D效果图

（2）在 PCB 编辑器中，选择菜单栏中的"工具"→"密度图"命令，系统将对当前 PCB 文件自动执行密度分析。

（3）按 End 键刷新视图，或者通过单击文件标签切换到其他编辑器视图中，即可恢复到普通 PCB 文件视图中。从密度分析生成的密度指示图中可以看出，该 PCB 布局密度较低。

第 8 章

电路板高级编辑

∙∙∙∙∙∙∙∙

在 PCB 设计的最后阶段，要通过设计规则检查来进一步确认 PCB 设计的正确性。完成了 PCB 工程的设计后，就可以进行各种文件的整理和汇总。本章将介绍不同类型文件的生成和输出操作方法，包括报表文件、PCB 文件和 PCB 制造文件等。用户通过本章内容的学习，会对 Altium Designer 13 形成更加系统的认识。

8.1   PCB 设计规则

对于 PCB 的设计，Altium Designer 13 提供了 10 种不同的设计规则，这些设计规则涉及到 PCB 设计过程中导线的放置、导线的布线方法、元器件放置、布线规则、元器件移动和信号完整性等方面。Altium Designer 13 系统将根据这些规则进行自动布局和自动布线。在很大程度上，布线能否成功和布线质量的高低取决于设计规则的合理性，也依赖于用户的设计经验。

对于具体的电路需要采用不同的设计规则，若用户设计的是双面板，很多规则可以采用系统默认值，系统默认值就是对双面板进行设置的。

8.1.1   设计规则概述

在 PCB 编辑环境中，选择菜单栏中的"设计"→"规则"命令，系统弹出"PCB 规则及约束编辑器"对话框，如图 8-1 所示。

该对话框左侧显示的是设计规则的类型，共有 10 项设计规则，包括 Electrical（电气设计规则）、Routing（布线设计规则）、SMT（表面贴片元器件设计规则）、Mask（阻焊层设计规则）、Plane（内电层设计规则）、Testpoint（测试点设计规则）、Manufacturing（生产制造规则）、High Speed（高速信号相关规则）、Placement（元件放置规则）以及 Signal Integrity（信号完整性规则）等，右边则显示对应设计规则的设置属性。

在左侧列表栏内，单击鼠标右键，系统弹出一个快捷菜单，如图 8-2 所示。

该菜单中，各项命令的意义如下：

（1）新规则：用于建立新的设计规则。

（2）重复的规则：用于建立重复的设计规则。

（3）删除规则：用于删除所选的设计规则。

（4）报告：用于生成 PCB 规则报表，将当前规则以报表文件的方式给出。

（5）Export Rules：用于将当前规则导出，将以".rul"为后缀名导出。

（6）Import Rules：用于导入设计规则。

此外，在对话框的左下角还有两个按钮。

（1）<kbd>则向导(R) (R)</kbd>：用于启动规则向导，为 PCB 设计添加新的设计规则。

（2）<kbd>先权(P) (P)</kbd>：用于设置设计规则的优先级级别，单击该按钮，弹出"编辑规则优先权"
对话框，如图 8-3 所示。

图 8-1 "PCB规则及约束编辑器"对话框

图 8-2 快捷菜单　　　　　　　　图 8-3 "编辑规则优先权"对话框

在该对话框中列出了同一类型的所有规则，规则越靠上，说明优先级别越高。选中需要修改优先级别的规则后，单击对话框左下角的 增加优先权(I) (I) 按钮，可以提高该项的优先级；单击 减少优先权(D) (D) 按钮，可以降低该项的优先级。

8.1.2 电气设计规则

在"PCB 规则及约束编辑器"对话框的左侧列表框中单击 Electrical，打开电气设计规则列表，如图 8-4 所示。

图 8-4 电气设计规则

单击 Electrical 前面的"+"号将其展开后，可以看到它包括以下 4 个方面。

Clearance：安全距离设置。

Short Circuit：短路规则设置。

Un-Routed Net：未布网络规则设置。

Un-Connected Pin：未连接引脚规则设置。

1. Clearance（安全距离）设置

安全距离设置是 PCB 板在布置铜膜导线时，元器件焊盘与焊盘之间、焊盘与导线之间、导线与导线之间的最小距离，如图 8-5 所示。

在该对话框中有两个匹配对象区域： Where The First Object Matches（优先应用对象）和 Where The Second Object Matches（其次应用对象）选项区域，用户可以设置不同网络间安全距离。

在"约束"选项区域中的"最小间隔"文本框中可以输入设置安全距离的值。系统默认值为10mil。

图 8-5　安全距离设置

2. Short-Circuit（短路）规则设置

短路规则设置就是是否允许电路中有导线交叉短路，如图8-6所示。系统默认不允许短路，即取消选中"允许短电流"复选框。

图 8-6　短路规则设置

3．Un-Routed Net（未布线网络）规则设置

该规则用于检查网络布线是否成功，如果不成功，仍将保持用飞线连接，如图 8-7 所示。

图 8-7　未布线网络规则设置

4．Un- Connected Pin（未连接引脚）规则设置

该规则用于对指定的网络检查是否所有元器件的引脚都连接到网络，对于未连接的引脚，给予提示，显示为高亮状态。系统默认下无此规则，一般不设置。

8.1.3　布线设计规则

在"PCB 规则及约束编辑器"对话框的左侧列表框中单击 Routing（线路），打开布线设计规则列表，如图 8-8 所示。

单击 Routing 前面的"+"号将其展开后，可以看到它包括以下几个方面。

Width：导线宽度规则设置。

Routing Topology：布线拓扑规则设置。

Routing Rriority：布线优先级别规则设置。

Routing Layers：板层布线规则设置。

Routin Conners：拐角布线规则设置。

Routing Via Style：过孔布线规则设置。

Fanout Control：扇出式布线规则设置。

Diferential Pairs Routing：差分对布线规则设置。

图 8-8　布线设计规则

1．Width（导线宽度）规则设置

导线的宽度有三处值可以设置，分别是 Max Width（最大宽度）、Preferred Width（优选宽度）、Min Width（最小宽度），其中 Preferred Width 是系统在放置导线时默认采用的宽度值，如图 8-9 所示。系统对导线宽度的默认值为 10mil，单击每个项可以直接输入数值进行修改。

图 8-9　导线宽度规则设置

2. Routing Topology（布线拓扑）规则设置

拓扑规则定义是采用的布线的拓扑逻辑约束。Altium Designer 13 中常用的布线约束为统计最短逻辑规则，用户可以根据具体设计选择不同的布线拓扑规则，如图 8-10 所示。

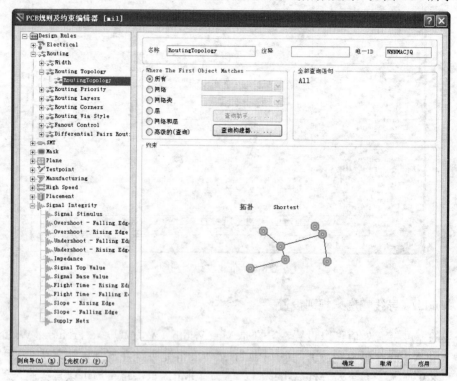

图 8-10　布线拓扑规则设置

单击"约束"栏中"拓扑"后面的下三角按钮，可以看到 Altium Designer 13 提供了以下几种布线拓扑规则。

1）Shortest（最短）规则设置

最短规则设置如图 8-11 所示。该选项表示在布线时连接所有节点的连线的总长度最短。

2）Horizontal（水平）规则设置

水平规则设置如图 8-12 所示。它表示连接节点的水平连线总长度最短，即尽可能选择水平走线。

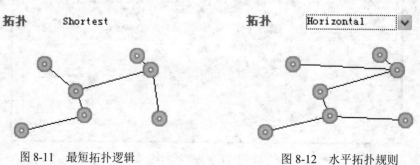

图 8-11　最短拓扑逻辑　　　　　　　　　图 8-12　水平拓扑规则

3）Vertical（垂直）规则设置

垂直规则设置如图 8-13 所示。它表示连接所有节点的垂直方向连线总长度最短，即尽可能选择垂直走线。

4）Daisy –Simple（简单链状）规则设置

简单链状规则设置如图 8-14 所示。它表示使用链式连通法则，从一点到另一点连通所有的节点，并使连线总长度最短。

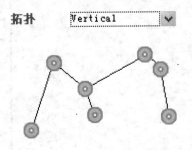 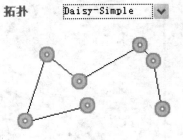

图 8-13　垂直拓扑规则　　　　　图 8-14　简单链状规则

5）Daisy-MidDriven（链状中点）规则设置

链状中点规则设置如图 8-15 所示。该规则选择一个中间点为 Source 源点，以它为中心向左右连通所有的节点，并使连线最短。

6）Daisy Balanced（链状平衡）规则设置

链状平衡规则设置如图 8-16 所示。它也是先选择一个源点，将所有的中间节点数目平均分成组，所有的组都连接在源点上，并使连线最短。

7）Star burst（星形）规则设置

星形规则设置如图 8-17 所示。该规则也是先选择一个源点，以星形方式去连接别的节点，并使连线最短。

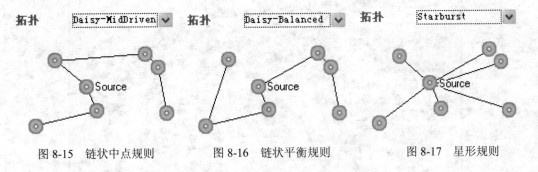

图 8-15　链状中点规则　　　　图 8-16　链状平衡规则　　　　图 8-17　星形规则

3. Routing Priority（布线优先级别）规则设置

该规则用于设置布线的优先级级别。单击"约束"栏中 Routing Priority（布线优先级别）后面的按钮，可以进行设置，设置的范围为 0~100，数值越大，优先级越高，如图 8-18 所示。

4．Routing Layers（板层布线）规则设置

该规则用于设置自动布线过程中允许布线的层面，如图 8-19 所示。这里设计的是双面板，允许两面都布线。

图 8-18　布线优先级规则设置

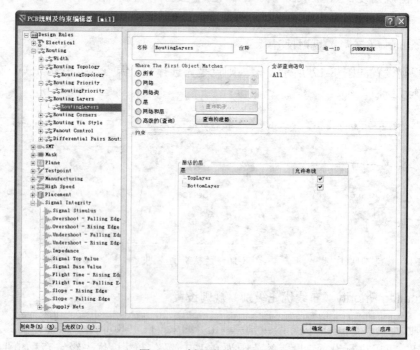

图 8-19　板层布线规则设置

5．Routing Corners（拐角布线）规则设置

该规则用于设置 PCB 走线采用的拐角方式，如图 8-20 所示。

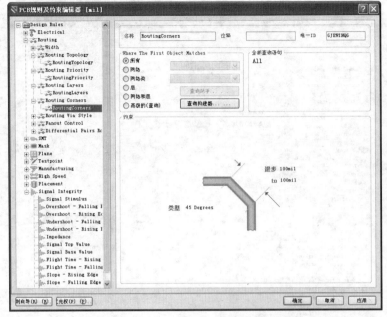

图 8-20　拐角布线规则设置

单击"约束"栏中"类型"后面的下三角按钮，可以选择拐角方式。布线的拐角有 45°拐角、90°拐角和圆形拐角三种，如图 8-21 所示。"退步"文本框用于设定拐角的长度，to 文本框用于设置拐角的大小。

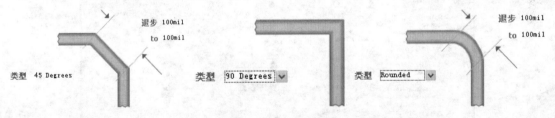

图 8-21　拐角设置

6．Routing Via Style（过孔布线）规则设置

该规则设置用于设置布线中过孔的尺寸，如图 8-22 所示。

在该对话框中可以设置"过孔直径"和"过孔孔径大小"，包括"最大的"、"最小的"和"首选的"。设置时需注意过孔直径和通孔直径的差值不宜太小，否则将不利于制板加工，合适的差值应该在 10mil 以上。

7．Fanout Control（扇出式布线）规则设置

扇出式布线规则设置用于设置表面贴片元器件的布线方式，如图 8-23 所示。

该规则中，系统针对不同的贴片元器件提供了 5 种扇出规则：Fanout_BGA、Fanout_LCC、

Fanout_SOIC、Fanout_Small（引脚数小于 5 的贴片元器件）、Fanout_Default。每种规则中的设置方法相同，在"约束"选项区域中提供了扇出风格、扇出方向、从焊盘扇出的方向以及过孔放置模式等选项，用户可以根据具体电路中的贴片元器件的特点进行设置。

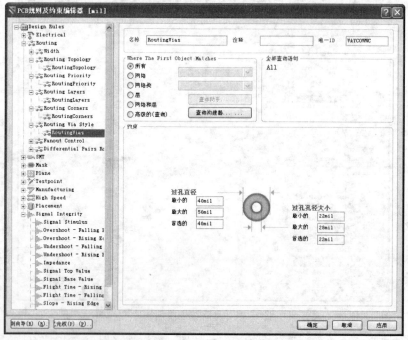

图 8-22　过孔布线规则设置

图 8-23　扇出式布线规则设置

8．Diferential Pairs Routing（差分对布线）规则设置

该规则设置用于设置差分信号的布线，如图 8-24 所示。

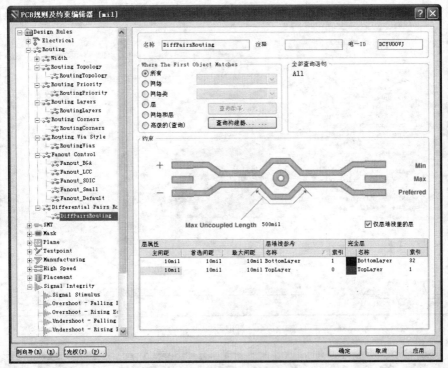

图 8-24　差分对布线规则设置

在该对话框中可以设置差分布线时的 Min Gap（最小间隙）、Max Gap（最大间隙）、Preferred Gap（最优间距）以及 Max Uncoupled Length（最大分离长度）等参数。一般情况下，差分信号走线要尽量短且平行、长度尽量一致，且间隙尽量小一些，根据这些原则，用户可以设置对话框中的参数值。

8.1.4　阻焊层设计规则

Mask（阻焊层）设计规则用于设置焊盘到阻焊层的距离，有如下几种规则。

1．Solder Mask Expansion（阻焊层延伸量）设置

该规则用于设计从焊盘到阻碍焊层之间的延伸距离。在电路板的制作时，阻焊层要预留一部分空间给焊盘。这个延伸量就是防止阻焊层和焊盘相重叠，如图 8-25 所示。用户可以在“扩充”后面设置延伸量的大小，系统默认值为 4mil。

2．Paste Mask Expansion（表面贴片元器件延伸量）设置

该规则设置表面贴片元器件的焊盘和焊锡层孔之间的距离，如图 8-26 所示。“扩充”设置项可以设置延伸量的大小。

图 8-25　阻焊层延伸量设置

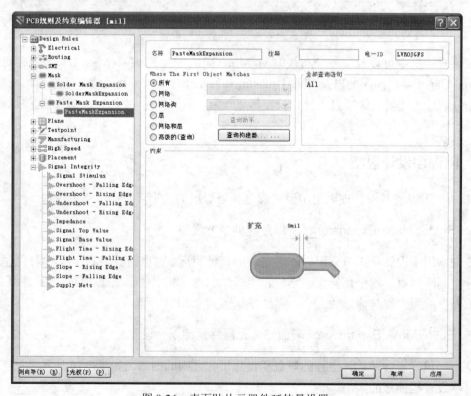

图 8-26　表面贴片元器件延伸量设置

8.1.5　内电层设计规则

Plane（内电层）设计规则用于多层板设计中，有如下几种设置规则。

1. Power Plane Connect Style（电源层连接方式）设置

电源层连接方式规则用于设置过孔到电源层的连接，如图 8-27 所示。

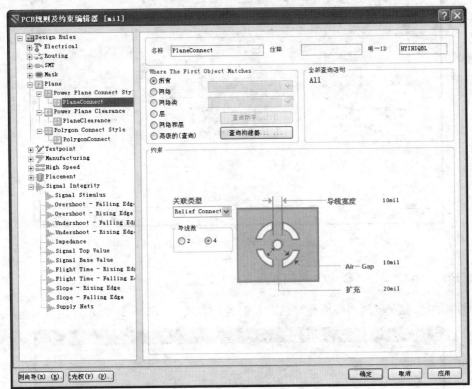

图 8-27　电源层连接方式设置

在"约束"选项区域中有 5 项设置项，分别是：

（1）关联类型：用于设置电源层和过孔的连接方式。在下拉列表中有三个选项可供选择：Relief Connect（发散状连接）、Direct Connect（直接连接）和 No Connect（不连接）。PCB 板中多采用发散状连接方式。

（2）导线宽度：用于设置导通的导线宽度。

（3）导线数：该复选框用于选择连通的导线的数目，有 2 条或 4 条导线供选择。

（4）Air-Gap：用于设置空隙的间隔宽度。

（5）扩充：用于设置从过孔到空隙的间隔之间的距离。

2. Power Plane Clearance（电源层安全距离）设置

该规则用于设置电源层与穿过它的过孔之间的安全距离，即防止导线短路的最小距离，如图 8-28 所示，系统默认值为 20mil。

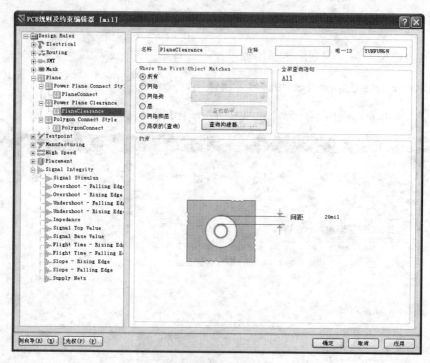

图 8-28　电源层安全距离设置

3. Polygon Connect Style（敷铜连接方式）设置

该规则用于设置多边形敷铜与焊盘之间的连接方式，如图 8-29 所示。

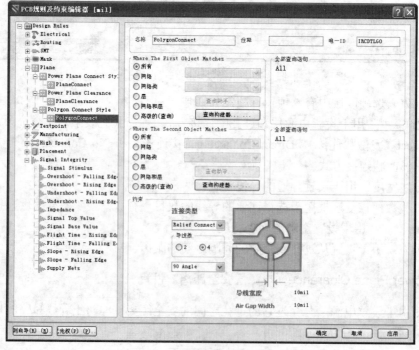

图 8-29　敷铜连接方式设置

该对话框中"连接类型"、"导线数"和"导线宽度"的设置与 Power Plane Connect Style（电源层连接方式）选项设置意义相同。此外，可以设置敷铜与焊盘之间的连接角度，有90°和45°两种可选。

8.1.6 测试点设计规则

Testpiont（测试点）设计规则用于设置测试点的形状、用法等，有如下几项设置。

1．Fabrication Testpoint （装配测试点）设置

用于设置测试点的形式，图 8-30 所示为该规则的设置界面。在该界面中可以设置测试点的形式和各种参数。为了方便电路板的调试，在 PCB 板上引入了测试点。测试点连接在某个网络上，形式和过孔类似，在调试过程中可以通过测试点引出电路板上的信号，可以设置测试点的尺寸以及是否允许在元件底部生成测试点等。

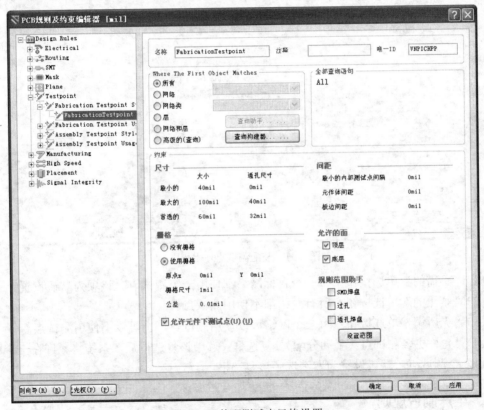

图 8-30　装配测试点风格设置

该对话框的"约束"选项区域中有如下选项：

（1）大小：用于设置测试点的大小。可以设置"最小的"、"最大的"和"首选的"。

（2）通孔尺寸：用于设置测试点的过孔的大小。可以设置 Min（最小值）、Max（最大值）和 Preferred（最优值）。

（3）栅格：用于设置测试点的网格大小。系统默认为 1mil。

（4）允许元件下测试点：该复选框用于选择是否允许将测试点放置在元器件下面。

（5）允许的面：该复选框用于选择可以将测试点放置在哪些层面上，有"顶层"、"底层"。

2. Fabrication TestPoint Usage （装配测试点使用规则）设置

用于设置测试点的使用参数，图 8-31 所示为该规则的设置界面。在该界面中可以设置是否允许使用测试点和同一网络上是否允许使用多个测试点。

图 8-31 装配测试点使用规则

（1）"必需的"单选按钮：每一个目标网络都使用一个测试点。该项为默认设置。

（2）"禁止的"单选按钮：所有网络都不使用测试点。

（3）"无所谓"单选按钮：每一个网络可以使用测试点，也可以不使用测试点。

（4）"允许更多测试点（手动分配）"复选框：选中该复选框后，系统将允许在一个网络上使用多个测试点。默认设置为取消选中该复选框。

8.1.7 生产制造规则

Manufacturing 根据 PCB 制作工艺来设置有关参数，主要用在在线 DRC 和批处理 DRC 执行过程中，其中包括 9 种设计规则。

（1）Minimum Annular Ring（最小环孔限制规则）：用于设置环状图元内外径间距下限，图 8-32 所示为该规则的设置界面。在 PCB 设计时引入的环状图元（如过孔）中，如果内径和外径之间的差很小，在工艺上可能无法制作出来，此时的设计实际上是无效的。通过该项设置可以检查出所有工艺无法达到的环状物。默认值为 10mil。

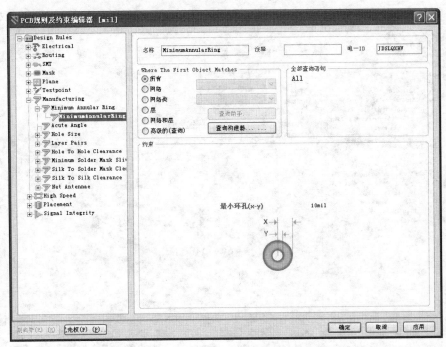

图 8-32　Minimum Annular Ring（最小环孔限制规则）设置界面

（2）Acute Angle（锐角限制规则）：用于设置锐角走线角度限制，图 8-33 所示为该规则的设置界面。在 PCB 设计时如果没有规定走线角度最小值，则可能出现拐角很小的走线，工艺上可能无法做到这样的拐角，此时的设计实际上是无效的。通过该项设置可以检查出所有工艺无法达到的锐角走线。默认值为 90°。

（3）Hole Size（钻孔尺寸设计规则）：用于设置钻孔孔径的上限和下限，图 8-34 所示为该规则的设置界面。与设置环状图元内外径间距下限类似，过小的钻孔孔径可能在工艺上无法制作，从而导致设计无效。通过设置通孔孔径的范围，可以防止 PCB 设计出现类似错误。

① "测量方法"选项：度量孔径尺寸的方法有 Absolute（绝对值）和 Percent（百分数）两种。默认设置为 Absolute（绝对值）。

② "最小的"选项：设置孔径的最小值。Absolute（绝对值）方式的默认值为 1mil，Percent（百分数）方式的默认值为 20%。

③ "最大的"选项：设置孔径的最大值。Absolute（绝对值）方式的默认值为 100mil，Percent（百分数）方式的默认值为 80%。

（4）Layer Pairs（工作层对设计规则）：用于检查使用的 Layer-pairs（工作层对）是否与当前的 Drill-pairs（钻孔对）匹配。使用的 Layer-pairs（工作层对）是由板上的过孔和焊盘决定的，Layer-pairs（工作层对）是指一个网络的起始层和终止层。该项规则除了应用于在线 DRC 和批处理 DRC 外，还可以应用在交互式布线过程中。设置界面中的 Enforce layer pairs settings（强制执行工作层对规则检查设置）复选框用于确定是否强制执行此项规则的检查。选中该复选框时，将始终执行该项规则的检查。

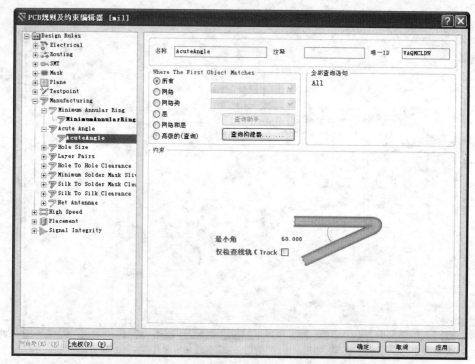

图 8-33 Acute Angle（锐角限制规则）设置界面

图 8-34 Hole Size（钻孔尺寸设计规则）设置界面

8.1.8 高速信号相关规则

High Speed 用于设置高速信号线布线规则，其中包括以下 6 种设计规则。

（1）Parallel Segment（平行导线段间距限制规则）：用于设置平行走线间距限制规则，图 8-35 所示为该规则的设置界面。在 PCB 的高速设计中，为了保证信号传输正确，需要采用差分线对来传输信号，与单根线传输信号相比可以得到更好的效果。在该对话框中可以设置差分线对的各项参数，包括差分线对的层、间距和长度等。

① Layer Checking（层检查）选项：用于设置两段平行导线所在的工作层面属性，有 Same Layer（位于同一个工作层）和 Adjacent Layers（位于相邻的工作层）两种选择。默认设置为 Same Layer（位于同一个工作层）。

② For a parallel gap of（平行线间的间隙）选项：用于设置两段平行导线之间的距离。默认设置为 10mil。

③ The parallel limit is（平行线的限制）选项：用于设置平行导线的最大允许长度（在使用平行走线间距规则时）。默认设置为 10000mil。

图 8-35　Parallel Segment（平行导线段间距限制规则）设置界面

（2）Length（网络长度限制规则）：用于设置传输高速信号导线的长度，图 8-36 所示为该规则的设置界面。在高速 PCB 设计中，为了保证阻抗匹配和信号质量，对走线长度也有一定的要求。在该对话框中可以设置走线的下限和上限。

① "最小的"选项：用于设置网络最小允许长度值。默认设置为 0mil。

② "最大的"选项：用于设置网络最大允许长度值。默认设置为 100000mil。

（3）Matched Net Lengths（匹配网络传输导线的长度规则）：用于设置匹配网络传输导线的长度，图 8-37 所示为该规则的设置界面。在高速 PCB 设计中通常需要对部分网络的导线进行匹配布线，在该界面中可以设置匹配走线的各项参数。

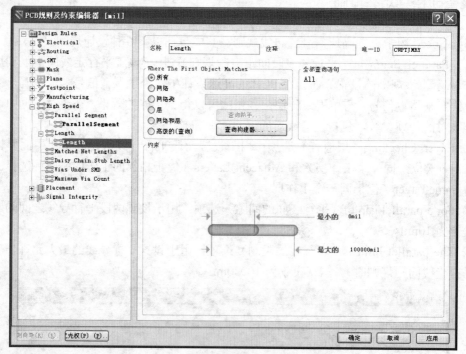

图 8-36　Length（网络长度限制规则）设置界面

图 8-37　Matched Net Lengths（匹配网络传输导线的长度规则）设置界面

在高频电路设计中要考虑到传输线的长度问题，传输线太短将产生串扰等传输线效应。

该项规则定义了一个传输线长度值，将设计中的走线与此长度进行比较，当出现小于此长度的走线时，选择菜单栏中的"工具"→"网络等长"命令，系统将自动延长走线的长度以满足此处的设置需求。默认设置为 1000mil。

（4）Daisy Chain Stub Length（菊花状布线主干导线长度限制规则）：用于设置 90°拐角和焊盘的距离，图 8-38 所示为该规则的设置示意图。在高速 PCB 设计中，通常情况下为了减少信号的反射是不允许出现 90°拐角的，在必须有 90°拐角的场合中将引入焊盘和拐角之间距离的限制。

（5）Vias Under SMD（SMD 焊盘下过孔限制规则）：用于设置表面安装元件焊盘下是否允许出现过孔，图 8-39 所示为该规则的设置示意图。在 PCB 中需要尽量减少表面安装元件焊盘中引入过孔，但是在特殊情况下（如中间电源层通过过孔向电源引脚供电）可以引入过孔。

（6）Maximum Via Count（最大过孔数量限制规则）：用于设置布线时过孔数量的上限。默认设置为 1000。

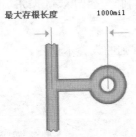

图 8-38　设置菊花状布线主干导线长度限制规则

图 8-39　设置SMD焊盘下过孔限制规则

8.1.9　元件放置规则

Placement 用于设置元件布局的规则。在布线时可以引入元件的布局规则，这些规则一般只在对元件布局有严格要求的场合中使用。

前面章节已经有详细介绍，这里不再赘述。

8.1.10　信号完整性规则

Signal Integrity 用于设置信号完整性所涉及的各项要求，如对信号上升沿、下降沿等的要求。这里的设置会影响到电路的信号完整性仿真，下面对其进行简单介绍。（1）Signal Stimulus（激励信号规则）：如图 8-40 所示为该规则的设置示意图。激励信号的类型有 Constant Level（直流）、Single Pulse（单脉冲信号）、Periodic Pulse（周期性脉冲信号）三种。还可以设置激励信号初始电平（低电平或高电平）、开始时间、终止时间和周期等。

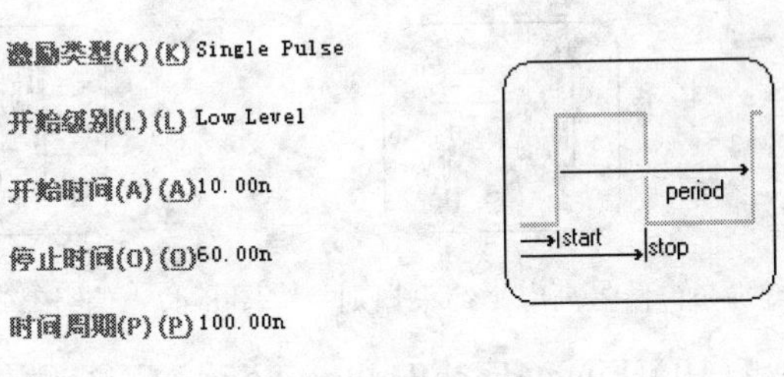

图 8-40　激励信号规则

（2）Overshoot-Falling Edge（信号下降沿的过冲约束规则）：如图 8-41 所示为该项的设

置示意图。

（3）Overshoot- Rising Edge（信号上升沿的过冲约束规则）：如图 8-42 所示为该项的设置示意图。

图 8-41　信号下降沿的过冲约束规则　　　　图 8-42　信号上升沿的过冲约束规则

（4）Undershoot-Falling Edge（信号下降沿的反冲约束规则）：如图 8-43 所示为该项的设置示意图。

（5）Undershoot-Rising Edge（信号上升沿的反冲约束规则）：如图 8-44 所示为该项的设置示意图。

（6）Impedance（阻抗约束规则）：如图 8-45 所示为该规则的设置示意图。

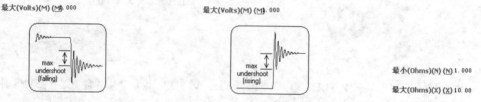

图 8-43　信号下降沿的反冲约束规则　　图 8-44　信号上升沿的反冲约束规则　　图 8-45　阻抗约束规则

（7）Signal Top Value（信号高电平约束规则）：用于设置高电平的最小值。如图 8-46 所示为该项的设置示意图。

（8）Signal Base Value（信号基准约束规则）：用于设置低电平的最大值。如图 8-47 所示为该项的设置示意图。

（9）Flight Time-Rising Edge（上升沿的上升时间约束规则）：如图 8-48 所示为该规则的设置示意图。

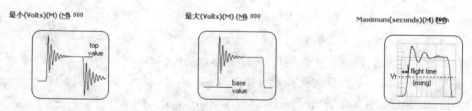

图 8-46　信号高电平约束规则　　图 8-47　信号基准约束规则　　图 8-48　上升沿的上升时间约束规则

（10）Flight Time-Falling Edge（下降沿的下降时间约束规则）：如图 8-49 所示为该规则的设置示意图。

（11）Slope-Rising Edge（上升沿斜率约束规则）：如图 8-50 所示为该规则的设置示意图。

（12）Slope-Falling Edge（下降沿斜率约束规则）：如图 8-51 所示为该规则的设置示意图。

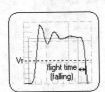
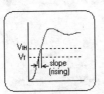
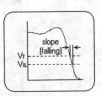

图 8-49 　下降沿的下降时间约束规则　　图 8-50 　上升沿斜率约束规则　图 8-51 　下降沿斜率约束规则

（13）Supply Nets：用于提供网络约束规则。

从以上对 PCB 布线规则的说明可知，Altium Designer 13 对 PCB 布线做了全面规定。这些规定只有一部分运用在元件的自动布线中，而所有规则将运用在 PCB 的 DRC 检测中。在对 PCB 手动布线时可能会违反设定的 DRC 规则，在对 PCB 板进行 DRC 检测时将检测出所有违反这些规则的地方。

8.2　建立覆铜、补泪滴及包地

完成了 PCB 板的布线以后，为了加强 PCB 板的抗干扰能力，还需要一些后续工作，如建立覆铜、补泪滴以及包地等。

8.2.1　建立覆铜

1．启动建立覆铜命令

（1）选择菜单栏中的"放置"→"多边形覆铜"命令。
（2）单击工具栏中的 ▦ （放置多边形覆铜）按钮。
（3）使用快捷键 P+G。

2．建立覆铜

启动命令后，系统弹出覆铜属性设置对话框，如图 8-52 所示。
该对话框中，各项参数的意义如下：

1）"填充模式"选项区域

该选项区域有用于选择覆铜的填充模式，有三个单选按钮：Solid（Copper Regions）实心填充，即覆铜区域内为全部铜填充；Hatched（Tracks/Arcs）影线化填充，即向覆铜区域填充网格状的覆铜；None（Outlines Only）无填充，即只保留覆铜边界，内部无填充。

（1）Solid（Copper Regions）：该模式需要设置的参数如图 8-52 所示。需要设置的参数有 Remove Islands Less Than 删除岛的面积限制值、Arc Approximation 围绕焊盘的圆弧近似值和 Remove Necks When Copper Width Less Than 删除凹槽的宽度限制值。

图 8-52　覆铜属性设置对话框

（2）Hatched（Tracks/Arcs）：该模式需要设置的参数如图 8-53 所示。

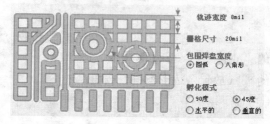

图 8-53　Hatched（Tracks/Arcs）模式参数设置

需要设置的参数有轨迹宽度、栅格尺寸、包围焊盘宽度以及孵化模式等。

（3）None（Outlines Only）：该模式需要设置的参数如图 8-54 所示。

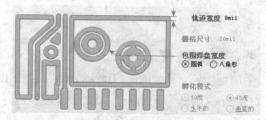

图 8-54　None（Outlines Only）模式参数设置

需要设置的参数有轨迹宽度、栅格尺寸、包围焊盘宽度等。

2）"属性"选项区域

该选项区域用于设置覆铜所在的层面、最小图元的长度和是否锁定覆铜。

3）"网络选项"选项区域

"链接到网络"：用于设置覆铜所要连接到的网络。

（1）Not Net（不连接网络）：不连接到任何网络。

（2）Don't Pour Over Same Net Objects（覆铜不与同网络的图元）：用于设置覆铜的内部填充不与同网络的对象相连。

（3）Pour Over Same Net Polygons Only（覆铜只与同网络的边界相连）：用于设置覆铜的内部填充只与覆铜边界线及同网络的焊盘相连。

（4）Pour Over All Same Net Objects（覆铜与同网络的任何图元相连）：用于设置覆铜的内部填充与同网络的所有对象相连。

（5）Remove Dead Copper（死铜移除）：若选中该复选框，则可以删除没有连接到指定网络对象上的封闭区域内的覆铜。

设置好对话框中的参数以后，单击 确定 按钮，光标变成十字形，即可放置覆铜的边界线。其放置方法与放置多边形填充的方法相同。在放置覆铜边界时，可以通过按空格键切换拐角模式，有4种：直角模式、45°或90°角模式、90°角模式和任意角模式。

这里对完成布线的看门狗电路建立覆铜，在覆铜属性设置对话框中，选择影线化填充，45°填充模式，链接到网络GND，层面设置为 Top Layer，且选中"死铜移除"复选框，其设置如图8-55所示。

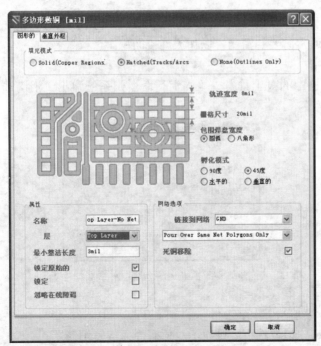

图 8-55　设置参数

设置完成后，单击 确定 按钮，光标变成十字形。用光标沿 PCB 板的电气边界线绘制出一个封闭的矩形，系统将在矩形框中自动建立顶层的覆铜。采用同样的方式，为 PCB 板的 Bottom Layer（底层）层建立覆铜。覆铜后的 PCB 板如图8-56所示。

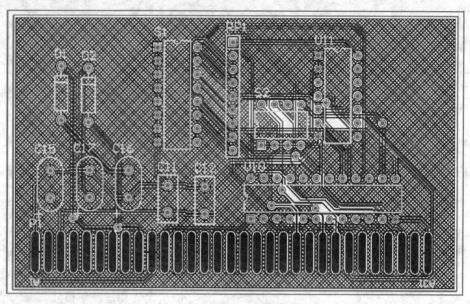

图 8-56　覆铜后的PCB板

8.2.2　补泪滴

泪滴就是导线和焊盘连接处的过渡段。在 PCB 板制作过程中，为了加固导线和焊盘之间连接的牢固性，通常需要补泪滴，以加大连接面积。

其具体步骤如下：

（1）选择菜单栏中的"工具"→"滴泪"命令，系统弹出"泪滴选项"对话框，如图 8-57 所示。

图 8-57　"泪滴选项"对话框

1）"通用"选项区域

（1）焊盘：若选中该复选框，则表示对所有焊盘放置泪滴。

（2）过孔：若选中该复选框，则表示对所有过孔放置泪滴。

（3）仅选择对象：若选中该复选框，则表示只对选取的对象的焊盘和过孔放置泪滴。

（4）强迫泪滴：若选中该复选框，则表示忽略规则约束，强制为焊盘或过孔放置泪滴。

（5）创建报告：若选中该复选框，则表示建立报告文。

2）"行为"选项区域

（1）添加：选中表示添加泪滴。

（2）删除：选中表示删除泪滴。

3）"泪滴类型"选项区域

用于设置泪滴的形状。

（1）Arc（圆弧）：补泪滴前为图 8-58。泪滴的形状为圆弧形，如图 8-59 所示。

（2）线：泪滴的形状为直线形，如图 8-60 所示。

图 8-58　补泪滴前	图 8-59　Arc（圆弧）形状泪滴	图 8-60　"线"形泪滴

（2）设置完成后，单击 确定 按钮，系统自动按设置放置泪滴。

8.2.3　包地

所谓包地，就是用接地的导线将一些导线包起来。在 PCB 设计过程中，为了增强板的抗干扰能力经常采用这种方式。具体步骤如下：

（1）选择菜单栏中的"编辑"→"选中"→"网络"命令，光标变成十字形。移动光标到 PCB 图中，单击需要包地的网络中的一根导线，即可将整个网络选中。

（2）选择菜单栏中的"工具"→"描画选择对象的外形"命令，系统自动为选中网络的进行包地。在包地时，有时会由于包地线与其他导线之间的距离小于设计规则中设定的值，影响到其他导线，被影响的导线会变成绿色，需要手工调整。

8.3　距离测量

在 PCB 设计过程中，经常需要进行距离的测量，如两点间的距离、两个元素之间的距离等。Altium Designer 13 系统专门提供了一些测量命令，用于测量距离。

8.3.1　两元素间距离测量

两个元素之间，例如两个焊盘之间的距离，测量方法如下：

（1）选择菜单栏中的"报告"→"测量"命令，光标变成十字形，分别单击需要测量距离的两个焊盘，系统弹出一个距离信息对话框，如图 8-61 所示。

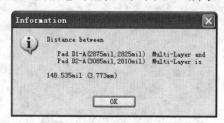

图 8-61　距离信息对话框

在该对话框中，显示了两个焊盘之间的距离。

（2）单击 OK 按钮后，系统仍处于测量状态，可继续进行测量，也可单击鼠标右键退出。

8.3.2　两点间距离测量

测量方法如下：

（1）选择菜单栏中的"报告"→"测量距离"命令，光标变成十字形。移动鼠标，单击需要测量的两点，系统弹出距离信息对话框，如图 8-62 所示。

图 8-62　距离信息对话框

在该对话框中，显示了两点间的距离。

（2）单击 OK 按钮后，系统仍处于测量状态，可继续进行测量，也可单击鼠标右键退出。

8.3.3　导线长度测量

图 8-63　长度信息对话框

测量导线长度的方法如下：

首先选取需要测量长度的导线，然后选择菜单栏中的"报告"→"测量选择对象"命令，系统弹出长度信息对话框，如图 8-63 所示。在该对话框中，显示了所选导线的长度。

8.4　PCB 板的输出

8.4.1　设计规则检查（DRC）

电路板设计完成之后，为了保证设计工作的正确性，还需要进行设计规则检查，如元器件的布局、布线等是否符合所定义的设计规则。Altium Designer 13 提供了设计规则检查功能

（Design Rule Check，DRC），可以对 PCB 板的完整性进行检查。

选择菜单栏中的"工具"→"设计规则检查"命令，弹出"设计规则检测"对话框，如图 8-64 所示。

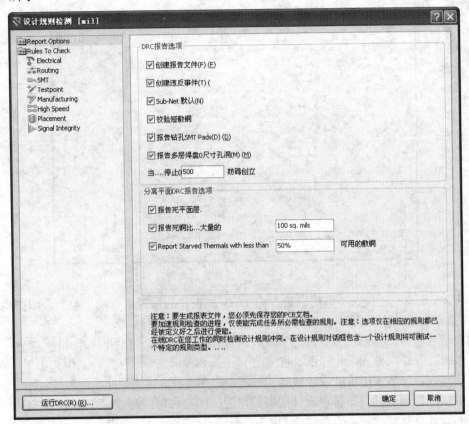

图 8-64　"设计规则检测"对话框

该对话框中左侧列表栏是设计项，右侧列表为具体的设计内容。

1. Report Options（报告选项）选项卡

用于设置生成的 DRC 报表的具体内容，由 Create Report File（建立报表文件）、Create Violations（建立违规的项）、Sub-Net Details（子网络的细节）、Internal Plane Warnings（内部平面警告）以及 Verify Shorting Copper（检验短路铜）等选项来决定。选项 Stop when violations found 用于限定违反规则的最高选项数，以便停止报表的生成。一般都保持系统的默认选择状态。

2. Rules To Check（规则检查）选项卡

该选项卡中列出了所有的可进行检查的设计规则，这些设计规则都是在 PCB 设计规则和约束对话框里定义过的设计规则，如图 8-65 所示。

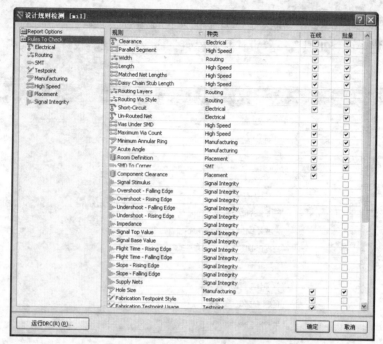

图 8-65　选择设计规则选项

其中，"在线"选项表示该规则是否在 PCB 板设计的同时进行同步检查，即在线 DRC 检查。"批量"选项表示在运行 DRC 检查时要进行检查的项目。

对要进行检查的规则设置完成之后，在"设计规则检测"对话框中单击 运行DRC(R)(R)... 按钮，系统进行规则检查。此时系统将弹出 Messages（信息）对话框，其中列出了所有违反规则的信息项。包括所违反的设计规则的种类、所在文件、错误信息、序号等。同时在 PCB 电路图中以绿色标志标出不符合设计规则的位置。用户可以回到 PCB 编辑状态下相应位置对错误的设计进行修改后，重新运行 DRC 检查，直到没有错误为止。

DRC 设计规则检查完成后，系统将生成设计规则检查报告，如图 8-66 所示。

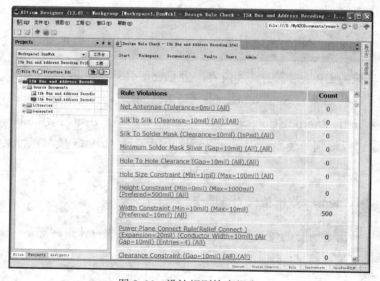

图 8-66　设计规则检查报告

8.4.2 生成电路板信息报表

PCB 板信息报表对 PCB 板的信息进行汇总报告。其生成方法如下：

选择菜单栏中的"报告"→"板子信息"命令，打开"PCB 信息"对话框，如图 8-67 所示。

图 8-67 "PCB信息"对话框

在该对话框中有三个选项卡。

1."通用"选项卡

该选项卡中，显示了 PCB 板上的各类对象，如焊盘、导线、过孔等的总数，以及电路板的尺寸和 DRC 检查违反规则的数量等。

2."器件"选项卡

单击"器件"标签，打开"器件"选项卡，如图 8-68 所示。

该选项卡中列出了当前 PCB 板上元器件的信息，包括元器件总数、各层放置的数目以及元器件序号等。

3."网络"选项卡

单击"网络"标签，打开"网络"选项卡，如图 8-69 所示。

图 8-68 "器件"选项卡

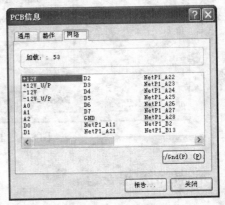

图 8-69 "网络"选项卡

该选项卡中，显示了当前 PCB 板中的网络信息。单击 /Gnd(P) (P) 按钮，弹出内电层信息对话框，如图 8-70 所示。

该对话框中列出了内电层所连接的网络、焊点等信息。对于双面板，该对话框中没有信息。在任一个选项卡中，单击 报告… 按钮，打开电路板报告设置对话框，如图 8-71 所示。

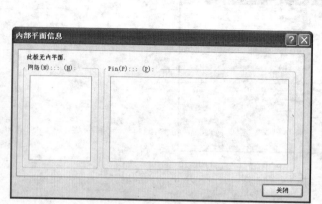

图 8-70　内电层信息对话框

图 8-71　电路板报告设置对话框

在该对话框中，选择需要生成的报表的项目。设置完成以后，单击 报告 按钮，系统自动生成 PCB 板信息报表，如图 8-72 所示。

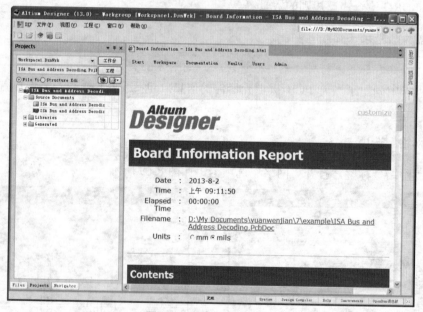

图 8-72　PCB板信息报表

8.4.3　元器件清单报表

选择菜单栏中的"报告"→ Bills of Materials（材料报表）命令，系统弹出元器件清单报表设置对话框，如图 8-73 所示。

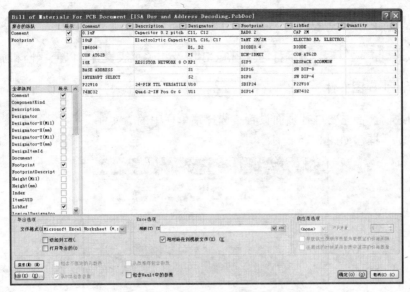

图 8-73 元器件清单报表设置对话框

对于此对话框的设置，与在第 4 章中讲的生成电路原理图的元器件清单报表基本相同，请参考前面所讲，在此不再介绍。

8.4.4 网络状态报表

网络状态报表主要用来显示当前 PCB 文件中的所有网络信息，包括网络所在的层面以及网络中导线的总长度。

选择菜单栏中的"报告"→"网络表状态"命令，系统生成网络状态报表，如图 8-74 所示。

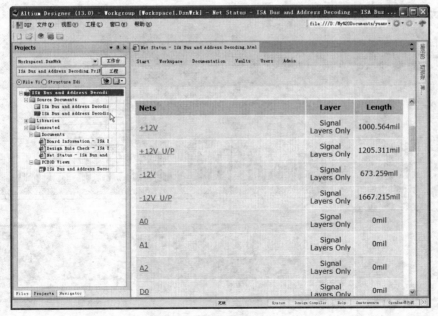

图 8-74 网络状态报表

8.4.5 PCB 图及报表的打印输出

PCB 板设计完成以后，可以打印输出 PCB 图及相关报表文件，以便存档和加工制作等。

1. 打印 PCB 图文件

在打印之前，首先要进行页面设置。选择菜单栏中的"文件"→"页面设置"命令，打开页面设置对话框，如图 8-75 所示。

图 8-75 页面设置对话框

设置完成后，单击 预览(V) 按钮，可以预览打印效果图，如图 8-76 所示。

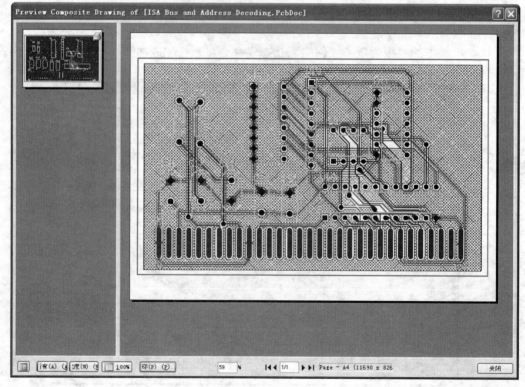

图 8-76 预览打印

预览满意后，单击 █打印(P)█ 按钮，即可将 PCB 图打印输出。

2．打印报表文件

对于报表文件，它们都是"*.html"格式文件，保存后可以直接打印输出。

8.5 综合实例

通过电路板信息报表，了解电路板尺寸、电路板上的焊点、导孔的数量及电路板上的元器件标号。而通过网络状态可以了解电路板中每一条网络的长度。

8.5.1 电路板信息及网络状态报表

设计要求：打开 master.PcbDoc 的 PCB 电路板图，如图 8-77 所示，完成电路板信息报表。电路板信息报表的作用在于给用户提供一个电路板的完整信息。

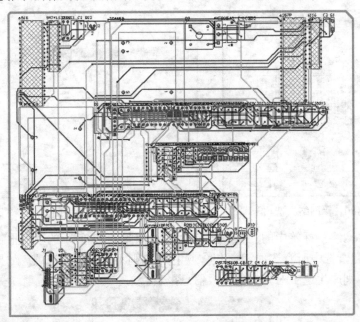

图 8-77　PCB电路板图

📽 绘制步骤

（1）选择菜单栏中的"报告"→"板子信息"命令，弹出如图 8-78 所示的对话框。

（2）单击如图 8-78 所示对话框的"通用"标签，显示电路板的大小、各个元件的数量、导线数、焊点数、导孔数、覆铜数和违反设计规则的数量等。

（3）单击如图 8-78 所示对话框的"器件"标签，显示当前电路板上使用的元件序号及元件所在的板层等信息，如图 8-79 所示。

（4）单击如图 8-78 所示对话框的"网络"标签，显示当前电路板中的网络信息，如

图 8-80 所示。

（5）单击 /Gnd(P) (P) 按钮，显示如图 8-81 所示的"内部平面信息"对话框。对于双面板，该信息框是空白的。

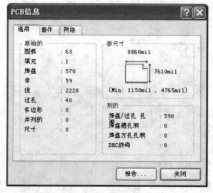

图 8-78　"PCB信息"对话框

图 8-79　"器件"选项卡

图 8-80　"网络"选项卡

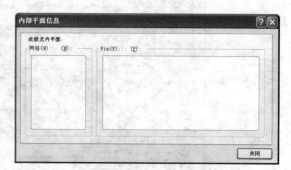

图 8-81　"内部平面信息"对话框

（6）单击"网络"标签中的 报告 按钮，显示如图 8-82 所示的"板报告"对话框。如果单击 打开(A) 按钮，选中所有选项，单击 关闭(O) 按钮，则不选中任何选项。如果选中"仅选择对象"复选框，则产生选中对象的电路板信息报表。

图 8-82　"板报告"对话框

（7）单击 [打开(A)] 按钮，选中所有选项。再单击 [报告...] 按钮，生成以".html"为后缀的报表文件。内容形式如图8-83所示。

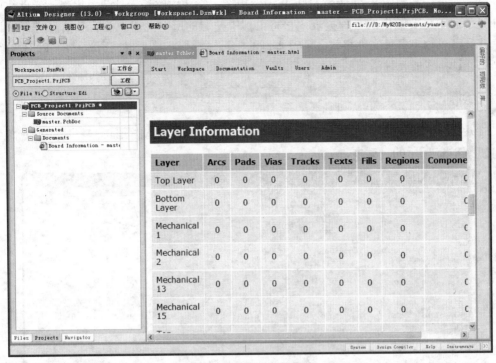

图 8-83　电路板信息报表

（8）选择菜单栏中的"报告"→"网络表状态"命令，生成以".html"为后缀的网络状态报表，如图8-84所示。

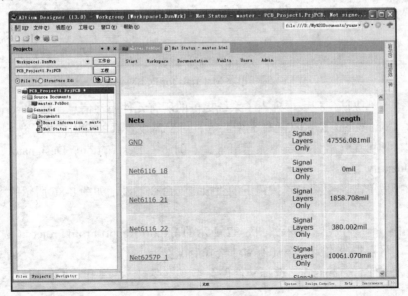

图 8-84　网络状态报表

8.5.2 电路板元件清单报表

设计要求：利用图 8-77 所示的 PCB 电路板图，完成电路板元件清单报表。元件清单是设计完成后首先要输出的一种报表，它将工程中使用的所有元器件的有关信息进行统计输出，并且可以输出多种文件格式。通过本例的学习，掌握和熟悉根据所设计的 PCB 电路板图产生各种格式的元件清单的报表。

 绘制步骤

（1）打开 PCB 文件，选择菜单栏中的"报告"→ Bill of Materials（材料清单）命令，弹出如图 8-85 所示的对话框。

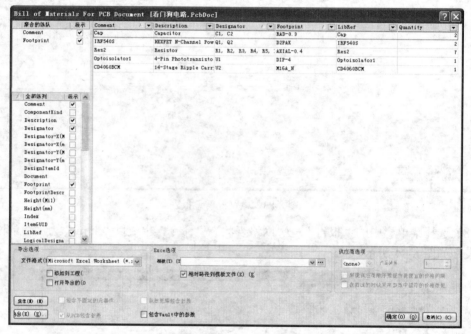

图 8-85　Bill of Materials for PCB对话框

（2）在"全部纵队"列表框列出了系统提供的所有元件属性信息，如 Description（元件描述信息）、Component Kind（元件类型）等。对于需要查看的有用信息，选中右边与之对应的复选框，即可在元器件报表中显示出来。本例选中 Description、Designator、Footprint、LibRef 和 Quantity 复选框。

（3）选择后单击 菜单(M)(M) 菜单按钮下的"报告"命令，显示如图 8-86 所示的"报告预览"对话框。

（4）单击 输出(E)(E) 按钮，显示如图 8-87 所示的 Export Report From Project（从工程输出报告）对话框。将报告导出为一个其他文件格式后保存。

（5）输入文件名为 master，选择文件保存类型为".xls"，单击 保存(S) 按钮返回到"报告预览"对话框。

（6）单击 打印(P)(P) 按钮，打印元器件清单。

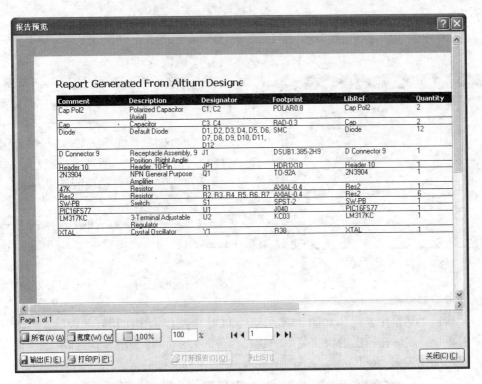

图 8-86 "报告预览"对话框

图 8-87 Export Report From Project对话框

8.5.3 PCB 图纸打印输出

设计要求：利用图 8-77 所示的 PCB 电路板图，完成图纸打印输出。通过本例的学习，掌握和熟悉根据所设计的 PCB 电路板图纸进行打印输出的方法和步骤。在进行打印机设置时包括打印机的类型设置、纸张大小的设置、电路图纸的设置。Altium Designer 13 提供了分层打印和叠层打印两种打印模式，观察两种输出的不同。

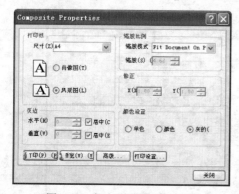
绘制步骤

（1）打开 PCB 文件。

（2）选择菜单栏中的"文件"→"页面设置"命令，系统将弹出如图 8-88 所示的打印页面设置对话框。

（3）在"打印纸"选项区域设置 A4 型号的纸张，打印方式设置为"风景图"（横放）。

（4）在"颜色设置"选项区域设置成"灰的"输出。

（5）在"缩放模式"列表框中选择 Fit Document On Page（缩放到适合图纸大小），其余各项不用设置。

图 8-88　打印页面设置对话框

（6）单击 高级... 按钮，打开如图 8-89 所示的打印层面设置对话框。

（7）在该对话框中，显示如图 8-77 所示的 PCB 电路板图中所用到的板层。右击图 8-89 中需要的板层，然后在弹出的快捷菜单中选择相应的命令，即可在进行打印时添加或者删除一个板层，如图 8-90 所示。

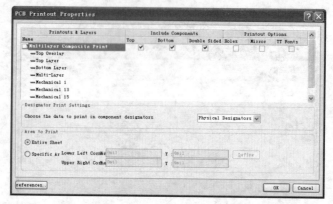

图 8-89　打印层面设置对话框

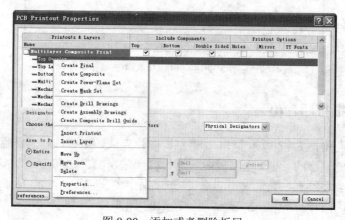

图 8-90　添加或者删除板层

（8）单击图 8-84 中的 references 按钮，即可打开图 8-91 所示的设置对话框。在该对话框中设置打印颜色、字体。

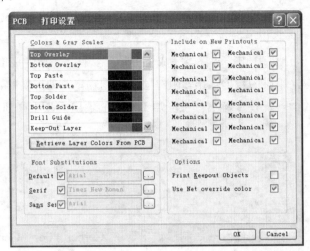

图 8-91　设置打印颜色和字体

（9）单击图 8-88 所示的设置对话框中的 浏览(V) 按钮，显示图纸和打印机设置后的打印效果，如图 8-92 所示。

（10）若对打印效果不满意，可以再重新设置纸张和打印机。

（11）设置完成后，单击 打印(P) 按钮，开始打印。

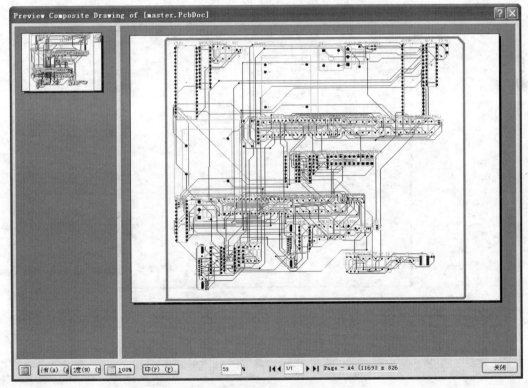

图 8-92　打印预览

8.5.4 生产加工文件输出

设计要求：PCB 设计的目的就是向 PCB 生产过程提供相关的数据文件，因此，作为 PCB 设计的最后一步就是产生 PCB 加工文件。

利用图 8-77 所示的 PCB 电路板图，完成生产加工文件。需要完成 PCB 加工文件：信号布线层的数据输出，丝印层的数据输出，阻焊层的数据输出，助焊层的数据输出和钻孔数据的输出。通过本例的学习，使读者掌握生产加工文件的输出，为生产部门实现 PCB 的生产加工提供文件。

 绘制步骤

（1）打开 PCB 文件。

（2）选择菜单栏中的"文件"→"制造输出"→ Gerber Files（Gerber 文件）命令，系统弹出"Gerber 设置"对话框，如图 8-93 所示。

（3）在"通用"选项卡中设置"单位"为英制单位"英寸"，设置"格式"为 2:3，如图 8-93 所示。

（4）在对话框中单击"层"标签，则对话框内容如图 8-94 所示，在该对话框中选择输出的层，一次选中需要输出的所有层。

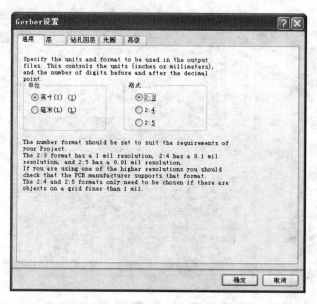

图 8-93 "Gerber 设置"对话框

图 8-94　输出层的设置

（5）在图 8-94 中单击"画线的层"列表框，选择"所有使用的"选项，则对话框的显示如图 8-95 所示。

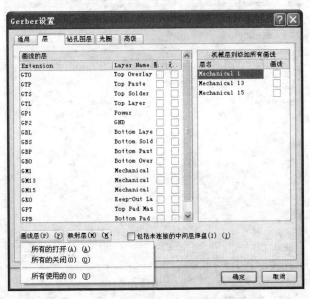

图 8-95　选择输出顶层布线层

（6）单击"钻孔图层"标签，如图 8-96 所示。在其中的 Drill Drawing Plots（钻孔图打印）选项区域内选择 Bottom Layer-Top Layer（顶层-底层），在右边"钻孔绘制符号"选项区域中选择"绘图符号"，将"符号大小"设置为 50mil。

图 8-96　产生的所有层的Gerber输出文件

（7）单击"光圈"标签，然后选择"嵌入的孔径"，这时系统将在输出加工数据时，自动产生 D 码文件，如图 8-97 所示。

图 8-97　选择孔径D码

（8）单击"高级"标签，采用系统默认设置，如图 8-98 所示。

（9）单击 确定 按钮，则得到系统输出的 Gerber 文件。同时系统输出各层的 Gerber 和钻孔文件，总共 12 个文件。

（10）打开生成的 CAM 文件，选择菜单栏中的"文件"→"导出"→ Gerber 命令，出现如图 8-99 所示的对话框。单击 RS-274-X 按钮，再单击 设置(S)(S)... 按钮，出现如图 8-100 所示的对话框。

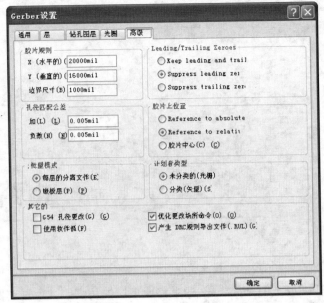

图 8-98　高级选项设置

图 8-99　输出Gerber文件

图 8-100　输出Gerber文件设置

（11）在该对话框中，采用系统的默认设置，单击 [确定] 按钮。在弹出的对话框中，可以对需要输出的 Gerber 文件进行选择。

（12）单击 [确定] 按钮，系统将输出所有选中的 Gerber 文件。

（13）在 PCB 编辑界面，选择菜单栏中的"文件"→"制作输出"→ NC Drill Files（NC 钻孔文件）命令，输出 NC 钻孔图形文件，这里不再赘述。

第9章

电路仿真

本章主要讲述了 Altium Designer 13 的电路原理图的仿真，并通过实例对具体的电路图仿真过程做了详细的讲解。原理图仿真的基本步骤为：绘制仿真电路原理图、设置元器件的仿真参数、添加激励源和放置仿真测试点、设置仿真模式、输出仿真结果等。

9.1 电路仿真的基本概念

Altium Designer 13 中内置了一个功能强大的电路仿真器，使用户能方便地进行电路仿真。一般来说，进行电路仿真主要是为了确定电路中某些参数设置的是否合理。例如，电容、电阻值的大小是否会直接影响波形的上升、下降周期；变压器的匝数比是否会影响输出功率等。所以，在仿真电路原理图的过程中，尤其应该注意元器件的标称值是否准确。

9.2 电路仿真的基本步骤

下面介绍一下 Altium Designer 13 电路仿真的具体操作步骤。

1. 编辑仿真原理图

绘制仿真原理图时，图中所使用的元器件都必须具有 Simulation 属性。如果某个元器件不具有仿真属性，则在仿真时将出现错误信息。对仿真元件的属性进行修改，需要增加一些具体的参数设置，如三极管的放大倍数、变压器的原边和副边的匝数比等。

2. 设置仿真激励源

所谓仿真激励源，就是输入信号，使电路可以开始工作。仿真常用激励源有直流源、脉冲信号源及正弦信号源等。

放置好仿真激励源之后，就需要根据实际电路的要求修改其属性参数，如激励源的电压电流幅度、脉冲宽度、上升沿和下降沿的宽度等。

3．放置节点网络标号

这些网络标号放置在需要测试的电路位置上。

4．设置仿真方式及参数

不同的仿真方式需要设置不同的参数，显示的仿真结果也不同。用户要根据具体电路的仿真要求设置合理的仿真方式。

5．执行仿真命令

将以上设置完成后，选择菜单栏中的"设计"→"仿真"→"混合仿真"命令，启动仿真命令。若电路仿真原理图中没有错误，系统将给出仿真结果，并将结果保存在"*.sdf"的文件中；若仿真原理图中有错误，系统自动中断仿真，同时弹出 Messages（信息）面板，显示电路仿真原理图中的错误信息。

6．分析仿真结果

用户可以在"*.sdf"的文件中查看、分析仿真的波形和数据。若对仿真结果不满意，可以修改电路仿真原理图中的参数，再次进行仿真，直到满意为止。

9.3　常用电路仿真元器件

Altium Designer 13 的主要仿真电路元器件有分离元器件、特殊元器件等。下面分别介绍这些仿真元器件。

1．分离元器件

Altium Designer 13 系统为用户提供了一个常用分离元器集成库 Miscellaneous Devices.Int Lib，该库中包含了常用的元器件，如电阻、电容、电感、三极管等，它们大部分都具有仿真属性，可以用于仿真。

1）电阻

Altium Designer 13 系统在元器件集成库中为用户提供了三种具有仿真属性的电阻，分别为固定电阻、可变电阻以及 Res Semi 半导体电阻，它们的仿真参数都可以手动设置。对于固定电阻只需设置一个电阻值仿真参数；对于可变电阻，需要设置的参数有电阻的总阻值、仿真使用的阻值占总阻值的比例；而对于 Res Semi 半导体电阻，阻值与其长度、宽度以及环境温度有关，仿真时需要设置这些参数。

下面以 Res Semi 半导体电阻为例，介绍其仿真参数的设置。

双击原理图上的半导体电阻，打开电阻属性设置对话框，如图 9-1 所示。

选择 Models（模型）栏中的 Simulation 属性，双击弹出 Sim Model-General/Resistor（Semiconductor）对话框，选中 Resistor（Semiconductor），如图 9-2 所示。

单击 Parameters（参数）标签，切换到 Parameters（参数）选项卡，如图 9-3 所示。

在该选项卡中，各参数的意义如下：

（1）Value（值）：用于设置 Res Semi 半导体电阻的阻值。

（2）Length（长度）：用于设置 Res Semi 半导体电阻的长度。

（3）Width（宽度）：用于设置 Res Semi 半导体电阻的宽度。

（4）Temperature（温度）：用于设置 Res Semi 半导体电阻的温度系数。

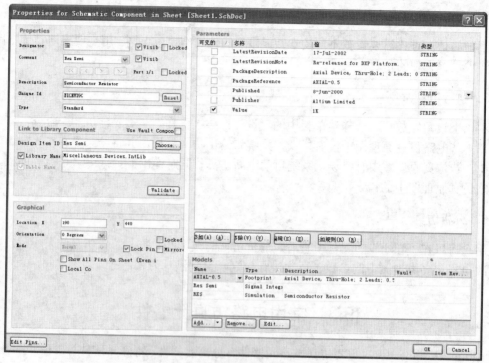

图 9-1　电阻属性设置对话框

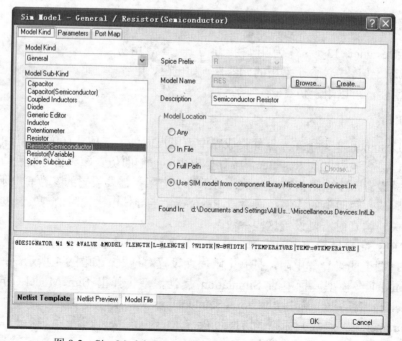

图 9-2　Sim Model-General/Resistor(Semiconductor)对话框

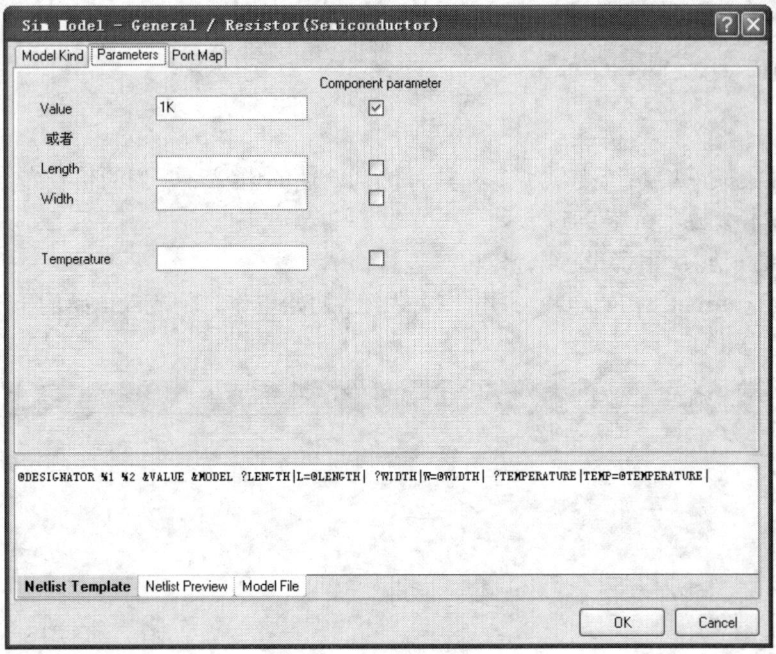

图 9-3 Parameters 选项卡

2）电容

元器件集成库中提供了两种类型的电容：Cap 无极性电容和 Cap Pol 有极性电容，这两种电容的仿真参数设置是一样的。打开的仿真参数设置对话框如图 9-4 所示。

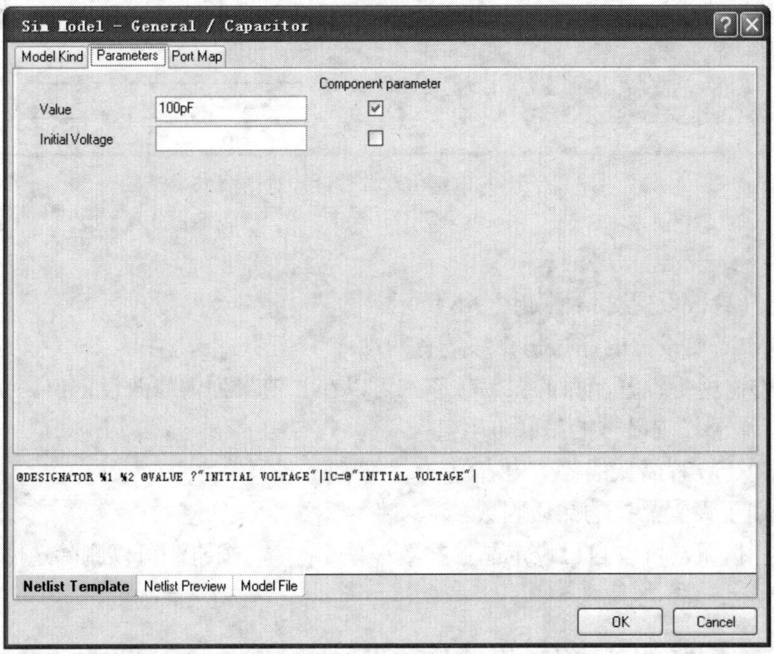

图 9-4 电容仿真参数设置对话框

（1）Value（值）：用于设置电容的电容值。

（2）Initial Voltage（初始电压）：用于设置电路初始工作时刻电容两端的电压，缺省时系统默认值为 0V。

3）电感

在元器件集成库中系统提供了多种具有仿真属性的电感，它们的仿真参数设置是一样的，有两个基本参数，如图 9-5 所示。

（1）Value（值）：用于设置电感值。

（2）Initial Current（初始电流）：用于设置电路初始工作时刻流入电感的电流，缺省时电流值默认设定为 0A。

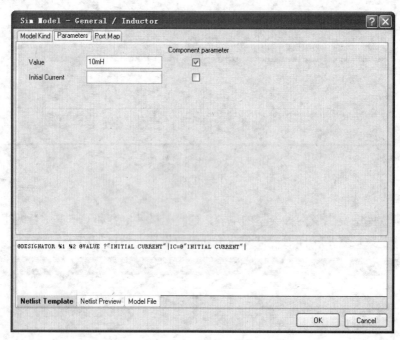

图 9-5 电感仿真参数设置对话框

4）晶振

晶振的仿真参数设置对话框如图 9-6 所示。

该对话框中需要设置的晶振仿真参数有四项：

（1）FREQ：用于设置晶振的振荡频率，可以在"值"列内修改设定值。

（2）RS：用于设置晶振的串联电阻值。

（3）C：用于设置晶振的等效电容值。

（4）Q：用于设置晶振的品质因数。

单击 添加 按钮，可以自己设定晶振参数；单击 删除 按钮，可以删除选中的晶振参数。

5）熔丝

熔丝可以防止芯片以及其他器件在过流工作时受到损坏。熔丝仿真参数设置对话框如图 9-7 所示。

（1）Resistance：用于设置熔丝的内阻值。

（2）Current：用于设置熔丝的熔断电流。

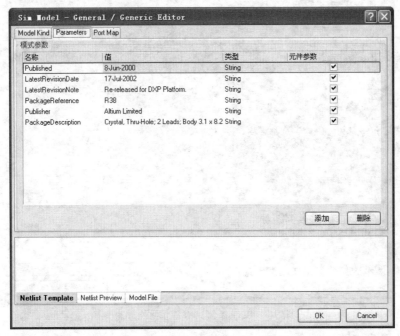

图 9-6　晶振仿真参数设置对话框

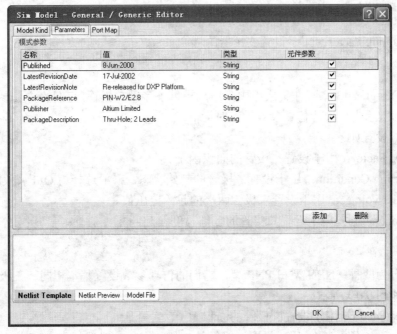

图 9-7　熔丝仿真参数设置对话框

6）变压器

集成库中提供了多种具有仿真属性的变压器，它们的仿真参数设置基本相同。这里以 Trans 普通变压器为例，如图 9-8 所示。

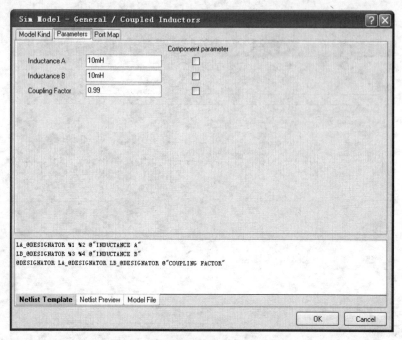

图 9-8　变压器仿真参数设置对话框

其元器件仿真参数如下：

（1）Inductance A：用于设置感应线圈 A 的电感值。

（2）Inductance B：用于设置感应线圈 B 的电感值。

（3）Coupling Factor：用于设置变压器的耦合系数。

7）二极管

Altium Designer 13 系统在集成库中为用户提供了多种二极管，它们的仿真参数设置基本相同。图 9-9 所示为二极管仿真参数设置对话框。

仿真参数设置如下：

（1）Area Factor：用于设置二极管的面积因子。

（2）Starting Condition：用于设置二极管的起始状态，一般选择为 OFF（关断）状态。

（3）Initial Voltage：用于设置二极管两端的起始电压值。

（4）Temperature：用于设置二极管的工作温度。

8）三极管

三极管分为两种：NPN 型和 PNP 型，它们的仿真参数设置基本相同。三极管仿真参数设置对话框如图 9-10 所示。

（1）Area Factor：用于设置三极管的面积因子。

（2）Starting Condition：用于设置三极管的起始状态，一般选择为 OFF 状态。

（3）Initial B-E Voltage：用于设置基极和发射极两端的起始电压。

（4）Initial C-E Voltage：用于设置集电极和发射极两端的起始电压。

（5）Temperature：用于设置三极管的工作温度。

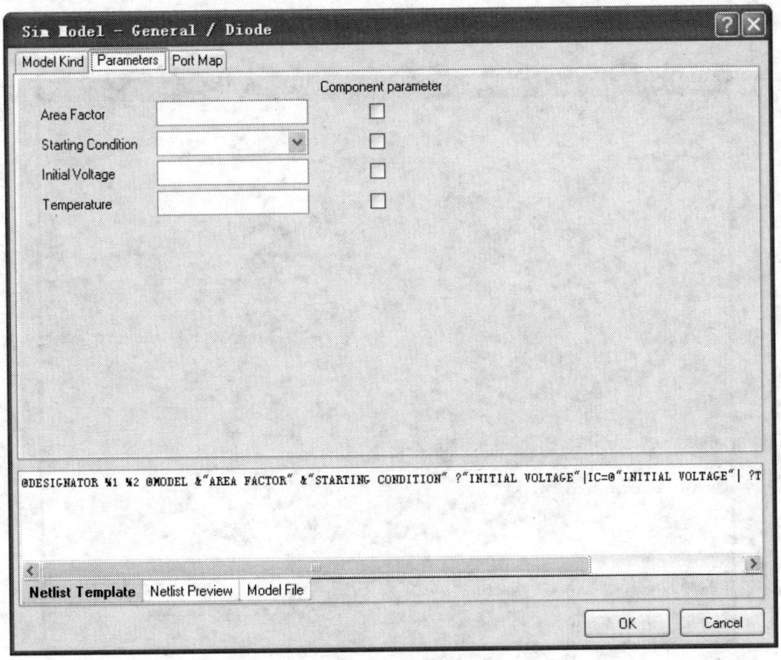

图 9-9　二极管仿真参数设置对话框

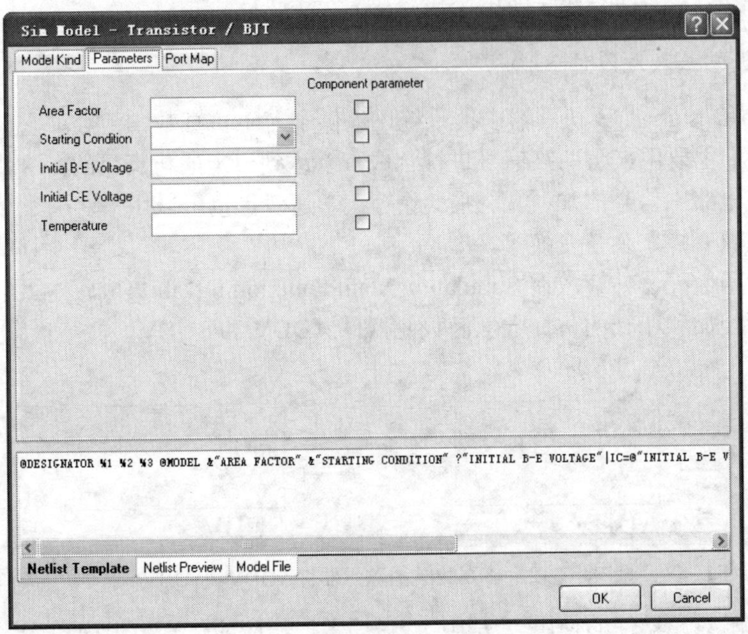

图 9-10　三极管仿真参数设置对话框

2．特殊元器件

1）节点电压初始值元件

节点电压初值 ".IC" 是存放在 Simulation Sources.IntLib 元件库内的特殊元件。将该元件放置在电路中相当于为电路设置了一个初始值，便于进行电路的瞬态特性分析。图 9-11

所示为 ".IC" 元器件仿真参数设置对话框。

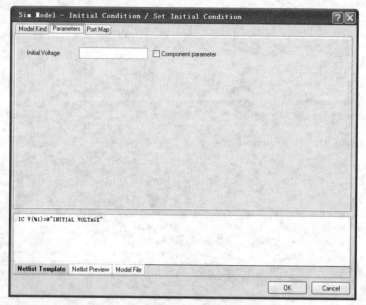

图 9-11　".IC"元器件仿真参数设置对话框

".IC" 只有一个元件参数，即电压初始值 Initial Voltage。

2）仿真数学函数元器件

在 Altium Designer 13 仿真器中，系统还提供了若干仿真数学函数。它们作为一种特殊的仿真元器件，主要用来将两路信号进行合成，以达到一定的仿真目的。这就需要数学函数元器件来完成电路中信号的加、减、乘、除等数学运算，也可以用来对一个节点信号进行各种变换，如正弦变换、余弦变换等。

仿真数学函数元器件存放在 Simulation Math Function.IntLib 集成库中。图 9-12 所示为对两路信号进行相加和相减的仿真数学函数元器件 ADDV 和 SUBV。

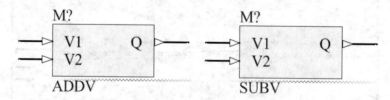

图 9-12　仿真数学函数元器件ADDV和SUBV

仿真数学函数元器件的使用方法很简单，只需把相应的仿真数学函数元器件放置到仿真原理图中需要进行信号处理的地方即可，仿真参数不需要用户设置。

9.4　电源和仿真激励源

在 Altium Designer 13 中除了实际的原理图元器件之外，仿真原理图中还需要用到激励源等元器件。这些元器件存放在安装路径 Altium\Library\Simulation 文件中，其中：

（1）Simulation Sources.IntLib：仿真激励源库，包括电流源、电压源等。

（2）Simulation Transmission Line.IntLib：特殊传输线库。

（3）Simulation Voltage Sources.IntLib：电压激励源库。

在仿真中，默认激励源是理想电源。也就是说，电压源的内阻为零，而电流源的内阻为无穷大。

9.4.1　直流电压源和直流电流源

Simulation Sources.IntLib 集成库中提供的直流电压源 VSRC 和直流电流源 ISRC 如图 9-13 所示。

直流电压源和直流电流源在仿真原理图中分别为仿真电路提供一个不变的直流电压信号和直流电流信号。双击放置的直流电源，打开元器件属性设置对话框，在对话框的

图 9-13　直流电压源VSRC和直流电流源ISRC

Models 栏中双击 Simulation，然后在打开的对话框中单击 Parameters（参数）标签切换到 Parameters 选项卡，如图 9-14 所示。

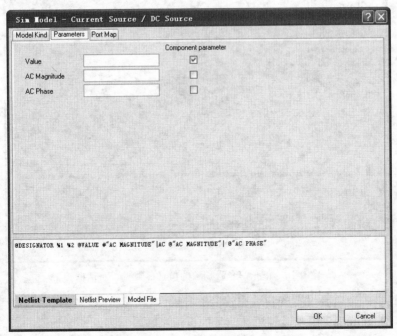

图 9-14　直流电源的仿真参数设置

（1）Value：用于设置直流电源值。

（2）AC Magnitude：用于设置交流小信号分析的电压值。

（3）AC Phase：用于设置交流小信号分析的初始相位值。

9.4.2 正弦信号激励源

正弦信号激励源包括正弦电压源 VSIN 和正弦电流源 ISIN，如图 9-15 所示。它们主要用来产生正弦电压和正弦电流，用以交流小信号分析和瞬态分析。

图 9-15 正弦电压源VSIN和正弦电流源ISIN

如图 9-16 所示为正弦信号激励源的仿真参数设置对话框。

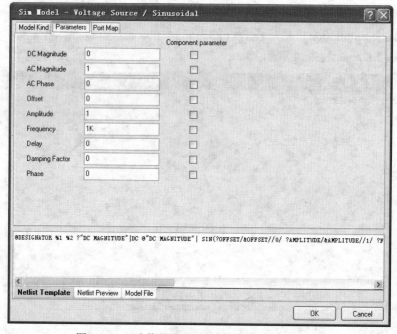

图 9-16 正弦信号激励源的仿真参数设置对话框

在该对话框中，需要设置的参数比较多。各项参数的具体意义如下：

（1）DC Magnitude：用于设置正弦信号的直流参数，它表示正弦信号的直流偏置，通常设置为 0。

（2）AC Magnitude：用于设置交流小信号分析的电压值，通常设置为 1V。

（3）AC Phase：用于设置交流小信号分析的初始相位值，通常设置为 0。

（4）Offset：用于设置正弦信号波上叠加的直流分量。

（5）Amplitude：用于设置正弦信号的振幅。

（6）Frequency：用于设置正弦信号的频率。

（7）Delay：用于设置正弦信号的初始延时时间。

（8）Damping Factor：用于设置正弦信号的阻尼因子，当设置为正值时，正弦波的幅值随时间的变化而衰减；当设置为负值时，正弦波的幅值随时间的变化而递增。

（9）Phase：用于设置正弦波的初始相位。

9.4.3　周期性脉冲信号源

周期性脉冲信号源包括脉冲电压源 VPULSE 和脉冲电流源 IPULSE 两种，如图 9-17 所示。用来产生周期性的连续脉冲电压和电流。

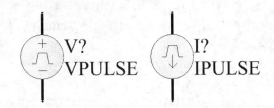

图 9-17　脉冲电压源VPULSE和脉冲电流源IPULSE

周期性脉冲信号源的仿真参数设置对话框如图 9-18 所示。

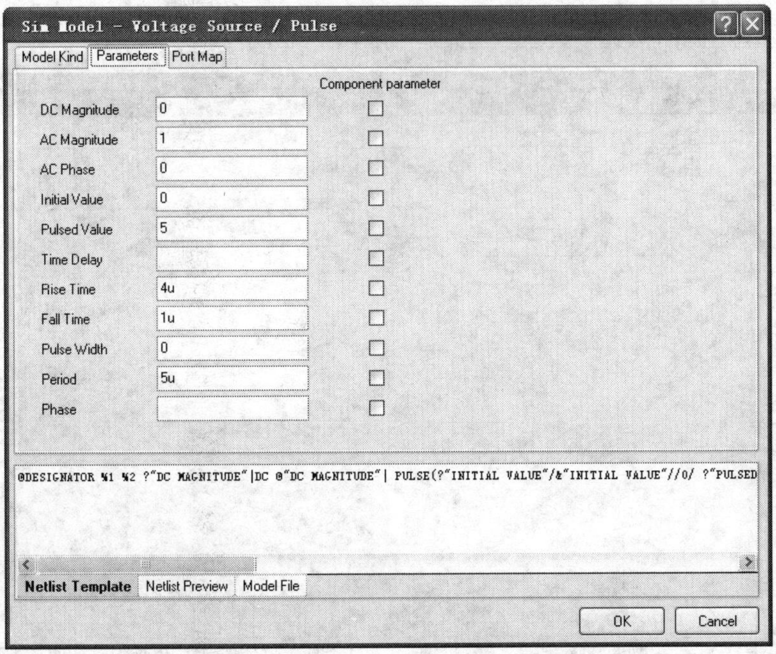

图 9-18　周期性脉冲信号源的仿真参数设置对话框

（1）DC Magnitude：用于设置脉冲信号的直流参数，通常设置为 0。

（2）AC Magnitude：用于设置交流小信号分析的电压值，通常设置为 1V。

（3）AC Phase：用于设置交流小信号分析的初始相位值，通常设置为 0。

（4）Initial Value：用于设置脉冲信号的初始电压值或电流值。

（5）Pulsed Value：用于设置脉冲信号的电压或电流幅值。

（6）Time Delay：用于设置脉冲信号的从初始值变化到脉冲值的延迟时间。

（7）Rise Time：用于设置脉冲信号的上升时间。

（8）Fall Time：用于设置脉冲信号的下降时间。

（9）Pulse Width：用于设置脉冲信号的高电平宽度。

（10）Period：用于设置脉冲信号的周期。

（11）Phase：用于设置脉冲信号的初始相位。

9.4.4 随机信号激励源

随机信号激励源用来提供随机信号，此信号是由若干条相连的直线组成的不规则的信号，包括两种：随机信号电压源 VPWL 和随机信号电流源 IPWL，如图 9-19 所示。

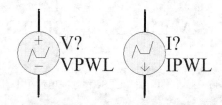

图 9-19　随机信号电压源VPWL和随机信号电流源IPWL

随机信号激励源的仿真参数设置对话框如图 9-20 所示。

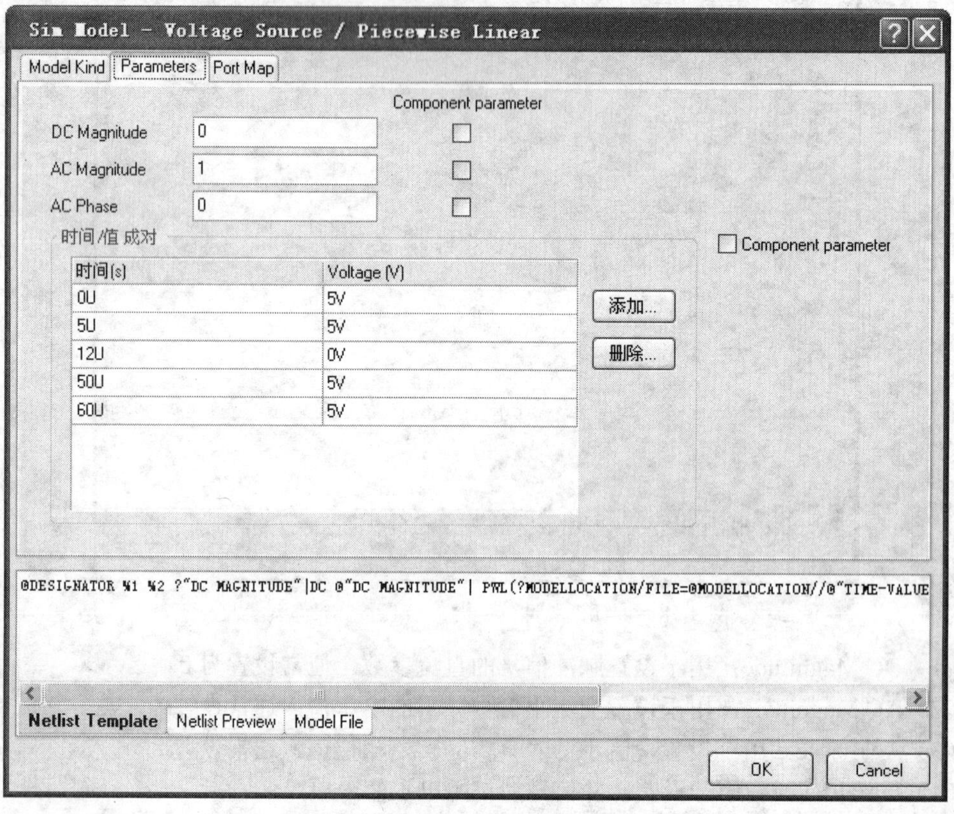

![Sim Model - Voltage Source / Piecewise Linear 对话框]

图 9-20　随机信号激励源的仿真参数设置对话框

（1）DC Magnitude：用于设置随机信号激励源的直流参数，通常设置为 0。

（2）AC Magnitude：用于设置交流小信号分析的电压值，通常设置为 1V。

（3）AC Phase：用于设置交流小信号分析的初始相位值，通常设置为 0。

（4）时间/值成对：用于设置在分段点处的时间值和电压值。单击 添加... 按钮，可以增加一个分段点；单击 删除... 按钮，可以删除一个所选的分段点。

9.4.5　调频波激励源

调频波激励源用来为仿真电路提供一个频率可变化的仿真信号，一般在高频电路仿真时使用。包括两种：调频电压源 VSFFM 和调频电流源 ISFFM，如图 9-21 所示。

图 9-21　调频电压源VSFFM和调频电流源ISFFM

调频波激励源的仿真参数设置对话框如图 9-22 所示。

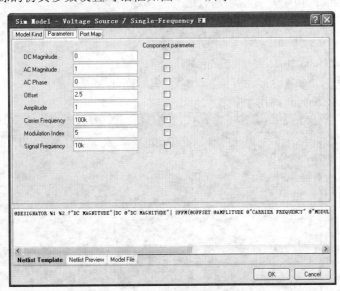

图 9-22　调频波激励源的仿真参数设置对话框

（1）DC Magnitude：用于设置调频波激励源的直流参数，通常设置为 0。

（2）AC Magnitude：用于设置交流小信号分析的电压值，通常设置为 1V。

（3）AC Phase：用于设置交流小信号分析的初始相位值，通常设置为 0。

（4）Offset：用于设置叠加在调频信号上的直流分量。

（5）Amplitude：用于设置调频信号的载波幅值。

（6）Carrier Frequency：用于设置调频信号载波频率。

（7）Modulation Index：用于设置调制系数。

（8）Signal Frequency：用于设置调制信号的频率。

9.4.6 指数函数信号激励源

指数函数信号激励源为仿真电路提供指数形状的电流或电压信号，常用于高频电路仿真中，包括两种：指数电压源 VEXP 和指数电流源 IEXP，如图 9-23 所示。

图 9-23   指数电压源VEXP和指数电流源IEXP

指数函数信号激励源的仿真参数设置对话框如图 9-24 所示。

（1）DC Magnitude：用于设置指数函数信号激励源的直流参数，通常设置为 0。

（2）AC Magnitude：用于设置交流小信号分析的电压值，通常设置为 1V。

（3）AC Phase：用于设置交流小信号分析的初始相位值，通常设置为 0。

（4）Initial Value：用于设置指数函数信号的初始幅值。

（5）Pulsed Value：用于设置指数函数信号的跳变值。

（6）Rise Delay Time：用于设置信号上升延迟时间。

（7）Rise Time Constant：用于设置信号上升时间。

（8）Fall Delay Time：用于设置信号下降延迟时间。

（9）Fall Time Constant：用于设置信号下降时间。

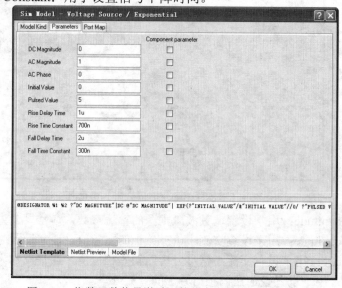

图 9-24   指数函数信号激励源的仿真参数设置对话框

9.5 仿真模式设置

Altium Designer 13 的仿真器可以完成各种形式的信号分析，如图 9-25 所示。在仿真器的分析设置对话框中，通过通用参数设置页面，允许用户指定仿真的范围和自动显示仿真的信号，每一项分析类型可以在独立的设置页面内完成。

Altium Designer 13 中允许的分析类型包括：

（1）静态工作点分析（Operating Point Analysis）。

（2）瞬态分析（Transient Analysis）。

（3）直流扫描分析 （DC Sweep Analysis）。

（4）交流小信号分析 （AC Small Signal Analysis）。

（5）噪声分析 （Noise Analysis）。

（6）零-极点分析（Pole-Zero Analysis）。

（7）传递函数分析（Transfer Function Analysis）。

（8）蒙特卡罗分析（Monte Carlo Analysis）。

（9）参数扫描(Parameter Sweep)。

（10）温度扫描（Temperature Sweep）。

在"分析/选项"高级参数选项页面内，用户可以定义高级的仿真属性，包括 SPICE 变量值、仿真器和仿真参考网络的综合方法。通常，如果没有深入了解 SPICE 仿真参数的功能，不建议用户为达到更高的仿真精度而改变高级参数属性。所有在仿真设置对话框中的定义将被用于创建一个 SPICE 网表（*.nsx），运行任何一个仿真，均需要创建一个 SPICE 网表。如果在创建网表过程中出现任何错误或告警，分析设置对话框将不会被打开，而是通过消息栏提示用户修改错误。仿真可以直接在一个 SPICE 网表文件窗口下运行，同时，在完全掌握了 SPICE 知识后，"*.nsx"文件允许用户编辑。如果用户修改了仿真网表内容，则需要将文件另存为其他的名称，因为，系统将在运行仿真时，自动修改并覆盖原仿真网表文件。

9.5.1 通用参数设置

在原理图编辑环境中，选择菜单栏中的"设计"→"仿真"→"混合仿真"命令，弹出分析设置对话框，如图 9-25 所示。

在该对话框左侧"分析/选项"列表框中列出了需要设置的仿真参数和模型，右侧显示了与当前所选项目对应的仿真模型的参数设置。系统打开对话框后，默认的选项为 General Setup（通用设置），即通用参数设置页面。

仿真数据结果可以通过"为了...收集数据"列表框指定：

（1）Node Voltage and Supply Current：将保存每个节点电压和每个电源电流的数据。

（2）Node Voltage, Supply and Device Current：将保存每一个节点电压、每个电源和器件电流的数据。

（3）Node Voltage, Supply Current, Device Current and Power：将保存每个节点电压、每个电源电流以及每个器件的电源和电流的数据。

（4）Node Voltage, Supply Current and Subcircuit VARs：将保存每个节点电压、来自每个

电源的电流源以及子电路变量中匹配的电压/电流的数据。

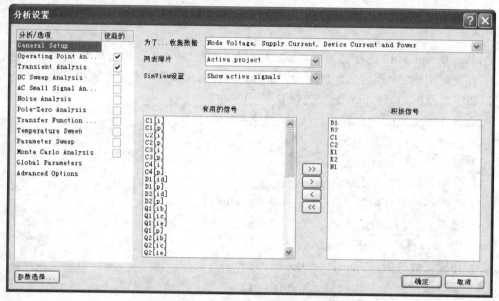

图 9-25　分析设置对话框

（5）Active Signals：仅保存在 Active Signals 中列出的信号分析结果。

一般来说，应设置为 Active Signals，这样可以灵活选择所要观测的信号，也可以减少仿真的计算量，提高效率。

在"网表薄片"列表框中，可以指定仿真分析的是当前原理图还是整个项目工程。

（1）Active sheet：当前的电路仿真原理图。

（2）Active project：当前的整个项目工程。

在"SimView 设置"列表框中，用户可以设置仿真结果的显示。

（1）Keep last setup：按上一次仿真的设置来保存和显示数据。

（2）Show active signals：按照 Active Signals 栏中列出的信号，在仿真结果图中显示。

在"有用的信号"列表框中列出了所有可供选择的观测信号。通过改变 Collect Data for 列表框的设置，该列表框中的内容将随之变化。

在"积极信号"列表框中列出了仿真结束后，能立即在仿真结果中显示的信号。在"有用的信号"列表框中选择某一信号后，可以单击按钮，为"积极信号"列表框添加显示信号；单击按钮，可以将不需要显示的信号移回"有用的信号"列表框中；单击按钮，可以将所有信号添加到"积极信号"列表框；单击按钮，可以将所有信号移回"有用的信号"列表框。

9.5.2　静态工作点分析

静态工作点分析（Operating Point Analysis）用于测定带有短路电感和开路电容电路的静态工作点。使用该方式时，用户不需要进行特定参数的设置，选中即可运行，如图 9-26 所示。

图 9-26　静态工作点分析

在测定瞬态初始化条件时，除了在 Transient/Fourier Analysis Setup 中使用 Use Initial Conditions 参数的情况外，静态工作点分析将优先于瞬态分析和傅里叶分析。同时，静态工作点分析优先于交流小信号、噪声和 Pole-Zero 分析。为了保证测定的线性化，电路中所有非线性的小信号模型，在静态工作点分析中将不考虑任何交流源的干扰因素。

9.5.3　瞬态分析

瞬态分析（Transient Analysis）是电路仿真中经常用到的仿真方式，在分析设置对话框中选中 Transient Analysis 项，即可在右面显示瞬态分析和傅里叶分析参数设置，如图 9-27 所示。

1. 瞬态分析

瞬态分析在时域中描述瞬态输出变量的值。在未使能 Use Initial Conditions 参数时，对于固定偏置点，电路节点的初始值对计算偏置点和非线性元件的小信号参数时节点初始值也应考虑在内，因此有初始值的电容和电感也被看作是电路的一部分而保留下来。

（1）Transient Start Time：瞬态分析时设定的时间间隔的起始值，通常设置为 0。

（2）Transient Stop Time：瞬态分析时设定的时间间隔的结束值，需要根据具体的电路来调整设置。

（3）Transient Step Time：瞬态分析时时间增量（步长）值。

（4）Transient Max Step Time：时间增量值的最大变化量。缺省状态下，其值可以是 Transient Step Time 或（Transient Stop Time－Transient Start Time）/50。

（5）Use Initial Conditions：当选中此项后，瞬态分析将自原理图定义的初始化条件开始。该项通常用在由静态工作点开始一个瞬态分析中。

（6）Use Transient Defaults：选中此项后，将调用系统默认的时间参数。

（7）Default Cycles Displayed：电路仿真时显示的波形的周期数量。该值将由 Transient Step Time 决定。

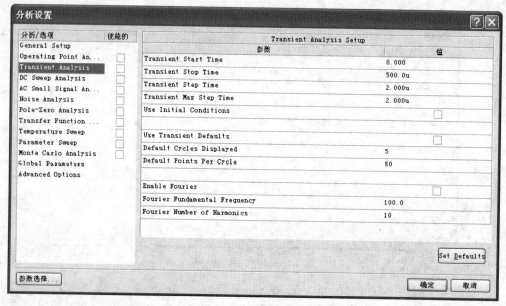

图 9-27 瞬态分析和傅里叶分析参数设置

（8）Default Points Per Cycle：每个周期内显示数据点的数量。

如果用户未确定具体输入的参数值，建议使用默认设置；当使用原理图定义的初始化条件时，需要确定在电路设计内的每一个适当的元器件上已经定义了初始化条件，或在电路中放置.IC 元件。

2．傅里叶分析

一个电路设计的傅里叶分析是基于瞬态分析中最后一个周期的数据完成的。

（1）Enable Fourier：若选中该复选框，则在仿真中执行傅里叶分析。

（2）Fourier Fundamental Frequency：用于设置傅里叶分析中的基波频率。

（3）Fourier Number of Harmonics：傅里叶分析中的谐波数。每一个谐波均为基频的整数倍。

（4）Set Defaults：单击该按钮，可以将参数恢复为默认值。

在执行傅里叶分析后，系统将自动创建一个.sim 数据文件，文件中包含了关于每一个谐波的幅度和相位详细的信息。

9.5.4 直流扫描分析

直流扫描分析（DC Sweep Analysis）就是直流转移特性，当输入在一定范围内变化时，输出一个曲线轨迹。通过执行一系列静态工作点分析，修改选定的源信号电压，从而得到一个直流传输曲线。用户也可以同时指定两个工作源。

在分析设置对话框中选中 DC Sweep Analysis 项，即可在右面显示直流扫描分析仿真参数设置，如图 9-28 所示。

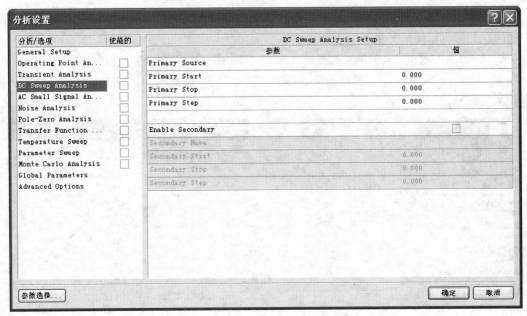

图 9-28　直流扫描分析仿真参数设置

（1）Primary Source：电路中独立电源的名称。

（2）Primary Start：主电源的起始电压值。

（3）Primary Stop：主电源的停止电压值。

（4）Primary Step：在扫描范围内指定的步长值。

（5）Enable Secondary：在主电源基础上，执行对从电源值的扫描分析。

（6）Secondary Name：在电路中独立的第二个电源的名称。

（7）Secondary Start：从电源的起始电压值。

（8）Secondary Stop：从电源的停止电压值。

（9）Secondary Step：在扫描范围内指定的步长值。

在直流扫描分析中必须设定一个主源，而第二个源为可选源。通常第一个扫描变量（主独立源）所覆盖的区间是内循环，第二个（从独立源）扫描区间是外循环。

9.5.5　交流小信号分析

交流小信号分析（AC Small Signal Analysis）是在一定的频率范围内计算电路的频率响应。如果电路中包含非线性器件，在计算频率响应之前就应该得到此元器件的交流小信号参数。在进行交流小信号分析之前，必须保证电路中至少有一个交流电源，即在激励源中的 AC 属性域中设置一个大于零的值。

在分析设置对话框中选中 AC Small Signal Analysis 项，即可在右面显示交流小信号分析仿真参数设置，如图 9-29 所示。

（1）Start Frequency：用于设置交流小信号分析的初始频率。

（2）Stop Frequency：用于设置交流小信号分析的终止频率。

（3）Sweep Type：用于设置扫描方式，有三种选择。

① Linear：全部测试点均匀地分布在线性化的测试范围内，是从起始频率开始到终止频率的线性扫描，Linear 类型适用于带宽较窄情况。

② Decade：测试点以 10 的对数形式排列，Decade 用于带宽特别宽的情况。

③ Octave：测试点以 2 的对数形式排列，频率以倍频程进行对数扫描，Octave 用于带宽较宽的情形。

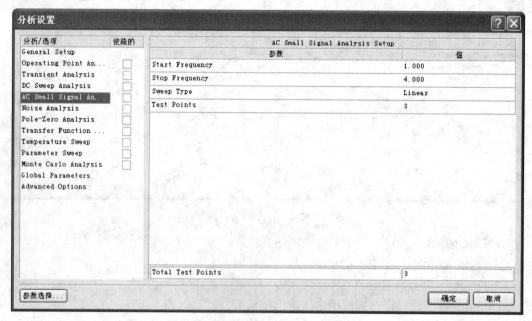

图 9-29　交流小信号分析仿真参数设置

（4）Test Points：在扫描范围内，交流小信号分析的测试点数目设置。

（5）Total Test Points：显示全部测试点的数量。

在执行交流小信号分析前，电路原理图中必须包含至少一个信号源器件并且在 AC Magnitude 参数中应输入一个值。用这个信号源去替代仿真期间的正弦波发生器。用于扫描的正弦波的幅度和相位需要在 SIM 模型中指定。

9.6　综合实例——使用仿真数学函数

本例使用相关的仿真数学函数，对某一输入信号进行正弦变换和余弦变换，然后叠加输出。

 绘制步骤

（1）在 Altium Designer 13 主界面中，选择菜单栏中的"文件"→ New（新建）→Project（工程）→"PCB 工程"（印制电路板工程）命令，新建工程文件。

（2）选择菜单栏中的"文件"→ New（新建）→"原理图"命令，然后右击，从弹出的快捷菜单中选择"保存为"命令将新建的原理图文件保存为"仿真数学函数.SchDoc"。

（3）在系统提供的集成库中，选择 Simulation Sources.IntLib 和 Simulation Math Function. IntLib 进行加载。

（4）在"库"面板中，打开集成库 Simulation Math Function.IntLib，选择正弦变换函数 SINV、余弦变换函数 COSV 及电压相加函数 ADDV，将其分别放置到原理图中，如图 9-30 所示。

（5）在"库"面板中，打开集成库 Miscellaneous Devices.IntLib，选择元件 Res3，在原理图中放置两个接地电阻，并完成相应的电气连接，如图 9-31 所示。

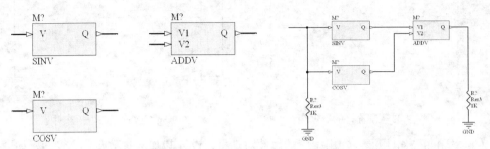

图 9-30　放置数学函数　　　　　　　　图 9-31　放置接地电阻并连接

（6）双击电阻，系统弹出属性设置对话框，相应的电阻值设置为 1kΩ。

（7）双击每一个仿真数学函数，进行参数设置，在弹出的 Properties for Schematic Component in Sheet（电路图中的元件属性）对话框中，只需设置标识符，如图 9-32 所示。设置好的原理图如图 9-33 所示。

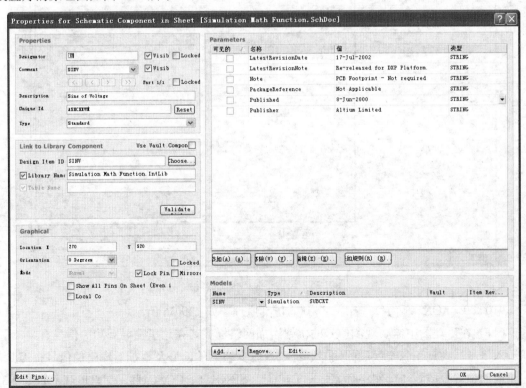

图 9-32　Properties for Schematic Component in Sheet（电路图中的元件属性）对话框

（8）在"库"面板中，打开集成库 Simulation Sources.IntLib，找到正弦电压源 VSIN，将其放置在仿真原理图中，并进行接地连接，如图 9-34 所示。

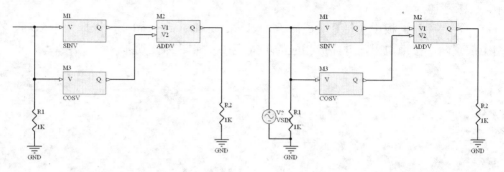

图 9-33　设置好的原理图　　　　　　图 9-34　放置正弦电压源并连接

（9）双击正弦电压源，弹出相应的属性对话框，设置其基本参数及仿真参数，如图 9-35 所示。标识符输入为 V1，其他各项仿真参数均采用系统的默认值。

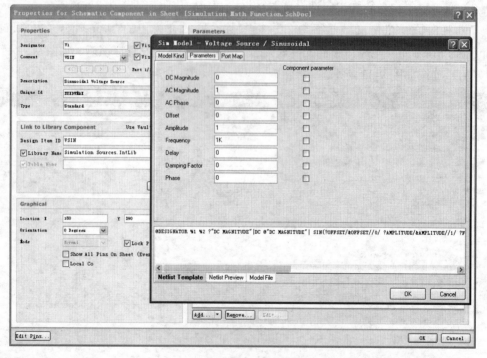

图 9-35　设置正弦电压源的参数

（10）单击 OK（确定）按钮，得到的仿真原理图如图 9-36 所示。

（11）在原理图中需要观测信号的位置添加网络标签。在这里需要观测的信号有 4 个，即输入信号、经过正弦变换后的信号、经过余弦变换后的信号及叠加后输出的信号。因此，在相应的位置处放置 4 个网络标签，即 INPUT、SINOUT、COSOUT、OUTPUT，如图 9-37 所示。

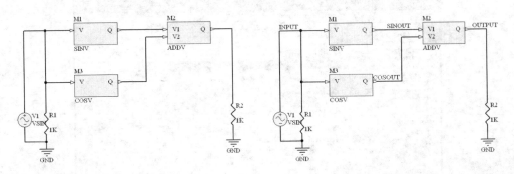

图 9-36 仿真原理图 图 9-37 添加网络标签

（12）选择菜单栏中的"设计"→"仿真"→ Mixed Sim（混合仿真）命令，在系统弹出的"分析设置"对话框中设置常规参数。详细设置如图 9-38 所示。

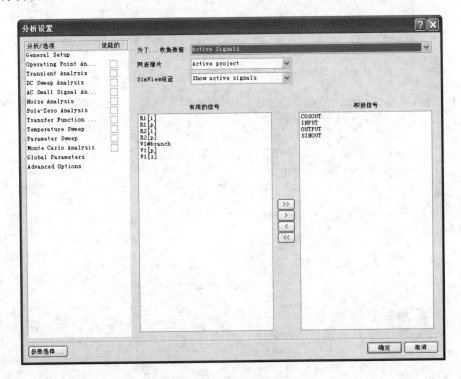

图 9-38 "分析设置"对话框

（13）完成通用参数的设置后，在"分析/选项"列表框中选中 Operating Point Analysis（工作点分析）和 Transient Analysis（瞬态分析）复选框。Transient Analysis（瞬态分析）选项中各项参数的设置如图 9-39 所示。

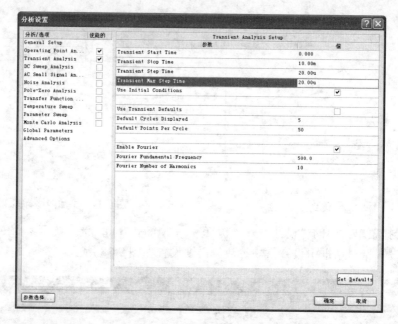

图 9-39　Transient Analysis（瞬态分析）选项的参数设置

（14）设置完毕后，单击"确定"按钮，系统进行电路仿真。瞬态仿真分析和傅里叶分析的仿真结果分别如图 9-40 和图 9-41 所示。

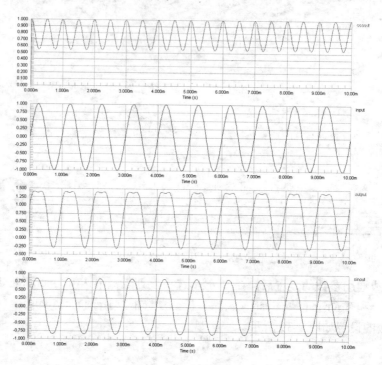

图 9-40　瞬态仿真分析的仿真结果

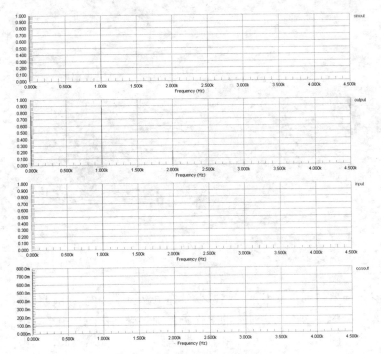

图 9-41　傅里叶分析的仿真结果

　　图 9-40 和图 9-41 中分别显示了所要观测的 4 个信号的时域波形及频谱组成。在给出波形的同时，系统还为所观测的节点生成了傅里叶分析的相关数据，保存在后缀名为 ".sim" 的文件中。图 9-42 所示是该文件中与输出信号 OUTPUT 有关的数据。

```
Circuit: PCB_Project1
Date:      星期一 三月 25 11:04:18 2013


Fourier analysis for sinout:
  No. Harmonics: 10, THD: 4.92109E008 %, Gridsize: 200, Interpolation Degree: 1

Harmonic  Frequency     Magnitude      Phase        Norm. Mag     Norm. Phase
--------  ---------     ---------      -----        ---------     -----------
0         0.00000E+000  -8.93891E-008  0.00000E+000  0.00000E+000  0.00000E+000
1         5.00000E+002  1.78778E-007   -8.82000E+001  1.00000E+000  0.00000E+000
2         1.00000E+003  8.79940E-001   6.38699E-005  4.91637E+006  8.82001E+001
3         1.50000E+003  1.78778E-007   -8.46000E+001  1.00000E+000  3.60000E+000
4         2.00000E+003  1.78778E-007   -8.28000E+001  1.00000E+000  5.40000E+000
5         2.50000E+003  1.78778E-007   -8.10000E+001  1.00000E+000  7.20000E+000
6         3.00000E+003  3.85161E-002   -1.51337E-002  2.15441E+005  8.81849E+001
7         3.50000E+003  1.78778E-007   -7.74000E+001  1.00000E+000  1.08000E+001
8         4.00000E+003  1.78778E-007   -7.56000E+001  1.00000E+000  1.26000E+001
9         4.50000E+003  1.78778E-007   -7.38000E+001  1.00000E+000  1.44000E+001
```

图 9-42　输出信号的傅里叶分析数据

　　图 9-42 表明了直流分量为 0V，同时给出了基波和 2～9 次谐波的幅度、相位值，以及归一化的幅度、相位值等。

　　傅里叶变换分析是以基频为步长进行的，因此基频越小，得到的频谱信息就越多。但是基频的设定是有下限限制的，并不能无限小，其所对应的周期一定要小于或等于仿真的终止时间。

第*10*章

信号完整性分析

....

随着新工艺、新器件的迅猛发展，高速器件在电路设计中的应用已日趋广泛。在这种高速电路系统中，数据的传送速率、时钟的工作频率都相当高，而且由于功能的复杂多样，电路密集度也相当大。因此，设计的重点将与低速电路设计时截然不同，不再仅仅是元器件的合理放置与导线的正确连接，还应该对信号的完整性（Signal Integrity，SI）问题给予充分的考虑，否则，即使原理正确，系统可能也无法正常工作。

10.1　信号完整性分析概述

我们知道，一个数字系统能否正确工作，其关键在于信号时序是否准确，而信号时序与信号在传输线上的传输延迟，以及信号波形的失真程度等有着密切的关系。信号完整性差不是由单一因素导致的，而是由多种因素共同引起的。

10.1.1　信号完整性分析的概念

所谓信号完整性，就是指信号通过信号线传输后仍能保持完整，即仍能保持其正确的功能而未失真的一种特性。具体来说，是指信号在电路中以正确的时序和电压做出响应的能力。当电路中的信号能够以正确的时序、要求的持续时间和电压幅度进行传送，并到达输出端时，说明该电路具有良好的信号完整性；而当信号不能正常响应时，就出现了信号完整性问题。

通过仿真可以证明，集成电路的切换速度过高、端接元件的位置不正确、电路的互连不合理等都会引发信号完整性问题。常见的信号完整性问题主要有以下几种。

1. 传输延迟（Transmission Delay）

传输延迟表明数据或时钟信号没有在规定的时间内以一定的持续时间和幅度到达接收端。信号延迟是由驱动过载、走线过长的传输线效应引起的，传输线上的等效电容、电感会对信号的数字切换产生延时，影响集成电路的建立时间和保持时间。集成电路只能按照规定的时序来接收数据，延时过长会导致集成电路无法正确判断数据，从而使电路的工作不正常甚至完全不能工作。

在高频电路设计过程中，信号的传输延迟是一个无法完全避免的问题，为此引入了延迟容限的概念，即在保证电路能够正常工作的前提下，所允许的信号最大时序变化量。

2. 串扰（Crosstalk）

串扰是没有电气连接的信号线之间感应电压和感应电流所导致的电磁耦合。这种耦合会使信号线起着天线的作用，其容性耦合会引发耦合电流，感性耦合会引发耦合电压，并且耦合程度会随着时钟速率的升高和设计尺寸的缩小而加大。这是由于信号线上有交变的信号电流通过时，会产生交变的磁场，处于该磁场中的其他信号线会感应出信号电压。

印制电路板工作层的参数、信号线的间距、驱动端和接收端的电气特性及信号线的端接方式等都对串扰有一定的影响。

3. 反射（Reflection）

反射就是传输线上的回波，信号功率的一部分经传输线传递给负载，另一部分则向源端反射。在进行高速电路设计时可把导线等效为传输线，而不再是集总参数电路中的导线。如果阻抗匹配（源端阻抗、传输线阻抗与负载阻抗相等），则反射不会发生；反之，若负载阻抗与传输线阻抗失配，就会导致接收端的反射。

布线的某些几何形状、不适当的端接、经过连接器的传输及中间电源层不连续等因素均会导致信号的反射。反射会导致传送信号出现严重的过冲（Overshoot）或反冲（Undershoot）现象，致使波形变形、逻辑混乱。

4. 接地反弹（Ground Bounce）

接地反弹是指由于电路中存在较大的电涌，而在电源与中间接地层之间产生大量噪声的现象。例如，大量芯片同步切换时，会产生一个较大的瞬态电流从芯片与中间电源层间流过，芯片封装与电源间的寄生电感、电容和电阻会引发电源噪声，使得零电位层面上产生较大的电压波动（可能高达2V），足以造成其他元件的误动作。

由于接地层的分割（分为数字接地、模拟接地、屏蔽接地等），可能引起数字信号传到模拟接地区域时，产生接地层回流反弹。同样，电源层分割也可能出现类似的危害。负载容性的增大、阻性的减小、寄生参数的增大、切换速度的增高，以及同步切换数量的增加，均可能导致接地反弹增加。

除此之外，在高频电路的设计中还存在其他与电路功能本身无关的信号完整性问题，如电路板上的网络阻抗、电磁兼容性等。

因此，在实际制作PCB印制板之前应进行信号完整性分析，以提高设计的可靠性，降低设计成本。应该说，这是非常重要和必要的。

10.1.2 信号完整性分析工具

Altium Designer 13包含一个高级信号完整性仿真器，能分析PCB设计并检查设计参数，测试过冲、下冲、线路阻抗和信号斜率。如果PCB上任何一个设计要求（由DRC指定的）有问题，即可对PCB进行反射或串扰分析，以确定问题所在。

Altium Designer 13 的信号完整性分析和 PCB 设计过程是无缝连接的，该模块提供了极其精确的板级分析，能检查整板的串扰、过冲、下冲、上升时间、下降时间和线路阻抗等问题。在印制电路板交付制造前，用最小的代价来解决高速电路设计带来的问题和 EMC/EMI（电磁兼容性/电磁抗干扰）等问题。

Altium Designer 13 信号完整性分析模块的功能特性如下。

（1）设置简单，可以像在 PCB 编辑器中定义设计规则一样定义设计参数。

（2）通过运行 DRC，可以快速定位不符合设计需求的网络。

（3）无须特殊的经验，可以从 PCB 中直接进行信号完整性分析。

（4）提供快速的反射和串扰分析。

（5）利用 I/O 缓冲器宏模型，无须额外的 SPICE 或模拟仿真知识。

（6）信号完整性分析的结果采用示波器形式显示。

（7）采用成熟的传输线特性计算和并发仿真算法。

（8）用电阻和电容参数值对不同的终止策略进行假设分析，并可对逻辑块进行快速替换。

（9）提供 IC 模型库，包括校验模型。

（10）宏模型逼近使仿真更快、更精确。

（11）自动模型连接。

（12）支持 I/O 缓冲器模型的 IBIS2 工业标准子集。

（13）利用信号完整性宏模型可以快速自定义模型。

10.2　信号完整性分析规则设置

Altium Designer 13 中包含了许多信号完整性分析的规则，这些规则用于在 PCB 设计中检测一些潜在的信号完整性问题。

在 Altium Designer 13 的 PCB 编辑环境中，选择菜单栏中的"设计"→"规则"命令，系统将弹出"PCB 规则及约束编辑器"对话框。在该对话框中单击 Design Rules（设计规则）前面的⊞按钮，选择其中的 Signal Integrity（信号完整性）选项，即可看到如图 10-1 所示的各种信号完整性分析选项，可以根据设计工作的要求选择所需的规则进行设置。

图 10-1　"PCB规则及约束编辑器"对话框

"PCB 规则及约束编辑器"对话框中列出了 Altium Designer 13 提供的所有设计规则,但仅列出了可以使用的规则,要想在 DRC 校验时真正使用这些规则,还需要在第一次使用时,把该规则作为新规则添加到实际使用的规则库中。在需要使用的规则上右击,然后在弹出的快捷菜单中选择"新规则"命令,即可把该规则添加到实际使用的规则库中。如果需要多次使用该规则,可以为其建立多个新的规则,并用不同的名称加以区别。要想在实际使用的规则库中删除某个规则,右击该规则,在弹出的快捷菜单中选择"删除规则"命令即可。在快捷菜单中选择 Export Rules(输出规则)命令,可以把选中的规则从实际使用的规则库中导出。在快捷菜单中选择 Import Rules(输入规则)命令,系统将弹出如图 10-2 所示的"选择设计规则类型"对话框,可以从设计规则库中导入所需的规则。在快捷菜单中选择 Report(报表)命令,则为该规则建立相应的报表文件,并可以打印输出。

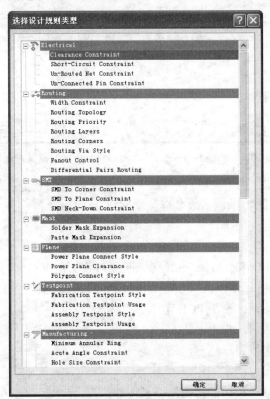

图 10-2 "选择设计规则类型"对话框

Altium Designer 13 中包含 13 条信号完整性分析的规则,下面分别进行介绍。

1．Signal Stimulus(激励信号)规则

在 Signal Integrity(信号完整性)选项上右击,在弹出的快捷菜单中选择"新规则"命令,生成 Signal Stimulus(激励信号)规则选项,单击该规则,弹出如图 10-3 所示的 Signal Stimulus(激励信号)规则的设置对话框,在该对话框中可以设置激励信号的各项参数。

图 10-3　Signal Stimulus（激励信号）规则的设置对话框

（1）"名称"文本框：用于为该规则设立一个便于理解的名字，在 DRC 校验中，当电路板布线违反该规则时，就将以该参数名称显示此错误。

（2）"注释"文本框：用于设置该规则的注释说明。

（3）"唯一 ID"文本框：为该参数提供一个随机的 ID 号。

（4）Where the First Object Matches（优先匹配对象的位置）选项区域：用于设置激励信号规则优先匹配对象的所属范围。其中共有 6 个选项，各选项的含义如下。

① "所有"单选按钮：整个 PCB 范围。

② "网络"单选按钮：指定网络。

③ "网络类"单选按钮：指定网络类。

④ "层"单选按钮：指定工作层。

⑤ "网络和层"单选按钮：指定网络及工作层。

⑥ "高级的"单选按钮：高级设置选项。选中该单选按钮后，可以单击其右侧的"查询构建器"按钮，通过查询条件确定应用范围。

（5）"约束"选项区域：用于设置激励信号的约束规则。其中共有 5 个选项，各选项的含义如下。

① "激励类型"选项：用于设置激励信号的种类。其中包括三个选项， Constant Level（固定电平）表示激励信号为某个固定电平，Single Pulse（单脉冲）表示激励信号为单脉冲信号，Periodic Pulse（周期脉冲）表示激励信号为周期性脉冲信号。

② "开始级别"选项：用于设置激励信号的初始电平，仅对 Single Pulse（单脉冲）和 Periodic Pulse（周期脉冲）有效。设置初始电平为低电平时，选择 Low Level（低电平）选

项；设置初始电平为高电平时，选择 High Level（高电平）选项。

③ "开始时间"选项：用于设置激励信号高电平脉宽的起始时间。

④ "停止时间"选项：用于设置激励信号高电平脉宽的终止时间。

⑤ "时间周期"选项：用于设置激励信号的周期。

在设置激励信号的时间参数时，要注意添加单位，以免设置出错。

2. Overshoot-Falling Edge（信号下降沿的过冲）规则

信号下降沿的过冲定义了信号下降边沿允许的最大过冲量，即信号下降沿低于信号基准值的最大阻尼振荡，系统默认的单位是伏特。Overshoot-Falling Edge（信号下降沿的过冲）规则的设置对话框如图10-4所示。

图 10-4　Overshoot-Falling Edge（信号下降沿的过冲）规则设置对话框

3. Overshoot-Rising Edge（信号上升沿的过冲）规则

信号上升沿的过冲与信号下降沿的过冲是相对应的，它定义了信号上升沿允许的最大过冲量，即信号上升沿高于信号高电平值的最大阻尼振荡，系统默认的单位是伏特。Overshoot-Rising Edge（信号上升沿的过冲）规则设置对话框如图10-5所示。

4. Undershoot-Falling Edge（信号下降沿的反冲）规则

信号反冲与信号过冲略有区别。信号下降沿的反冲定义了信号下降边沿允许的最大反冲量，即信号下降沿高于信号基准值（低电平）的阻尼振荡，系统默认的单位是伏特。Undershoot-Falling Edge（信号下降沿的反冲）规则设置对话框如图10-6所示。

5. Undershoot-Rising Edge（信号上升沿的反冲）规则

信号上升沿的反冲与信号下降沿的反冲是相对应的，它定义了信号上升沿允许的最大反冲值，即信号上升沿低于信号高电平值的阻尼振荡，系统默认的单位是伏特。Undershoot-

Rising Edge（信号上升沿的反冲）规则设置对话框如图 10-7 所示。

6．Impedance（阻抗约束）规则

阻抗约束定义了电路板上所允许的电阻的最大和最小值，系统默认的单位是欧姆。阻抗和导体的几何外观及电导率、导体外的绝缘层材料及电路板的几何物理分布，以及导体间在 Z 平面域的距离相关。其中绝缘层材料包括电路板的基本材料、工作层间的绝缘层及焊接材料等。

7．Signal Top Value（信号高电平）规则

信号高电平定义了线路上信号在高电平状态下所允许的最低稳定电压值，即信号高电平的最低稳定电压，系统默认的单位是伏特。Signal Top Value（信号高电平）规则设置对话框如图 10-8 所示。

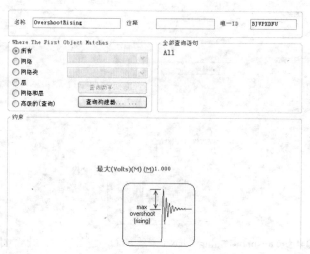

图 10-5　Overshoot-Rising Edge（信号上升沿的过冲）规则设置对话框

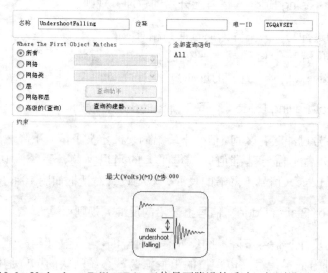

图 10-6　Undershoot-Falling Edge（信号下降沿的反冲）规则设置对话框

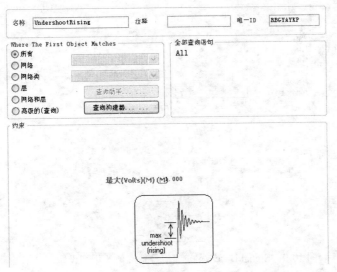

图 10-7　Undershoot-Rising Edge（信号上升沿的反冲）规则设置对话框

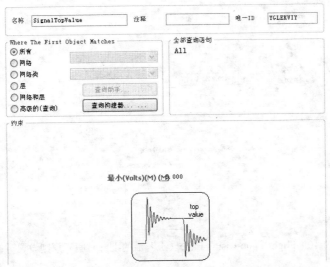

图 10-8　Signal Top Value（信号高电平）规则设置对话框

8．Signal Base Value（信号基准值）规则

信号基准值与信号高电平是相对应的，它定义了线路上信号在低电平状态下所允许的最高稳定电压值，即信号低电平的最高稳定电压值，系统默认的单位是伏特。Signal Base Value（信号基准值）规则设置对话框如图 10-9 所示。

9．Flight Time-Rising Edge（上升沿的上升时间）规则

上升沿的上升时间定义了信号上升沿允许的最大上升时间，即信号上升沿到达信号幅度值的 50%时所需的时间，系统默认的单位是秒。Flight Time-Rising Edge（上升沿的上升时间）规则设置对话框如图 10-10 所示。

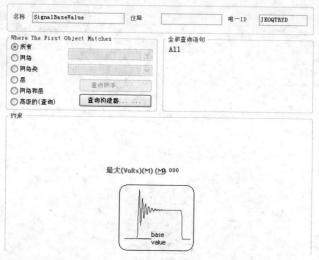

图 10-9　Signal Base Value（信号基准值）规则设置对话框

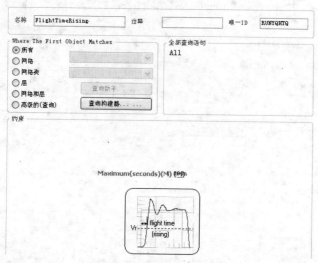

图 10-10　Flight Time-Rising Edge（上升沿的上升时间）规则设置对话框

10．Flight Time-Falling Edge（下降沿的下降时间）规则

下降沿的下降时间是由相互连接电路单元引起的时间延迟，它实际是信号电压降低到门限电压（由高电平变为低电平的过程中）所需要的时间。该时间远小于在该网络的输出端直接连接一个参考负载时信号电平降低到门限电压所需要的时间。

下降沿的下降时间与上升沿的上升时间是相对应的，它定义了信号下降边沿允许的最大下降时间，即信号下降边沿到达信号幅度值的 50%时所需的时间，系统默认的单位是秒。Flight Time-Falling Edge（下降沿的下降时间）规则设置对话框如图 10-11 所示。

11．Slope-Rising Edge（上升沿斜率）规则

上升沿斜率定义了信号从门限电压上升到一个有效的高电平时所允许的最大时间，系统默认的单位是秒。Slope-Rising Edge（上升沿斜率）规则设置对话框如图 10-12 所示。

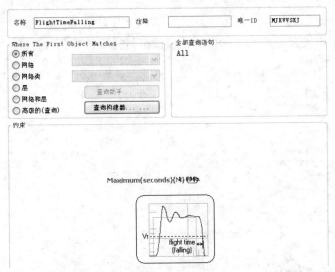

图 10-11 Flight Time-Falling Edge（下降沿的下降时间）规则设置对话框

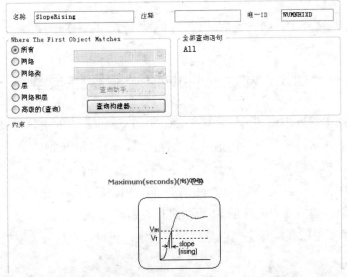

图 10-12 Slope-Rising Edge（上升沿斜率）规则设置对话框

12．Slope-Falling Edge（下降沿斜率）规则

下降沿斜率与上升沿斜率是相对应的，它定义了信号从门限电压下降到一个有效的低电平时所允许的最大时间，系统默认的单位是秒。Slope-Falling Edge（下降沿斜率）规则设置对话框如图 10-13 所示。

13．Supply Nets（电源网络）规则

电源网络定义了电路板上的电源网络标号。信号完整性分析器需要了解电源网络标号的名称和电压值。

设置好完整性分析的各项规则后，在工程文件中打开某个 PCB 设计文件，系统即可根据信号完整性的规则设置对印制电路板进行板级信号完整性分析。

图 10-13　Slope-Falling Edge（下降沿斜率）规则设置对话框

10.3　设定元件的信号完整性模型

与第 9 章中的电路原理图仿真过程类似，Altium Designer 13 的信号完整性分析也是建立在模型基础之上的，这种模型就称为信号完整性模型，简称 SI 模型。

与封装模型、仿真模型一样，SI 模型也是元件的一种外在表现形式。很多元件的 SI 模型与相应的原理图符号、封装模型、仿真模型一起，由系统存放在集成库文件中。因此，与设定仿真模型类似，也需要对元件的 SI 模型进行设定。

元件的 SI 模型可以在信号完整性分析之前设定，也可以在信号完整性分析的过程中进行设定。

10.3.1　在信号完整性分析之前设定元件的 SI 模型

Altium Designer 13 中提供了若干种可以设定 SI 模型的元件类型，如 IC（集成电路）、Resistor（电阻元件）、Capacitor（电容元件）、Connector（连接器类元件）、Diode（二极管元件）和 BJT（双极性三极管元件）等。对于不同类型的元件，其设定方法各不相同。

单个的无源元件，如电阻、电容等，设定比较简单。

1. 无源元件的 SI 模型设定

（1）在电路原理图中，双击所放置的某一无源元件，打开相应的元件属性对话框，这里打开前面章节的原理图文件，双击一个电阻。

（2）单击元件属性对话框下方的 Add（添加）按钮，在系统弹出的"添加新模型"对话框中选择 Signal Integrity（信号完整性）选项，如图 10-14 所示。

（3）单击"确定"按钮，系统将弹出如图 10-15 所示的 Signal Integrity Model（信号完整性模型）对话框，在 Type（类型）列表框中选择相应的类型。此时选择 Resistor（电阻器）选项，然后在 Value（值）文本框中输入适当的电阻值。

若在元件属性对话框 Models（模型）选项区域的 Type（类型）列表框中元件的 Signal Integrity（信号完整性）模型已经存在，则双击后，系统同样弹出如图 10-15 所示的 Signal Integrity Model（信号完整性模型）对话框。

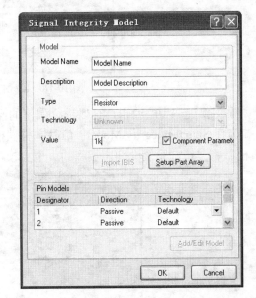

图 10-14　"添加新模型"对话框　　图 10-15　Signal Integrity Model（信号完整性模型）对话框

（4）单击 OK（确定）按钮，即可完成该无源元件的 SI 模型设定。

对于 IC 类的元件，其 SI 模型的设定同样是在 Signal Integrity Model（信号完整性模型）对话框中完成的。一般来说，只需要设定其内部结构特性就够了，如 CMOS、TTL 等。但是在一些特殊的应用中，为了更准确地描述引脚的电气特性，还需要进行一些额外的设定。

2. 新建引脚模型

Signal Integrity Model（信号完整性模型）对话框的 Pin Models（引脚模型）列表框中列出了元件的所有引脚，在这些引脚中，电源性质的引脚是不可编辑的。而对于其他引脚，则可以直接用其右侧的列表框完成简单功能的编辑。如图 10-16 所示，将某一 IC 类元件的某一输入引脚的技术特性，即工艺类型设定为 AS（Advanced Schottky Logic，高级肖特基逻辑晶体管）。

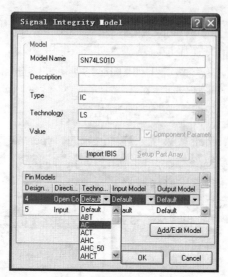

图 10-16　IC元件的引脚编辑

如果需要进一步的编辑，可以进行如下的操作。

（1）在 Signal Integrity Model（信号完整性模型）对话框中，单击 Add/Edit Model（添加/编辑模型）按钮，系统将弹出相应的"引脚模型编辑器"对话框，如图 10-17 所示。

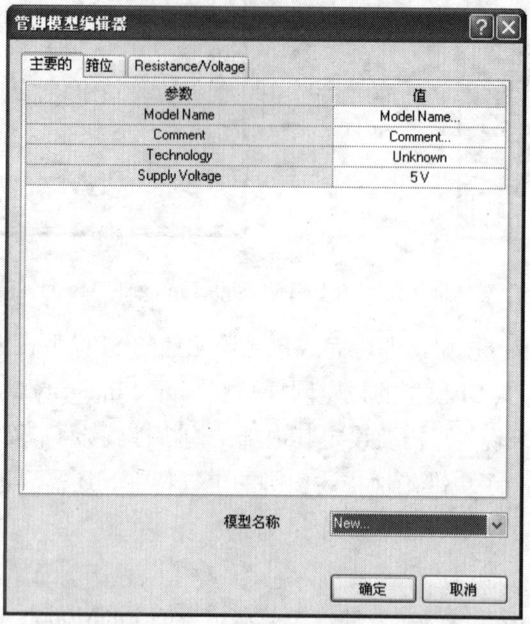

图 10-17　"引脚模型编辑器"对话框

（2）单击"确定"按钮，返回 Signal Integrity Model（信号完整性模型）对话框，可以看到添加了一个新的输入引脚模型供用户选择。

另外，为了简化设定 SI 模型的操作，以及保证输入的正确性，对于 IC 类元件，一些公司提供了现成的引脚模型供用户选择使用，这就是 IBIS（Input/Output Buffer Information Specification，输入、输出缓冲器信息规范）文件，扩展名为 ".ibs"。

使用 IBIS 文件的方法很简单，在 Signal Integrity Model（信号完整性模型）对话框中单击 Import IBIS（输入 IBIS）按钮，打开已下载的 IBIS 文件就可以了。

3. 同步更新

对元件的 SI 模型设定之后，单击菜单栏中的"设计"→ Update PCB Document（更新 PCB 文件）命令，即可完成相应 PCB 文件的同步更新。

10.3.2 在信号完整性分析过程中设定元件的 SI 模型

在信号完整性分析过程中设定元件 SI 模型的具体操作步骤如下。

（1）打开执行信号完整性分析的工程，这里打开光盘目录文件夹下 X:\yuanwenjian\ch13\example 一个简单的设计工程 SY.PrjPcb，打开的 SY.PcbDoc 工程文件如图 10-18 所示。

（2）选择菜单栏中的"工具"→"信号完整性"命令，系统开始运行信号完整性分析器，弹出如图 10-19 所示的信号完整性分析器，其具体设置将在 10.4 节中详细介绍。

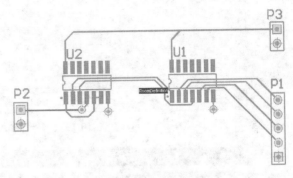

图 10-18　SY.PcbDoc 工程文件

（3）单击"模型匹配"按钮，系统将弹出 SI 模型参数设定对话框，显示所有元件的 SI 模型设定情况，供用户参考或修改，如图 10-20 所示。

SI 模型参数设定对话框的列表框中左侧第 1 列显示的是已经为元件选定的 SI 模型，用户可以根据实际情况，对不合适的模型类型直接单击进行更改。

对于 IC（集成电路）类型的元件，在对应的"值/类型"列中显示了其制造工艺类型，该项参数对信号完整性分析的结果有着较大的影响。

在"状态"列中，显示了当前模型的状态。实际上，选择菜单栏中的"工具"→"信号完整性"命令，开始运行信号完整性分析器的时候，系统已经为一些没有设定 SI 模型的元件添加了模型，这里的状态信息就表示了这些自动加入的模型的可信程度，供用户参考。状态信息一般有以下几种。

（1）Model Found（找到模型）：已经找到元件的 SI 模型。

（2）High Confidence（高可信度）：自动加入的模型是高度可信的。

（3）Medium Confidence（中等可信度）：自动加入的模型可信度为中等。

（4）Low Confidence（低可信度）：自动加入的模型可信度较低。

（5）No Match（不匹配）：没有合适的 SI 模型类型。

（6）User Modified（用户修改的）：用户已修改元件的 SI 模型。

（7）Model Saved（保存模型）：原理图中的对应元件已经保存了与 SI 模型相关的信息。

在列表框中完成需要的设定以后，这个结果应该保存到原理图源文件中，以便下次使用。勾选要保存元件右侧的复选框后，单击"更新模型到原理图中"按钮，即可完成 PCB 与原理图中 SI 模型的同步更新保存。保存后的模型状态信息均显示为 Model Saved（保存模型）。

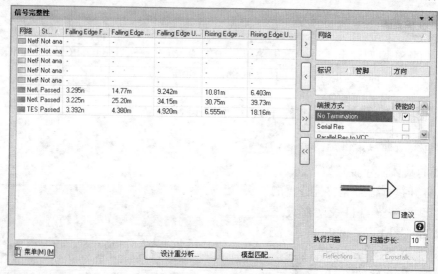

图 10-19　信号完整性分析器

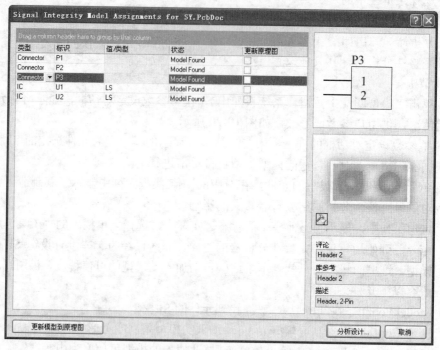

图 10-20　元件的SI模型设定对话框

10.4　信号完整性分析器设置

在对信号完整性分析的有关规则及元件的 SI 模型设定有了初步了解以后，下面来看一下如何进行基本的信号完整性分析。在这种分析中，所涉及的一种重要工具就是信号完整性分析器。

信号完整性分析可以分为两步进行，第一步是对所有可能需要进行分析的网络进行一次初步的分析，从中可以了解到哪些网络的信号完整性最差；第二步是筛选出一些信号进行进一步的分析。这两步的具体实现都是在信号完整性分析器中进行的。

Altium Designer 13 提供了一个高级的信号完整性分析器，能精确地模拟分析已布线的PCB，可以测试网络阻抗、反冲、过冲、信号斜率等。其设置方式与 PCB 设计规则一样，首先启动信号完整性分析器，再打开某一工程的某一 PCB 文件，选择菜单栏中的"工具"→"信号完整性"命令，系统开始运行信号完整性分析器。

信号完整性分析器界面如图 10-21 所示，主要由以下几部分组成。

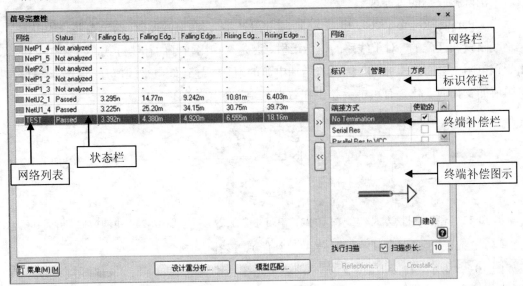

图 10-21　信号完整性分析器界面

1. 网络列表

网络列表中列出了 PCB 文件中所有可能需要进行分析的网络。在分析之前，可以选中需要进一步分析的网络，单击 ⟩ 按钮添加到右侧的网络栏中。

2. 状态栏

用于显示对某个网络进行信号完整性分析后的状态，包括以下三种状态。

（1）Passed（通过）：表示通过，没有问题。

（2）Not analyzed（无法分析）：表明由于某种原因导致对该信号的分析无法进行。

（3）Failed（失败）：分析失败。

3. 标识符栏

标示符栏用于显示在网络栏中选定的网络所连接元件的引脚及信号的方向。

4. 终端补偿栏

在 Altium Designer 13 中对 PCB 进行信号完整性分析时，还需要对线路上的信号进行终端补偿测试，其目的是测试传输线中信号的反射与串扰，以便使 PCB 中的线路信号达到最优。

在终端补偿栏中，系统提供了 8 种信号终端补偿方式，相应的图示显示在下面的图示栏中。

（1）No Termination（无终端补偿）。该补偿方式如图 10-22 所示，即直接进行信号传输，对终端不进行补偿，是系统的默认方式。

（2）Serial Res（串阻补偿）。该补偿方式如图 10-23 所示，即在点对点的连接方式中，直接串入一个电阻，以降低外部电压信号的幅值，合适的串阻补偿将会使信号正确传输到接收端，消除接收端的过冲现象。

（3）Parallel Res to VCC（电源 VCC 端并阻补偿）。在电源 VCC 输出端并联的电阻是和传输线阻抗相匹配的，对于线路的信号反射，这是一种比较好的补偿方式，如图 10-24 所示。由于该电阻上会有电流通过，因此将增加电源的消耗，导致低电平阈值升高。该阈值会根据电阻值的变化而变化，有可能会超出在数据区定义的操作条件。

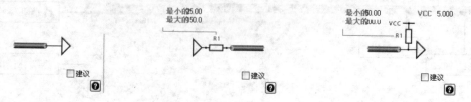

图 10-22　无终端补偿方式　　　图 10-23　串阻补偿方式　　　图 10-24　电源VCC端并阻补偿方式

（4）Parallel Res to GND（接地端并阻补偿）。该补偿方式如图 10-25 所示，在接地输入端并联的电阻是和传输线阻抗相匹配的，与电源 VCC 端并阻补偿方式类似，这也是补偿线路信号反射的一种比较好的方法。同样，由于有电流通过，会导致高电平阈值降低。

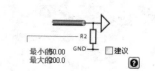

图 10-25　接地端并阻补偿方式

（5）Parallel Res to VCC & GND（电源端与接地端同时并阻补偿）。该补偿方式如图 10-26 所示，将电源端并阻补偿与接地端并阻补偿结合起来使用，适用于 TTL 总线系统，而对于 CMOS 总线系统则一般不建议使用。

由于该补偿方式相当于在电源与地之间直接接入了一个电阻，通过的电流将比较大，因此对于两电阻的阻值应折中分配，以防电流过大。

（6）Parallel Cap to GND（接地端并联电容补偿）。该补偿方式如图 10-27 所示，即在信号接收端对地并联一个电容，可以降低信号噪声。该补偿方式是制作 PCB 印制板时最常用的方式，能够有效地消除铜膜导线在走线拐弯处所引起的波形畸变，最大的缺点是波形的上升沿或下降沿会变得太平坦，导致上升时间和下降时间增加。

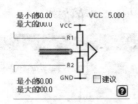

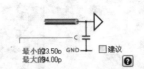

图 10-26 电源端与接地端同时并阻补偿方式   图 10-27 接地端并联电容补偿方式

（7）Res and Cap to GND（接地端并阻、并容补偿）。该补偿方式如图 10-28 所示，即在接收输入端对地并联一个电容和一个电阻，与接地端仅仅并联电容的补偿效果基本一样，只不过在补偿网络中不再有直流电流通过。而且与地端仅仅并联电阻的补偿方式相比，能够使得线路信号的边沿比较平坦。

在大多数情况下，当时间常数 RC 大约为延迟时间的 4 倍时，这种补偿方式可以使传输线上的信号充分终止。

（8）Parallel Schottky Diode（并联肖特基二极管补偿）。该补偿方式如图 10-29 所示，在传输线补偿端的电源和地端并联肖特基二极管可以减小接收端信号的过冲和下冲值。大多数标准逻辑集成电路的输入电路都采用了这种补偿方式。

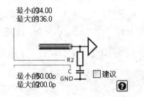

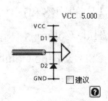

图 10-28 接地端并阻、并容补偿方式   图 10-29 并联肖特基二极管补偿方式

5．"执行扫描"复选框

若勾选"执行扫描"复选框，则信号分析时会按照用户所设置的参数范围，对整个系统的信号完整性进行扫描，类似于电路原理图仿真中的参数扫描方式。扫描步长可以在后面的文本框中进行设置，一般应勾选该复选框，扫描步长采用系统默认值即可。

6．"菜单"按钮

单击"菜单"按钮，系统将弹出如图 10-30 所示的"菜单"菜单。其中各命令的功能如下。

（1）Select Net（选择网络）：选择该命令，系统会将选中的网络添加到右侧的网络栏内。

（2）Details（详细资料）：选择该命令，系统将弹出如图 10-31 所示的"整个结果"对话框，显示在网络列表中所选的网络详细分析情况，包括元件个数、导线条数，以及根据所设定的分析规则得出的各项参数等。

（3）Find Coupled Nets（找到关联网络）：选择该命令，可以查找所有与选中的网络有关联的网络，并高亮显示。

（4）Cross Probe（通过探查）：包括 To Schematic（到原理图）和 To PCB（到 PCB）两

个子命令，分别用于在原理图中或者在 PCB 文件中查找所选中的网络。

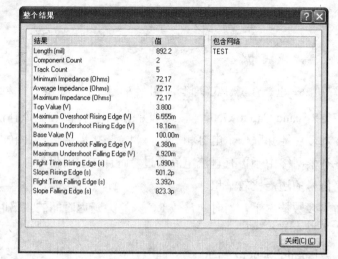

图 10-30　"菜单"菜单　　　　　　　　图 10-31　"整个结果"对话框

（5）Copy（复制）：复制所选中的网络，包括 Select（选择）和 All（所有）两个子命令，分别用于复制选中的网络和选中所有网络。

（6）Show/Hide Columns（显示/隐藏纵队）：该命令用于在网络列表栏中显示或者隐藏一些分析数据列。Show/Hide Columns（显示/隐藏纵队）子菜单如图 10-32 所示。

图 10-32　Show/Hide Columns（显示/隐藏纵队）子菜单

（7）Preferences（参数）：选择该命令，用户可以在弹出的"信号完整性参数选项"对话框中设置信号完整性分析的相关选项，如图 10-33 所示。该对话框中包含若干选项卡，对应不同的设置内容。在信号完整性分析中，用到的主要是"配置（Configuration）"选项卡，用于设置信号完整性分析的时间及步长。

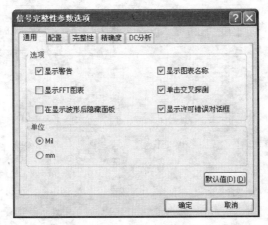

图 10-33 "信号完整性参数选项"对话框

（8）Set Tolerances（设置公差）：选择该命令后，系统将弹出如图 10-34 所示的"设置扫描分析公差"对话框。公差（Tolerance）用于限定一个误差范围，规定了允许信号变形的最大值和最小值。将实际信号的误差值与这个范围相比较，就可以查看信号的误差是否合乎要求。对于显示状态为 Failed（失败）的信号，其失败的主要原因是信号超出了误差限定的范围。因此在进行进一步分析之前，应先检查公差限定是否太过严格。

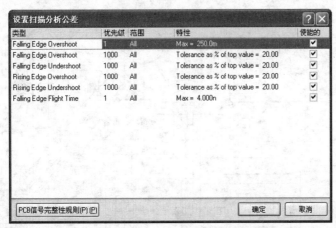

图 10-34 "设置扫描分析公差"对话框

（9）Display Report（显示报表）：用于显示信号完整性分析报表。

10.5 综合实例

随着 PCB 的日益复杂及大规模、高速元件的使用，对电路的信号完整性分析变得非常重要。本节将通过电路原理图及 PCB 电路板，详细介绍对电路进行信号完整性分析的步骤。

利用光盘目录文件夹下"X:\yuanwenjian\ch10\10.5\信号完整性分析应用设计"，如图 10-35 所示的电路原理图和如图 10-36 所示的 PCB 电路板图,完成电路板的信号完整性分析。通过实例，使读者熟悉和掌握 PCB 电路板的信号完整性规则的设置、信号的选择及 Termination Advisor（终端顾问）对话框的设置，最终完成信号波形输出。

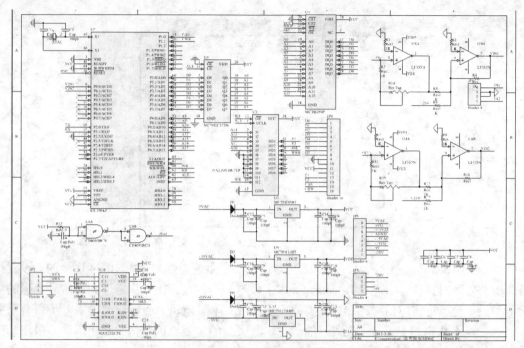

图 10-35　电路原理图

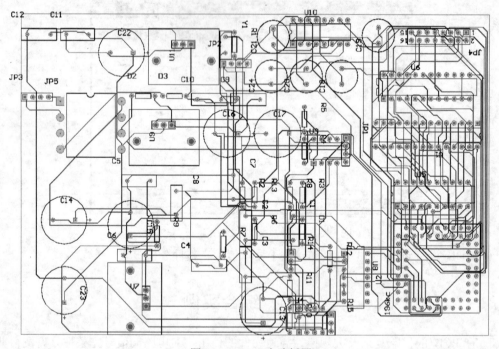

图 10-36　PCB电路板图

绘制步骤

（1）在原理图编辑环境中，选择菜单栏中的"工具"→"信号完整性"命令，系统将弹出如图 10-37 所示的 Errors or warnings found（发现错误或警告）对话框。

图 10-37　Errors or warnings found（发现错误或警告）对话框

（2）单击 Continue（继续）按钮，系统将弹出如图 10-38 所示的信号完整性分析器。

图 10-38　信号完整性分析器

（3）选择 D1 信号，单击 ▷ 按钮将 D1 信号添加到网络栏中，在下面的窗口中显示出与 D1 信号有关的元件 JP4、U1、U2、U5，如图 10-39 所示。

（4）在终端补偿栏中，系统提供了 8 种信号终端补偿方式，相应的图示显示在下面的图示栏中。选择 No Termination（无终端补偿）补偿方式，然后单击 Reflections（显示）按钮，显示无补偿时的波形，如图 10-40 所示。

（5）在终端补偿栏中选择 Serial Res（串阻补偿）补偿方式，然后单击 Reflections（显示）按钮，显示串阻补偿时的波形，如图 10-41 所示。

（6）在终端补偿栏中选择 Parallel Cap to GND（接地端并阻补偿）补偿方式，然后单击 Reflections（显示）按钮，显示接地端并阻补偿时的波形，如图 10-42 所示。其余的补偿方式请读者自行练习。

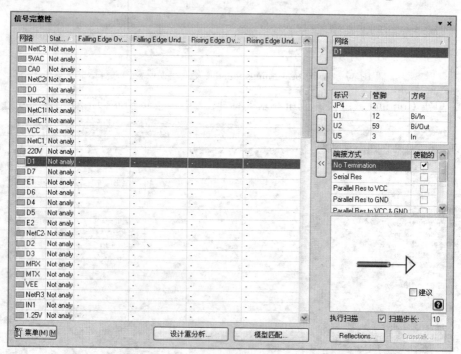

图 10-39　添加D1 信号到网络栏

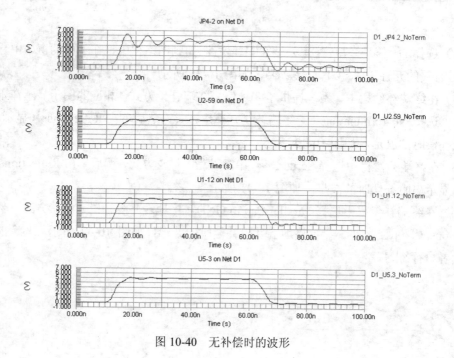

图 10-40　无补偿时的波形

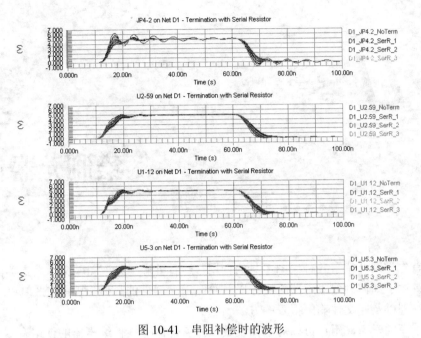

图 10-41　串阻补偿时的波形

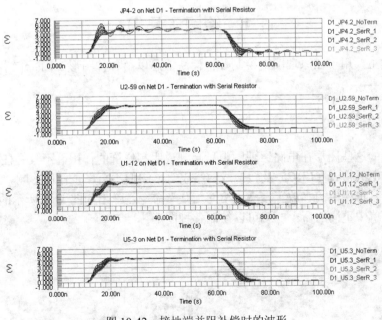

图 10-42　接地端并阻补偿时的波形

第**11**章

绘制元器件

• • • • • • • • •

本章首先详细介绍了各种绘图工具的使用，然后讲解了原理图库文件编辑器的使用，并通过实例讲述了如何创建原理图库文件以及绘制库元器件的具体步骤。在此基础上，介绍了库元器的管理以及库文件输出报表的方法。

通过本章的学习，用户可以对绘图工具以及原理图库文件编辑器的使用有一定的了解，能够完成简单的原理图符号的绘制。

11.1　绘图工具简介

绘图工具主要用于在原理图中绘制各种标注信息以及各种图形。下面介绍常用的几种原理图库绘制工具。

11.1.1　绘图工具

由于绘制的这些图形在电路原理图中只起到说明和修饰的作用，不具有任何电气意义，所以系统在做电气检查（ERC）及转换成网络表时，它们不会产生任何影响。

（1）选择菜单栏中的"放置"→"绘图工具"命令，弹出如图11-1所示的"绘图工具"菜单，选择菜单中不同的命令，就可以绘制各种图形。

图11-1　"绘图工具"菜单

（2）单击"实用"工具栏中 ·按钮，弹出"绘图"工具栏，如图 11-2 所示。"绘图"工具栏中的各项与"绘图工具"菜单中的命令具有对应关系。

① ╱：用来绘制直线。

② ✕：用来绘制多边形。

③ ◠：用来绘制椭圆弧。

④ ⌒：用来绘制贝塞尔曲线。

⑤ A：用来在原理图中添加文字说明。

⑥ ▤：用来在原理图中添加文本框。

图 11-2 "绘图"工具栏

⑦ □：用来绘制直角矩形。

⑧ ▢：用来绘制圆角矩形。

⑨ ⬭：用来绘制椭圆或圆。

⑩ ◖：用来绘制扇形。

⑪ ▨：用来往原理图上粘贴图片。

11.1.2 绘制直线

在电路原理图中，绘制出的直线在功能上完全不同于前面所讲的导线，它不具有电气连接意义，所以不会影响到电路的电气结构。

1. 启动绘制直线命令

启动绘制直线命令主要有两种方法：

（1）选择菜单栏中的"放置"→"绘图工具"→"线"命令。

（2）单击"绘图"工具栏中的绘制直线按钮 ╱（放置走线）。

2. 绘制直线

启动绘制直线命令后，光标变成十字形，系统处于绘制直线状态。在指定位置单击鼠标左键确定直线的起点，移动光标形成一条直线，在适当的位置再次单击鼠标左键确定直线终点。若在绘制过程中，需要转折，在折点处单击鼠标左键确定直线转折的位置，每转折一次都要单击鼠标一次。转折时，可以通过按 Shift+空格键来切换选择直线转折的模式，与绘制导线一样，也有三种模式，分别是直角、45°角和任意角。

绘制出第一条直线后，右击鼠标退出绘制第一根直线。此时系统仍处于绘制直线状态，将鼠标移动到新的直线的起点，按照上面的方法继续绘制其他直线。

单击鼠标右键或按 Esc 键可以退出绘制直线状态。

3. 直线属性设置

在绘制直线状态下，按 Tab 键，或者在完成绘制直线后，双击需要设置属性的直线，弹出 PolyLine（折线）对话框，如图 11-3 所示。

"绘图的"选项卡设置：

（1）开始线外形：用来设置直线起点外形。单击后面的下三角按钮，可以看到有 7 个选项供用户选择，如图 11-4 所示。

（2）结束线外形：用来设置直线终点外形。单击后面的下三角按钮，也可以看到有 7 种选择。

（3）线外型尺寸：用来设置直线起点和终点外形尺寸。有 4 个选项供用户选择：Smallest、Small、Medium 和 Large。系统默认是 Smallest。

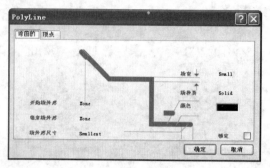

图 11-3　直线属性设置对话框

图 11-4　起点形状设置

（4）线宽：用来设置直线的宽度。也有 4 个选项供用户选择：Smallest、Small、Medium 和 Large。系统默认是 Small。

（5）线种类：用来设置直线类型。有 3 个选项供用户选择：Solid（实线）、Dashed（虚线）和 Dotted（点线）。系统默认是 Solid。

（6）颜色：用来设置直线的颜色。单击右边的色块，即可设置直线的颜色。

单击"顶点"标签，弹出如图 11-5 所示的选项卡。

"顶点"选项卡主要用来设置直线各个顶点（包括转折点）的位置坐标。图 11-5 所示是一条折线 4 个点的位置坐标。用户可以改变每一个点中的 X、Y 值来改变各点的位置。

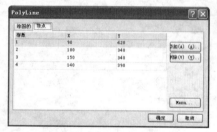

图 11-5　"顶点"选项卡

11.1.3　绘制椭圆弧和圆弧

除了绘制直线以外，用户还可以用绘图工具绘制曲线，如绘制椭圆弧和圆弧。

1．绘制椭圆弧

绘制椭圆弧的步骤如下。

1）启动绘制椭圆弧命令

主要有两种方法。

（1）选择菜单栏中的"放置"→"绘图工具"→"椭圆弧"命令。

（2）单击"绘图"工具栏中的绘制椭圆弧按钮 。

2）绘制椭圆弧

（1）启动绘制椭圆弧命令后，光标变成十字形。移动光标到指定位置，单击鼠标左键确定椭圆弧的圆心，如图 11-6 所示。

（2）沿水平方向移动鼠标，可以改变椭圆弧的宽度，当宽度合适后单击鼠标左键确定椭圆弧的宽度，如图 11-7 所示。

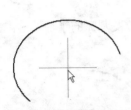 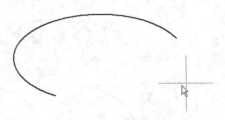

图 11-6　确定椭圆弧圆心　　　　　　　　　　图 11-7　确定椭圆弧宽度

（3）沿垂直方向移动鼠标，可以改变椭圆弧的高度，当高度合适后单击鼠标左键确定椭圆弧的高度，如图 11-8 所示。

（4）此时，光标会自动移到椭圆弧的起始角处，移动光标可以改变椭圆弧的起始角。单击鼠标左键确定椭圆弧的起始点，如图 11-9 所示。

（5）光标自动移动到椭圆弧的终点处，单击鼠标左键确定椭圆弧的终点，如图 11-10 所示。完成绘制椭圆弧。此时，仍处于绘制椭圆弧状态，若需要继续绘制，则按上面的步骤绘制，若要退出绘制，则单击鼠标右键或按 Esc 键。

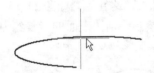 

图 11-8　确定椭圆弧高度　　图 11-9　确定椭圆弧的起始点　　图 11-10　确定椭圆弧的终点

3）椭圆弧属性设置

在绘制状态下，按 Tab 键或者绘制完成后，双击需要设置属性的椭圆弧，弹出"椭圆弧"对话框，如图 11-11 所示。

在该对话框中可以设置椭圆弧的圆心坐标（Location）、椭圆弧的宽度（X-Radius）和高度（Y-Radius）、椭圆弧的起始角（Start Angle）和终止角（End Angle）以及椭圆弧的颜色等。

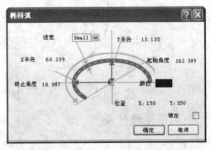

图 11-11　"椭圆弧"对话框

2. 绘制圆弧

绘制圆弧的方法与绘制椭圆弧的方法基本相同。绘制圆弧时，不需要确定宽度和高度，只需确定圆弧的圆心、半径以及起始点和终止点就可以了。

绘制圆弧的步骤如下。

1）启动绘制圆弧命令

选择菜单栏中的"放置"→"绘图工具"→"弧"命令或在原理图的空白区域单击鼠标右键，在弹出的快捷菜单中选择"放置"→"绘图工具"→"弧"命令，即可启动绘制圆弧命令。

2）绘制圆弧

（1）启动绘制圆弧命令后，光标变成十字形。将光标移到指定位置。单击鼠标左键确定圆弧的圆心，如图 11-12 所示。

（2）此时，光标自动移到圆弧的圆周上，移动鼠标可以改变圆弧的半径。单击鼠标左键确定圆弧的半径，如图 11-13 所示。

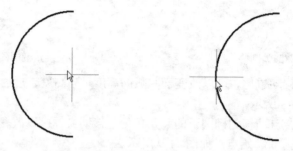

图 11-12　确定圆弧圆心　　　　图 11-13　确定圆弧半径

（3）光标自动移动到圆弧的起始角处，移动鼠标可以改变圆弧的起始点。单击鼠标左键确定圆弧的起始点，如图 11-14 所示。

（4）此时，光标移到圆弧的另一端，单击鼠标左键确定圆弧的终止点，如图 11-15 所示。一条圆弧绘制完成，系统仍处于绘制圆弧状态，若需要继续绘制，则按上面的步骤绘制，若要退出绘制，则单击鼠标右键或按 Esc 键。

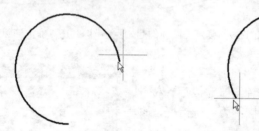

图 11-14　确定圆弧起始点　　　　图 11-15　确定圆弧终止点

3）圆弧属性设置

在绘制状态下，按 Tab 键或者绘制完成后，双击需要设置属性的圆弧，弹出 Arc 圆弧属性设置对话框，如图 11-16 所示。

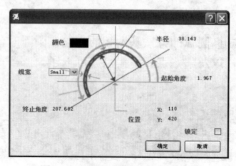

图 11-16　圆弧属性设置对话框

圆弧的属性设置与椭圆弧的属性设置基本相同。区别在于圆弧设置的是其半径的大小，而椭圆弧设置的是其宽度（X）和高度（Y）。

11.1.4　绘制矩形

Altium Designer 13 中绘制的矩形分为直角矩形和圆角矩形两种。它们的绘制方法基本相同。绘制直角矩形的步骤如下。

1．启动绘制直角矩形的命令

（1）选择菜单栏中的"放置"→"绘图工具"→"矩形"命令。

（2）在原理图的空白区域单击鼠标右键，在弹出的快捷菜单中选择"放置"→"绘图工具"→"矩形"命令。

（3）单击"绘图"工具栏中的绘制直角矩形按钮 □。

2．绘制直角矩形

启动绘制直角矩形的命令后，光标变成十字形。将十字光标移到指定位置，单击鼠标左键确定矩形左上角位置，如图 11-17 所示。此时，光标自动跳到矩形的右上角，拖动鼠标，调整矩形至合适大小，再次单击鼠标左键，确定右下角位置，如图 11-18 所示。矩形绘制完成。此时系统仍处于绘制矩形状态，若需要继续绘制，则按上面的方法绘制，否则单击鼠标右键或按 Esc 键，退出绘制命令。

图 11-17　确定矩形左上角　　　　图 11-18　确定矩形右下角

3．直角矩形属性设置

在绘制状态下，按 Tab 键或者绘制完成后，双击需要设置属性的矩形，弹出"长方形"对话框，如图 11-19 所示。

此对话框可用来设置长方形的左下角坐标（位置 X1、Y1）、右上角坐标（位置 X2、Y2）、"线的宽度"、"板的颜色"、"填充颜色"等。

圆角长方形的绘制方法与长方形的绘制方法基本相同，这里不再重复讲述。圆角长方形的属性设置如图 11-20 所示。在该对话框中多出两项，一个用来设置圆角长方形转角的宽度（X 半径），另一个用来设置转角的高度（Y 半径）。

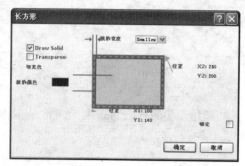 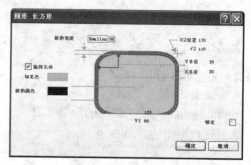

图 11-19 "长方形"对话框   图 11-20 圆角长方形的属性设置对话框

11.1.5 绘制贝塞尔曲线

贝塞尔曲线在电路原理图中的应用比较多,可以用于绘制正弦波、抛物线等。
绘制贝塞尔曲线的步骤如下。

1．启动绘制贝塞尔曲线的命令

（1）选择菜单栏中的"放置"→"绘图工具"→"贝塞尔曲线"命令。
（2）在原理图的空白区域单击鼠标右键,在弹出的快捷菜单中选择"放置"→"绘图工具"→"贝塞尔曲线"命令。
（3）单击"绘图"工具栏中的绘制贝塞尔曲线按钮 ∿。

2．绘制贝塞尔曲线

（1）启动绘制贝塞尔曲线命令后,鼠标变成十字形。将十字光标移到指定位置,单击鼠标左键,确定贝塞尔曲线的起点。然后移动光标,再次单击鼠标左键确定第二点,绘制出一条直线,如图 11-21 所示。
（2）继续移动鼠标,在合适位置单击鼠标左键确定第三点,生成一条弧线,如图 11-22 所示。

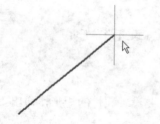   

图 11-21 确定一条直线   图 11-22 确定贝塞尔曲线的第三点

（3）继续移动鼠标,曲线将随光标的移动而变化,单击鼠标左键,确定此段贝塞尔曲线,如图 11-23 所示。
（4）继续移动鼠标,重复操作,绘制出一条完整的贝塞尔曲线,如 11-24 所示。
（5）此时系统仍处于绘制贝塞尔曲线状态,若需要继续绘制,则按上面的步骤绘制,否则单击鼠标右键或按 Esc 键。

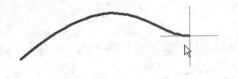

图 11-23　确定一段贝塞尔曲线　　　　　图 11-24　完整的贝塞尔曲线

3. 贝塞尔曲线属性设置

双击绘制完成的贝塞尔曲线，弹出"贝塞尔曲线"对话框，如图 11-25 所示。此对话框只用来设置贝塞尔曲线的"曲线宽度"和"颜色"。

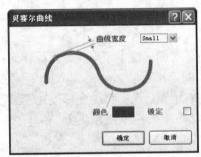

图 11-25　"贝塞尔曲线"对话框

4. 绘制贝塞尔曲线实例

正弦波属于贝塞尔曲线中常用的一种，下面介绍如何绘制一条标准的正弦波。

当绘制贝塞尔曲线时，启动绘制命令后，进入绘制状态，光标变成十字形。由于一条曲线是由 4 个点确定的，下面只要定义 4 个点就可形成一条曲线。但是对于正弦波，这 4 个点不是随便定义的，在这里介绍一些技巧。

（1）首先在曲线起点上单击一下鼠标左键，确定第 1 点；再将鼠标从这个点向右移动 2 个网格，向上移动 4 个网格，单击鼠标左键确定第 2 点；然后，在第 1 点右边水平方向上第 4 个网格上单击鼠标确定第 3 点；第 4 点和第 3 点位置相同，即在第 3 点的位置上连续点两下（若不用此法，很难绘制出一个标准的正弦波）。此时完成了半周正弦波的绘制，如图 11-26 所示。

（2）采用同样的方法在第 4 点的下面绘制另外半周正弦波，或者采用复制的方法，完成一个周期的绘制，如图 11-27 所示。

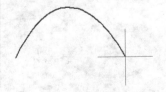

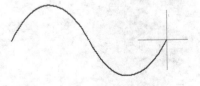

图 11-26　绘制半周正弦曲线　　　　　图 11-27　绘制完一周期正弦曲线

（3）用同样的方法绘制其他周期的正弦曲线。

若要改变正弦曲线周期的大小，只需在第一步绘制时按比例改变各点的位置即可。

11.1.6　绘制椭圆或圆

Altium Designer 13 中绘制椭圆和圆的工具是一样的。当椭圆的长轴和短轴的长度相等时，椭圆就会变成圆。因此，绘制椭圆与绘制圆本质上是一样的。

1．启动绘制椭圆的命令

（1）选择菜单栏中的"放置"→"绘图工具"→"椭圆"命令。

（2）在原理图的空白区域单击鼠标右键，在弹出的快捷菜单中选择"放置"→"绘图工具"→"椭圆"命令。

（3）单击"绘图"工具栏中的绘制椭圆按钮○。

2．绘制椭圆

（1）启动绘制椭圆命令后，光标变成十字形。将光标移到指定位置，单击鼠标左键，确定椭圆的圆心位置，如图 11-28 所示。

（2）光标自动移到椭圆的右顶点，水平移动光标改变椭圆水平轴的长短，在合适位置单击鼠标左键确定水平轴的长度，如图 11-29 所示。

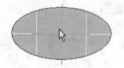

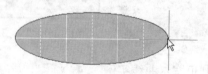

图 11-28　确定椭圆圆心　　　　　　图 11-29　确定椭圆水平轴长度

（3）此时光标移到椭圆的上顶点处，垂直拖动鼠标改变椭圆垂直轴的长短，在合适位置单击鼠标，完成一个椭圆的绘制，如图 11-30 所示。

（4）此时系统仍处于绘制椭圆状态，可以继续绘制椭圆。若要退出，单击鼠标右键或按 Esc 键。

3．椭圆属性设置

在绘制状态下，按 Tab 键或者绘制完成后，双击需要设置属性的椭圆，弹出"椭圆形"对话框，如图 11-31 所示。

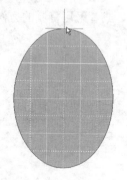

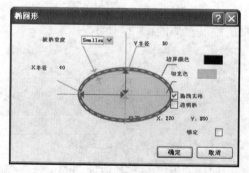

图 11-30　绘制完成的椭圆　　　　　　图 11-31　"椭圆形"对话框

此对话框用来设置椭圆的圆心坐标（位置 X、Y）、水平轴长度（X 半径）、垂直轴长度（Y 半径）、"边界宽度"、"边界颜色"以及"填充颜色"等。

当需要绘制一个圆时，直接绘制存在一定的难度，用户可以先绘制一个椭圆，然后在其属性对话框中设置，让水平轴长度（X 半径）等于垂直轴长度（Y 半径），即可以得到一个圆。

11.2　原理图库文件编辑器

对于元器件库中没有的元器件，用户可以利用 Altium Designer 13 系统提供的库文件编辑器来设一个自己所需要的元器件。下面来介绍一下原理图库文件编辑器。

11.2.1　启动原理图库文件编辑器

通过新建一个原理图库文件，或者通过打开一个已有的原理图库文件，都可以启动进入原理图库文件编辑环境中。

1．新建一个原理图库文件

选择菜单栏中的"文件"→"新建（New）"→"库（Library）"→"原理图库"命令，如图 11-32 所示。

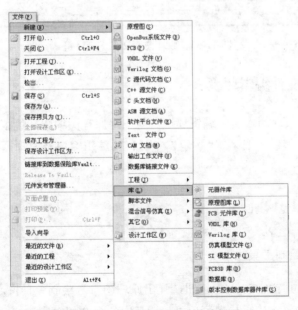

图 11-32　启动原理图库文件编辑器

执行该命令后，系统会在 Projects（工程）面板中创建一个默认名为 SchLib1. SchLib 的原理图库文件，同时启动原理图库文件编辑器。

2．保存并重新命名原理图库文件

选择菜单栏中的"文件"→"保存"命令，或单击主工具栏上的保存按钮，弹出保存

文件对话框。将该原理图库文件重新命名为 MySchLib1. SchLib，并保存在指定位置。保存后返回到原理图库文件编辑环境中，如图 11-33 所示。

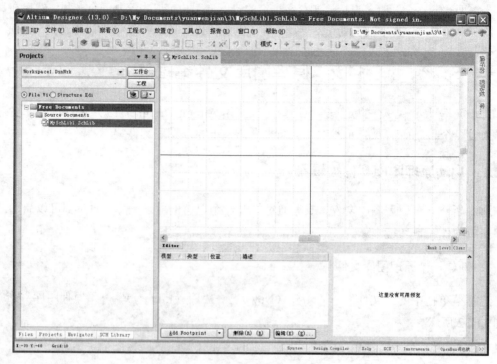

图 11-33　原理图库文件编辑环境

11.2.2　原理图库文件编辑环境

图 11-33 所示为原理图库文件编辑环境。与电路原理图编辑环境很相似，操作方法也基本相同。主要由菜单栏、工具栏、"实用"工具栏、编辑窗口及原理图库文件面板等几大部分构成。

11.2.3　"实用"工具栏简介

1. 原理图符号绘制工具栏

单击"实用"工具栏中的 按钮，弹出原理图符号绘制工具栏，如图 11-34 所示。

此工具栏中的大部分按钮与主菜单"放置"中的命令相对应，如图 11-35 所示。其中大部分与前面讲的绘图工具操作相同，在此不再重复讲述，只将增加的几项简单介绍一下。

2. IEEE 符号工具栏

单击"实用"工具栏中的 按钮，弹出 IEEE 符号工具栏，如图 11-36 所示。

这些按钮的功能与原理图库文件编辑器中"放置"→ IEEE Symbols（IEEE 符号）菜单

中的命令相对应，如图 11-37 所示。

图 11-34　原理图符号绘制工具栏　　　图 11-35　"放置"菜单　　　图 11-36　IEEE符号工具栏

（1）○：放置低电平触发符号。

（2）←：放置信号左向传输符号，用来指示信号传输的方向。

（3）▷：放置时钟上升沿触发符号。

（4）⊣：放置低电平输入触发符号。

（5）⌒：放置模拟信号输入符号。

（6）＊：放置无逻辑性连接符号。

（7）┐：放置延时输出符号。

（8）⬠：放置集电极开极输出符号。

（9）▽：放置高阻抗符号。

（10）▷：放置大电流符号。

（11）⊓：放置脉冲符号。

（12）⊢：放置延时符号。

（13）］：放置 I/O 组合符号。

（14）｝：放置二进制组合符号。

（15）⊩：放置低电平触发输出符号。

（16）π：放置Π符号。

（17）≥：放置大于等于号。

（18）⬠：放置具有上拉电阻的集电极开极输出符号。

（19）ᴕ：放置发射极开极输出符号。

（20）ᴕ：放置具有下拉电阻的发射极开极输出符号。

（21）＃：放置数字信号输入符号。

（22）▷：放置反相器符号。

（23）Ɔ：放置或门符号。

图 11-37　IEEE Symbols 菜单

（24） ⬙ ：放置双向信号流符号。

（25） ▱ ：放置与门符号。

（26） ⬙ ：放置异或门符号。

（27） ↤ ：放置数据信号左移符号。

（28） ≤ ：放置小于等于号。

（29） Σ ：放置Σ加法符号。

（30） ⊐ ：放置带有施密特触发的输入符号。

（31） → ：放置数据信号右移符号。

（32） ◇ ：放置开极输出符号。

（33） ▷ ：放置信号右向传输符号。

（34） ⬙ ：放置信号双向传输符号。

3．"模式"工具栏

"模式"工具栏用来控制当前元器件的显示模式，如图 11-38
所示。

（1） 模式 ：用来为当前元器件选择一种显示模式，系统默
认为 Normal。

图 11-38 "模式"工具栏

（2） ＋ ：用来为当前元器件添加一种显示模式。

（3） － ：用来删除元器件的当前显示模式。

（4） ⬅ ：用来切换回到前一种显示模式。

（5） ➡ ：用来切换回到后一种显示模式。

11.2.4 "工具"菜单的库元器件管理命令

在原理图库文件编辑环境中，系统为用户提供了一系列管理库元器件的命令。执行菜单
命令"工具"，弹出库元器件管理菜单命令，如图 11-39 所示。

（1）新器件：用来创建一个新的库元器件。

（2）移除器件：用来删除当前元器件库中选中的元器件。

（3）移除重复：用来删除元器件库中重复的元器件。

（4）重新命名器件：用来重新命名当前选中的元器件。

（5）拷贝器件：用来将选中的元器件复制到指定的元器件库中。

（6）移动器件：用来把当前选中的元器件移动到指定的元器件库中。

（7）新部件：用来放置元器件的子部件，其功能与原理图符号绘制工具栏中的 ➡ 按钮相同。

（8）移除部件：用来删除子部件。

（9）模式：用来管理库元器件的显示模式，其功能与模式工具栏相同。

（10）转到：用来对库元器件以及子部件进行快速切换定位。

（11）发现器件：用来查找元器件。其功能与"库"面板中的"查找"按钮相同。

（12）器件属性：用来启动元器件属性对话框，进行元器件属性设置。

（13）参数管理器：用来进行参数管理。执行该命令后，弹出"参数编辑选项"对话框，如图 11-40 所示。

图 11-39　"工具"菜单　　　　　　　图 11-40　"参数编辑选项"对话框

在该对话框中，"包含特有的参数"选项区域中有 7 个复选框，主要用来设置所要显示的参数，如元器件、网络（参数设置）、页面符号库、管脚、模型、端口、文件。单击 确定 按钮后，系统会弹出当前原理图库文件的参数编辑器，如图 11-41 所示。

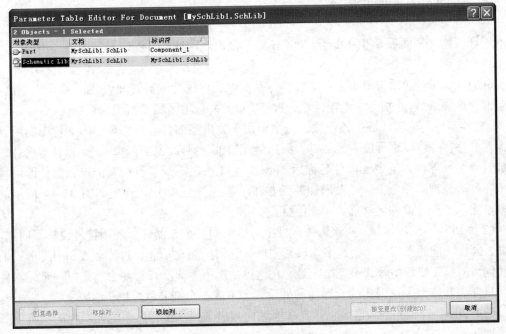

图 11-41　参数编辑器

（14）模式管理：用来为当前选中的库元器件添加其他模型，包括 PCB 模型、信号完整性分析模型、仿真模型以及 PCB 3D 模型等。执行该命令后，弹出如图 11-42 所示的"模型管理器"对话框。

图 11-42　"模型管理器"对话框

（15）XSpice 模型向导：用来引导用户为所选中的库元器件添加一个 XSpice 模型。

（16）更新原理图：用来将当前库文件在原理图元器件库文件编辑器中所做的修改更新到打开的电路原理图中。

11.2.5　原理图库文件面板简介

原理图库文件面板 SCH Library（SCH 库）是原理图库文件编辑环境中的专用面板，如图 11-43 所示。

SCH Library 面板主要用来对库元器件及其库文件进行编辑管理。共有 4 个选项区域："器件" 选项区域、"别名"选项区域、Pins（管脚）选项区域"模型"选项区域。

（1）"器件"选项区域：该选项区域主要用于列出当前打开的原理图库文件中的所有库元器件名称，并可以进行放置元器件、添加新元器件、删除元器件和编辑元器件等操作。若要放置一个元器件，选中元器件名称后，单击 放置 按钮，或者直接双击该元器件即可将其放置在打开原理图图纸上。若要添加新元器件，单击 添加 按钮，弹出如图 11-44 所示的对话框，输入一个元器件名称后，单击 确定 按钮即可。

（2）"别名" 选项区域：在该选项区域中可以为同一个元器件原理图符号设置不同别名。例如，同样功能的元器件，会有多家厂商生产，它们虽然在功能、封装形式和引脚形式上完全相同，但是元器件型号却不完全一致。在这种情况下，就没有必要去创建每一个元器件符号，只要为其中一个已创建的元器件另外设置一个或多个别名就可以了。

（3）Pins（管脚）选项区域：该选项区域中列出了当前工作区中的元器件的所有引脚及其属性。

（4）"模型"选项区域：该选项区域主要用来列出元器件的其他模型，如 PCB 封装模型、仿真模型、信号完整性分析模型、VHDL 模型等。

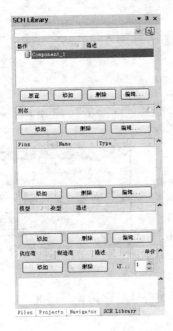

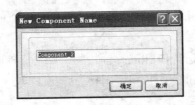

图 11-43　SCH Library 面板　　　　　　图 11-44　原理图符号名称对话框

11.2.6　新建一个原理图元器件库文件

下面以 LG 半导体公司生产的 GMS97C2051 微控制芯片为例，绘制其原理图符号。

选择菜单栏中的"文件"→"新建"→"库"→"原理图库"命令，系统会在 Projects（工程）面板中创建一个默认名为 SchLib1.SchLib 的原理图库文件，同时启动原理图库文件编辑器。然后选择菜单栏中的"文件"→"保存为"命令，保存新建的库文件，并命名为 My GMS97C2051. SchLib，如图 11-45 所示。

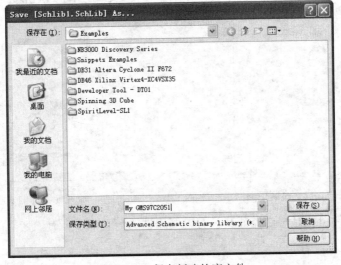

图 11-45　保存新建的库文件

11.2.7 绘制库元器件

1. 新建元器件原理图符号名称

在创建了一个新的原理图库文件的同时，系统会自动为该库添加一个默认名为 Component_1 的库元器件原理图符号名称。新建一个元器件原理图符号名称有两种方法。

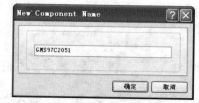

图 11-46 原理图符号名称设置对话框

（1）单击原理图符号绘制工具栏中的 按钮，在弹出的菜单中单击创建新元器件按钮 ，弹出原理图符号名称设置对话框，在此对话框中输入用户自己要绘制的库元器件名称 GMS97C2051，如图 11-46 所示。

（2）在 SCH Library 面板中，单击原理图符号名称栏下面的 按钮，同样会弹出 11-46 所示原理图符号名称设置对话框。

2. 绘制库元器件原理图符号

1）绘制矩形框

单击原理图符号绘制工具栏中的 按钮，在弹出的菜单中单击放置矩形按钮 ，光标变成十字形状，在编辑窗口的第四象限内绘制一个矩形框，如图 11-47 所示。矩形框的大小由要绘制的元器件的引脚数决定。

2）放置引脚

单击绘图工具栏中的 按钮，或者选择菜单栏中的"放置"→"管脚"命令，进行放置引脚。此时光标变成十字形，同时附有一个引脚符号。移动光标到矩形的合适位置，单击鼠标左键完成一个引脚的放置，如图 11-48 所示。

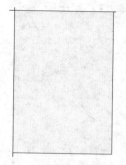

图 11-47 绘制矩形框

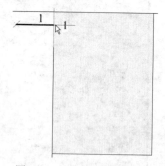

图 11-48 放置元器件的引脚

在放置元器件引脚时，要保证其具有电气属性的一端，即带有"×"的一端朝外。

3）引脚属性设置

在放置引脚时按下 Tab 键，或者在放置引脚后双击要设置属性的引脚，弹出元器件引脚属性对话框，如图 11-49 所示。

在该对话框中，可以对元器件引脚的各项属性进行设置。引脚属性对话框中各项属性的含义如下：

（1）显示名字：用于设置元器件引脚的名称。

（2）标识：用于设置元器件引脚的编号。它应该与实际的元器件引脚编号相对应。

（3）电气类型：用于设置元器件引脚的电气特性。单击右边的下三角按钮可以进行设置，如图 11-50 所示。系统默认为 Passive，表示不设置电气特性。若用户对元器件的各引脚电气特性很熟悉，可以不必设置。

（4）描述：用于输入元器件引脚的特性描述。

（5）隐藏：用于设置该引脚是否为隐藏引脚。若选中该复选框，则引脚将不会显示，此时，应该在右边的"连接到"栏中输入与该引脚连接的网络名称。

（6）端口数目：用于设置该元器件的子部件编号。

（7）"符号"选项区域：在该选项区域中可以选择不同的 IEEE 符号，将其放在元器件的"里面"、"内边沿"、"外部边沿"、"外部"上。

（8）"VHDL 参数"选项区域：用于设置元器件的 VHDL 参数。

图 11-49　引脚属性对话框

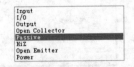

图 11-50　电气特性设置对话框

（9）"绘图的"选项区域：用于设置该引脚的位置、长度、定位以及颜色。

设置完成后，单击  按钮，关闭引脚属性对话框。例如要设置 GMS97C2051 的第一个引脚属性，在"显示名字"文本框中输入 RST，在"标识"文本框中输入 1，　设置好属性的引脚如图 11-51 所示。

用同样的方法放置 GMS97C2051 的其他引脚，并设置相应的属性。放置所有引脚后的 GMS97C2051 元器件原理图如图 11-52 所示。

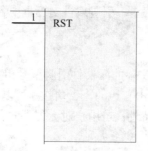

图 11-51 设置好属性的引脚

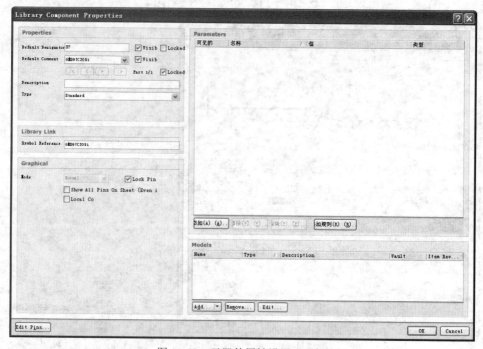

图 11-52 放置所有引脚后的原理图

3. 元器件属性设置

绘制好元器件符号以后，还要设置其属性。双击 SCH Library 面板的原理图符号名称栏中的库元器件名 GMS97C2051，弹出元器件属性设置对话框，如图 11-53 所示。

在该对话框中可以对自己绘制的库元器件的各项属性进行设置。

图 11-53 元器件属性设置对话框

1）Properties 选项区域

（1）Default Designator：用于设置默认库元器件序号，即当把该元器件放置到原理图文件中时，系统最初默认显示的元器件序号。这里设置为 "U？"，若选中后面的 Visible（可见的）复选框，则在放置该元器件原理图符号时，"U？" 会显示在原理图图纸上。

（2）Default Comment（注释）：用于设置元器件型号，说明元器件的特征。此处设置为 GMS97C2051，若选中后面的 Visible（可见的）复选框，则在放置该元器件原理图符号时，GMS97C2051 会显示在原理图图纸上。

（3）Description（描述）：用于描述库元器件的性能。

（4）Type（类型）：用于设置库元器件符号类型，此处采用系统默认值 Standard（标准）。

2）Graphical（绘图的）选项区域

（1）Lock Pins（锁定引脚）：若选中此复选框，则元器件的所有引脚将和元器件成为一个整体，不能在电路原理图上单独移动引脚。建议选中该复选框。

（2）Show All Pins On Sheet（Even if Hidden）：用于设置是否在电路原理图上显示元器件的所有引脚（包含隐藏引脚）。若选中该复选框，则在原理图上会显示元器件的所有引脚。

（3）Local Colors（默认颜色）：用于设置元器件符号的颜色。若选中该复选框，则可以对元器件符号的 Fills（填充）颜色、Pins（引脚）颜色以及 Lines（轮廓线）颜色进行设置。

单击对话框左下角的 Edit Pins... 按钮，弹出元器件引脚编辑器，可以对该元器件的所有引脚进行一次性编辑，如图 11-54 所示。

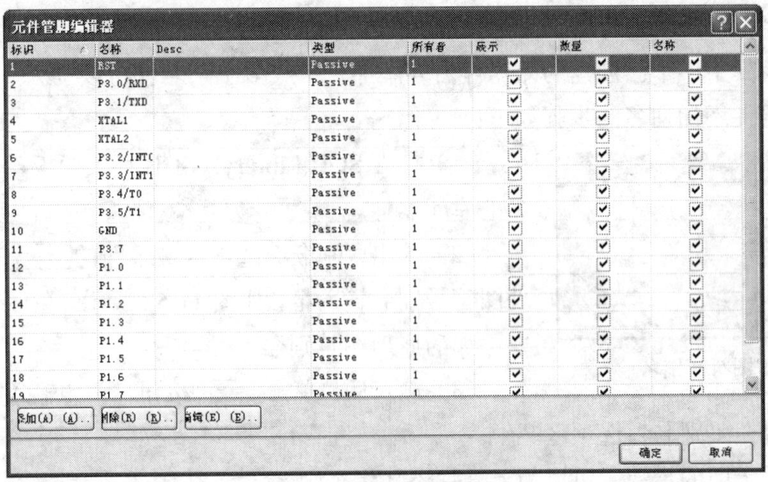

图 11-54 元器件引脚编辑器

在 Models（模型）列表框中，单击 Add... 按钮，可以为该库元器件添加其他模型，如 PCB 封装模型、仿真模型、PCB 3D 模型以及信号完整性分析模型，如图 11-55 所示。

设置完成后单击 确定 按钮，关闭属性设置对话框。单击 放置 按钮，将完成属性设置的 GMS97C2051 原理图符号放置到电路原理图中，如图 11-56 所示。

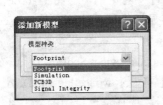

图 11-55 "添加新模型"对话框

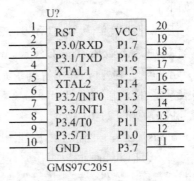

图 11-56 在电路原理图中放置的GMS97C2051

保存绘制完成的 GMS97C2051 原理图符号。以后在绘制电路原理图时，若需要此元器件，只需打开该元器件所在的库文件，就可以随时调用该元器件了。

11.3　库元器件管理

用户要建立自己的原理图库文件，一种方法是按照前面讲的方法自己绘制库元器件原理图符号，还有一种方法就是把别的库文件中的相似元器件复制到自己的库文件中，对其编辑修改，创建出适合自己需要的元器件原理图符号。

11.3.1　为库元器件添加别名

对于同样功能的元器件，会有多家厂商生产，它们虽然在功能、封装形式和引脚形式上完全相同，但是元器件型号却不完全一致。在这种情况下，就没有必要去创建每一个元器件符号，只要为其中一个已创建的元器件另外添加一个或多个别名就可以了。

为库元器件添加别名的步骤如下：

图 11-57　原理图符号别名输入框

（1）打开 SCH Library（SCH 库）面板，选中要添加别名的库元器件。

（2）单击"别名"选项区域下面的 [添加] 按钮，弹出原理图符号别名输入框，如图 11-57 所示。在该输入框中输入要添加的原理图符别名。

（3）输入后，单击 [确定] 按钮，关闭输入框，则元器件的别名将出现在"别名"选项区域中。

（4）重复上面的步骤，可以为元器件添加多个别名。

11.3.2　复制库元器件

这里以复制集成库文件 MiscellaneousDevices.IntLib 中的元器件 Relay-DPDT 为例，如图 11-58 所示，把它复制到前面创建的 My GMS97C2051.SchLib 库文件中。复制库元器件的具体步骤如下：

（1）打开原理图库文件 My GMS97C2051.SchLib，选择菜单栏中的"文件"→"打开"命令，找到库文件 MiscellaneousDevices.IntLib，如图 11-59 所示。

（2）单击 [打开⑩] 按钮，弹出"摘录源文件或安装文件"对话框，如图 11-60 所示。

单击 [取源文件⑥] 按钮后，在 Projects（工程）面板上将显示该原理图库文件 Miscellaneous Devices. LibPkg，如图 11-61 所示。

双击 Projects（工程）面板上的原理图库文件 MiscellaneousDevices.SchLib，打开该库文件。

（3）打开 SCH Library 面板，在原理图符号名称栏中将显示 MiscellaneousDevices.IntLib 库文件中的所有库元器件。选中库元器件 Relay-DPDT 后，选择菜单栏中的"工具"→"拷贝器件"命令，弹出目标库文件选择对话框，如图 11-62 所示。

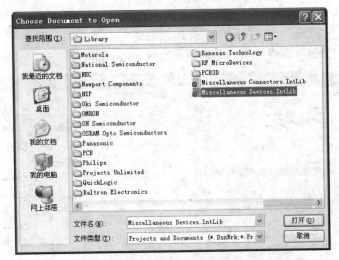

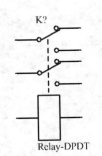

图 11-58　Relay-DPDT

图 11-59　打开集成库文件

图 11-60　"摘录源文件或安装文件"对话框

图 11-61　打开原理图库文件

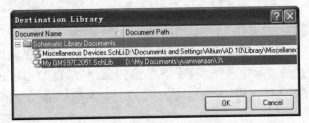

图 11-62　目标库文件选择对话框

（4）在目标库文件选择对话框中选择自己创建的库文件 My GMS97C2051.SchLib，单击 OK 按钮，关闭目标库文件选择对话框。然后打开库文件 My GMS97C2051.SchLib，在 SCH Library 面板中可以看到库元器件 Relay-DPDT 被复制到了该库文件中，如图 11-63 所示。

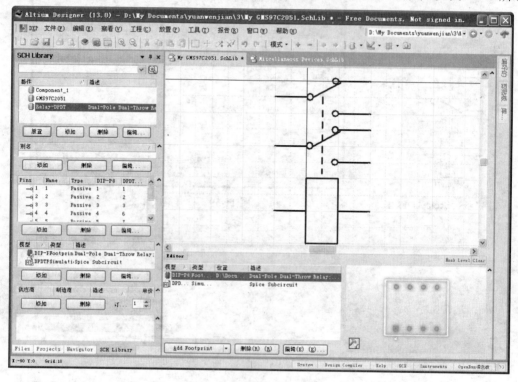

图 11-63　Relay-DPDT 被复制到 My GMS97C2051.SchLib 库文件中

11.4　综合实例

根据上面讲解的方法，练习如何创建原理图库文件。

11.4.1　制作 LCD 元件

本节通过制作一个 LCD 显示屏接口的原理图符号，帮助大家巩固前面所学的知识。

 绘制步骤

（1）选择菜单栏中的"文件"→"新建（New）"→"库（Library）"→"原理图库"命令，一个新的被命名为 Schlib1.SchLib 的原理图库被创建，一个空的图纸在设计窗口中被打开，右击，从弹出的快捷菜单中选择"保存为"命令，命名为 LCD.SchLib，如图 11-64 所示。进入工作环境，原理图元件库内，已经存在一个自动命名的 Component_1 元件。

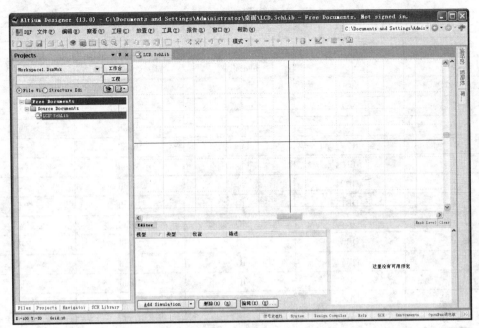

图 11-64　原理图库面板

（2）选择菜单栏中的"工具"→"新器件"命令，打开如图 11-65 所示的新建元件对话框，输入新元件名称 LCD，然后单击"确定"按钮确定。

（3）元件库浏览器中多出了一个元件 LCD。选中 Component_1 元件，然后单击"删除"按钮，将该元件删除，如图 11-66 所示。

（4）绘制元件符号。首先要明确所要绘制元件符号的引脚参数，如表 11-1 所示。

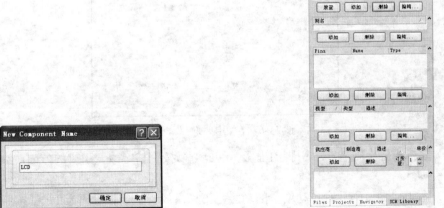

图 11-65　新建元件对话框

图 11-66　元件库浏览器

（5）确定元件符号的轮廓，即放置矩形。单击□（放置矩形）按钮，进入放置矩形状态，绘制矩形。

表 11-1　元件引脚

引脚号码	引脚名称	信号种类	引脚种类	其他
1	VSS	Passive	30mil	显示
2	VDD	Passive	30mil	显示
3	VO	Passive	30mil	显示
4	RS	Input	30mil	显示
5	R/W	Input	30mil	显示
6	EN	Input	30mil	显示
7	DB0	IO	30mil	显示
8	DB1	IO	30mil	显示
9	DB2	IO	30mil	显示
10	DB3	IO	30mil	显示
11	DB4	IO	30mil	显示
12	DB5	IO	30mil	显示
13	DB6	IO	30mil	显示
14	DB7	IO	30mil	显示

（6）放置好矩形后，单击 （放置引脚）按钮，放置引脚，并打开如图 11-67 所示的"引脚属性"对话框。按表 11-1 设置参数，然后单击"确定"按钮关闭对话框。

图 11-67　"引脚属性"对话框

（7）鼠标指针上附着一个引脚的虚影，用户可以按空格键改变引脚的方向，然后单击鼠标放置引脚。

（8）由于引脚号码具有自动增量的功能，第一次放置的引脚号码为 1，紧接着放置的引脚号码会自动变为 2，所以最好按照顺序放置引脚。另外，如果引脚名称的后面是数字，同样具有自动增量的功能。

（9）单击工具栏中的 A（放置文本字符串）按钮，进入放置文字状态，并打开如图 11-68

所示的"标注"对话框。在"文本"文本框中输入 LCD，单击"字体"文本框右侧按钮打开"字体"对话框，如图11-69所示，将字体大小设置为20，然后把字体放置在合适的位置。

图11-68　"标注"对话框

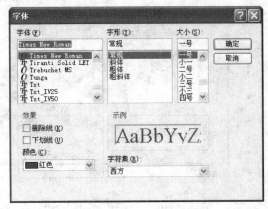

图11-69　"字体"对话框

（10）编辑元件属性。

① 选择菜单栏中的"工具"→"器件属性"命令，或从原理图库面板里元件列表中选择元件，然后单击"编辑"按钮，库元件属性对话框就会弹出，打开如图11-70所示的 Library Component Properties（库器件属性）对话框。在 Default Designator（默认的标识符）文本框中输入预置的元件序号前缀（在此为"U?"）。

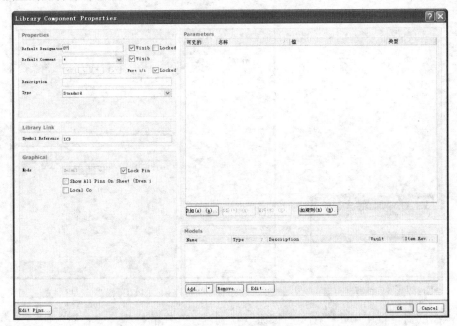

图11-70　设置元件属性

② 单击 Edit Pins（编辑引脚）按钮，弹出"元件引脚编辑器"对话框，如图11-71所示。

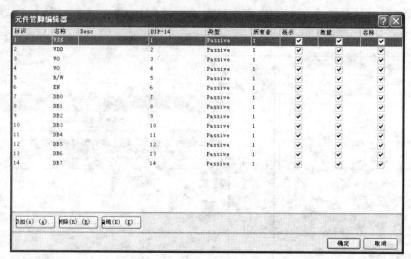

图 11-71 "元件引脚编辑器"对话框

③ 单击"确定（OK）"按钮关闭对话框。

④ 在右侧 models 选项区域中单击 Add（添加）按钮，弹出添加新模型对话框，如图 11-72 所示。在"模型种类"列表中选择 Footprint 项，单击"确定"按钮，弹出"PCB 模型"对话框，如图 11-73 所示。

图 11-72 模型类型   图 11-73 "PCB 模型"对话框

在弹出的对话框中单击"浏览"按钮以找到已经存在的模型（或者简单地写入模型的名字，稍后将在 PCB 库编辑器中创建这个模型），弹出"浏览库"对话框，如图 11-74 所示。

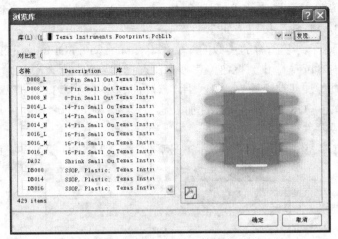

图 11-74　"浏览库"对话框

　　⑤ 在"浏览库"对话框中，单击"发现"按钮，弹出"搜索库"对话框，如图 11-75 所示。

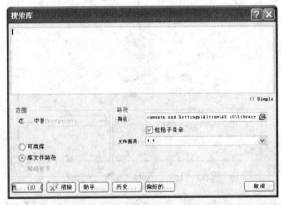

图 11-75　"搜索库"对话框

　　⑥ 选择查看"库文件路径"，单击路径栏旁的"浏览文件"按钮定位到\AD13\Library\Pcb 路径下，然后单击"确定"按钮，如图 11-76 所示。

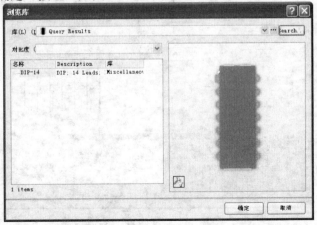

图 11-76　"浏览库"对话框

确定"搜索库"对话框中的"包括子目录"复选框被选中。在"名称"文本框中输入DIP-14，然后单击"查找"按钮，如图 11-77 所示。

⑦ 找到对应这个封装所有的类似的库文件 Cylinder with Flat Index.PcbLib。如果确定找到了文件，则单击 Stop（停止）按钮停止搜索。选择找到的封装文件后单击"确定（OK）"按钮关闭该对话框。加载这个库在"搜索库"对话框中。回到"PCB 模型"对话框。

⑧ 单击"确定（OK）"按钮向元件加入这个模型。模型的名字列在元件属性对话框的模型列表中。完成元件编辑。

⑨ 完成的 LCD 元件如图 11-78 所示。最后保存元件库文件即可完成该实例。

图 11-77 "PCB 模型"对话框

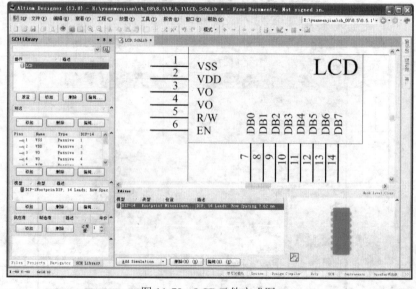

图 11-78 LCD元件完成图

11.4.2 制作串行接口元件

在本例中，将创建一个串行接口元件的原理图符号。本例将主要学习圆和弧线的绘制方法。串行接口元件共有9个插针，分成两行，一行4根，另一行5根，在元件的原理图符号中，它们是用小圆圈来表示的。

（1）选择菜单栏中的"文件"→"新建（New）"→"库（Library）"→"原理图库"命令。一个新的被命名为Schlib1.SchLib的原理图库被创建，一个空的图纸在设计窗口中被打开，右击，从弹出的快捷菜单中选择"保存为"命令，命名为CHUANXINGJIEKOU.SchLib，如图11-79所示。进入工作环境，原理图元件库内，已经存在一个自动命名的Component_1元件。

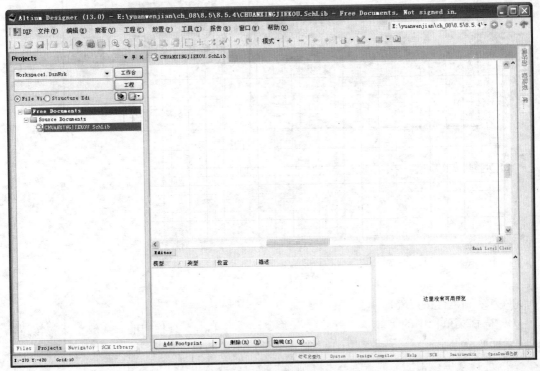

图11-79　新建原理图文件

（2）选择菜单栏中的"工具"→"重命名器件"命令，打开重命名器件对话框，输入新元件名称CHUANXINGJIEKOU，如图11-80所示，然后单击OK按钮确定。元件库浏览器中多出了一个元件CHUANXINGJIEKOU。

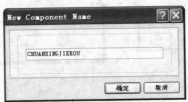

图11-80　重命名器件对话框

（3）绘制串行接口的插针。

① 选择菜单栏中的"放置"→"椭圆"命令，或者单击工具栏中的 ⊂⊃（放置椭圆）按钮，这时鼠标变成十字形状，并带有一个椭圆图形，在原理图中绘制一个圆。

② 双击绘制好的圆打开"椭圆形"对话框，在对话框中设置边框颜色为黑色，如图 11-81 所示。

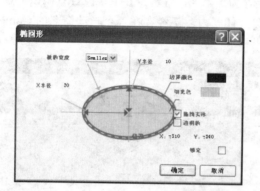
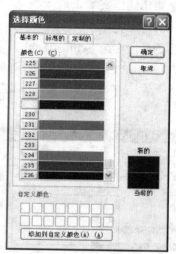

图 11-81　设置圆的属性

③ 重复以上步骤，在图纸上绘制其他的 8 个圆，如图 11-82 所示。

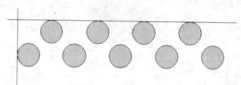

图 11-82　放置所有圆

（4）绘制串行接口外框。

① 选择菜单栏中的"放置"→"线"命令，或者单击工具栏中的 ／（放置线）按钮，这时鼠标变成十字形状。在原理图中绘制 4 条长短不等的直线作为边框，如图 11-83 所示。

② 选择菜单栏中的"放置"→"椭圆弧"命令，或者单击工具栏中的 ◠（放置椭圆弧）按钮，这时鼠标变成十字形状。绘制两条弧线将上面的直线和两侧的直线连接起来，如图 11-84 所示。

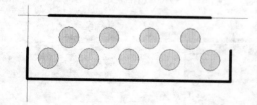
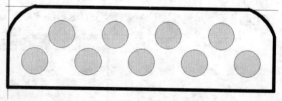

图 11-83　放置直线边框　　　　　　图 11-84　放置圆弧边框

（5）放置引脚。单击原理图符号绘制工具栏中的放置引脚按钮 ，绘制9个引脚，如图11-85所示。

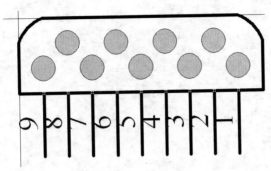

图11-85　放置引脚

（6）编辑元件属性。

① 选择菜单栏中的"工具"→"器件属性"命令，或从原理图库面板里元件列表中选择元件，然后单击"编辑"按钮。库元件属性对话框就会弹出。打开如图11-86所示的Library Component Properties（库器件属性）对话框。在Default Designator（默认的标识符）文本框中输入预置的元件序号前缀（在此为"U?"）。

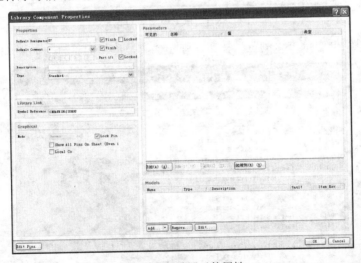

图11-86　设置元件属性

② 单击Add（添加）按钮，从下拉列表中选择Footprint，如图11-87所示。

弹出"PCB模型"对话框，如图11-88所示。

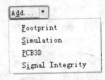

图11-87　添加封装

图 11-88　"PCB模型"对话框

在弹出的对话框中单击"浏览"按钮，弹出"浏览库"对话框，如图 11-89 所示。

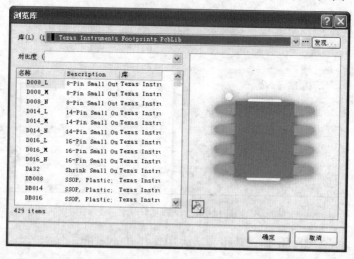

图 11-89　"浏览库"对话框

③ 在"浏览库"对话框中，选择所需元件封装 VTUBE-9，如图 11-90 所示。

④ 单击"确定"按钮，回到"PCB 模型"对话框。

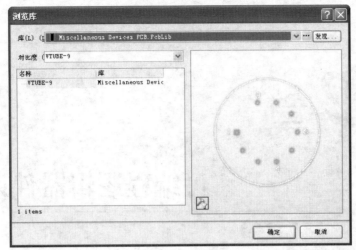

图 11-90　选择元件封装

⑤ 单击"确定"按钮，退出对话框。返回库元件属性对话框，如图 11-86 所示。单击 OK（确定）按钮，返回编辑环境。

⑥ 串行接口元件如图 11-91 所示。

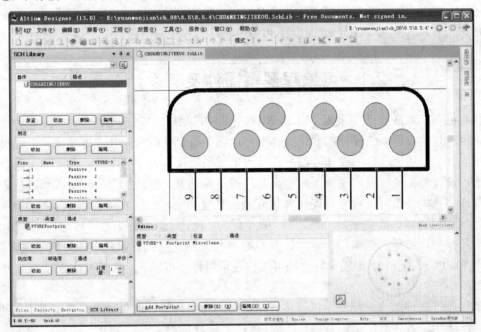

图 11-91　串行接口元件绘制完成

第 *12* 章

可编程逻辑器件设计

• • • • • • • •

本章首先介绍了 VHDL 语言的一些基础知识，包括语言结构、语言要素和语法等。然后介绍了可编程逻辑器件的开发步骤，在此基础上，通过一个实例详细讲述了利用 VHDL 语言设计 FPGA 项目的方法与步骤。

通过本章的学习，希望用户能够熟悉可编程编辑语言，能够使用语言完成对电路硬件的准确描述，并掌握利用 VHDL 语言设计 FPGA 项目的方法与步骤。

12.1　可编程逻辑器件及其设计工具

传统的数字系统设计中采用 TTL、CMOS 电路和专用数字集成电路设计，器件功能是固定的，用户只能根据系统设计的要求选择器件，而不能定义或修改其逻辑功能。在现代的数字系统设计中，基于芯片的设计方法正在成为电子系统设计方法的主流。在可编程逻辑器件设计中，设计人员可以根据系统要求定义芯片的逻辑功能，将功能程序模块放到芯片中，使用单片或多片大规模可编程器件即可实现复杂的系统功能。

可编程逻辑器件其实就是一系列的与门、或门，再加上一些触发器、三态门、时钟电路。它有多种系列，最早的可编程逻辑器件有 GAL、PAL 等。它们都是简单的可编程逻辑器件，而现在的 FPGA、CPLD 都属于复杂的可编程逻辑器件，可以在一个芯片上实现一个复杂的数字系统。

所谓硬件描述语言，就是可以描述硬件电路的功能、信号连接关系及时序关系的语言，现已广泛应用于各种数字电路系统，包括 FPGA/CPLD 的设计，如 VHDL 语言、Verilog HDL 语言、AHDL 语言等。其中，AHDL 是 Altera 公司自己开发的硬件描述语言，其最大特点是容易与本公司的产品兼容。而 VHDL 和 Verilog HDL 的应用范围则更为广泛，设计者可以使用它们完成各种级别的逻辑设计，也可以进行数字逻辑系统的仿真验证、时序分析和逻辑综合等。

Altium Designer 13 把可编程逻辑器件内部的数字电路的设计集成到软件里来，提高了电子电路设计的集成度。在 Altium Designer 13 中集成了 FPGA 设计系统，它就是可编程逻辑器件的设计软件，采用 Altium Designer 13 的 FPGA 设计系统可以对世界上大多数可编程逻辑器件进行设计，最后形成 EDIF-FPGA 网络表文件，把这个文件输入到该系列可编程逻辑器件厂商提供的录制软件中就可以直接对该系列可编程逻辑器件进行编程。

12.2　PLD 设计概述

PLD（Programmable Logic Device，可编程逻辑器件）是一种由用户根据实际需要自行构造的具有逻辑功能的数字集成电路。目前主要有两大类型，即 CPLD（Complex Programmable Logic Device，复杂可编程逻辑器件）和 FPGA（Field Programmable Gate Array，现场可编程门阵列）。它们的基本设计方法是借助于 EDA 软件，用原理图、状态机、布尔表达式、硬件描述语言等方法生成相应的目标文件，最后用编程器写入或通过下载电缆下载到目标器件中实现用户的设计需求。

PLD 是一种可以完全替代 74 系列及 GAL、PAL 器件的新型电路，只要有数字电路基础，会使用计算机，就可以进行 PLD 的开发。PLD 的在线编程能力和强大的开发软件，使工程师可以在几天，甚至几分钟内就可完成以往几周才能完成的工作，并可将数百万门的复杂设计集成在一个芯片内。PLD 设计技术在发达国家已成为电子工程师必须掌握的技术。

PLD 设计可分为以下几个步骤。

1．明确设计构思

必须从总体上了解和把握设计目标，设计可用的布尔表达式、状态机和真值表，以及最适合的语法类型。总体设计的目的是简化结构、降低成本、提高性能，因此在进行系统设计时，要根据实际电路的要求，确定用 PLD 器件实现的逻辑功能部分。

2．创建源文件

（1）利用原理图输入法。原理图输入法设计完成以后，需要编译，在系统内部仍然要转换为相应的硬件描述语言。

（2）利用硬件描述语言创建源文件。硬件描述语言有 VHDL、Verilog HDL、AHDL 等，Altium Designer 13 支持 VHDL 和 CUPL，程序设计结束后进行编译。

3．选择目标器件并定义引脚

选择能够加载设计程序的目标器件，检查器件定义和未定义的输出引脚是否满足设计要求，然后定义器件的输入/输出引脚，参考生产厂家的技术说明，确保定义的正确性。

4．编译源文件

经过一系列设置，包括定义所需下载逻辑器件和仿真的文件格式后，需要再次对源文件进行编译。

5．硬件编程

逻辑设计完成后，必须把设计的逻辑功能编译为器件的配置数据，然后通过编程器或者下载完成对器件的编程和配置。器件经过编程之后，就能完成设计的逻辑功能。

6. 硬件测试

对已编程的器件进行逻辑验证工作，这一步是保证器件逻辑功能正确的最后一道保障。经过逻辑验证的功能就可以进行加密，完成整体的设计工作。

12.3　FPGA 应用设计实例

设计一个 FPGA 工程，可以使用 VHDL 描述语言，也可以使用原理图方式。本节先介绍 Altium Designer 13 的 FPGA 开发环境，然后通过一个具体的实例，详细介绍如何使用原理图输入的方式完成一个完整的 FPGA 工程的设计。

12.3.1　创建 FPGA 设计工程及文件

在这个例子中，将使用逐位加法计数器设计一个简单的可预置的地址生成器。电路的工作过程是，用户可随意设定一个地址，并且设定后的地址可以在外部脉冲 CP 的作用下生成 16 位 BCD 码加法数值，此计数值将作为其他电路的数据地址。该电路一般用于读取特定地址空间的数据。

要使用 Altium Designer 13 进行 FPGA 设计，首先应创建一个 FPGA 工程。操作步骤如下：

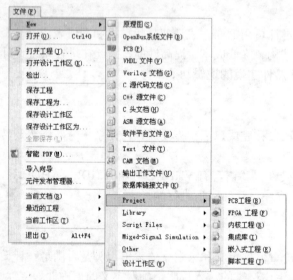

图 12-1　新建FPGA工程

（1）选择菜单栏中的"文件"→New（新建）→Project（工程）→"FPGA 工程"命令，如图 12-1 所示，创建一个 FPGA 工程文件，系统提供的默认工程文件名为 FPGA_Project1.PrjFpg，可以看到此时该工程下面没有任何文件。当然，也可以在主页中直接使用 Pick a task（选择任务）快捷功能栏中包含的快捷功能创建工程，用户可根据个人习惯参照前面章节完成工程文件的创建。

（2）选择菜单栏中的"文件"→"保存工程为"命令，将工程另存为 FPGA_Counter.PrjFpg。

（3）在工程 FPGA_Counter.PrjFpg 上右击，在弹出的快捷菜单中选择"给工程添加新的"→ Schematic（原理图）命令，如图 12-2 所示，在工程中出现了一个电路原理图文件 Sheet1.SchDoc，将原理图文件另存为 Counter.SchDoc。

由于 Altium Designer 13 在进行 FPGA 工程设计时，需要用到可编程逻辑器件厂商所提供的支持软件，为保证识别正确，在对工程及相应设计文件进行命名时，应采用常规的命名方式，即由数字、字母、下划线三种字符组成，避免出现汉字、空格等，并且首字符不能是数字。

图 12-2　快捷菜单

12.3.2　FPGA 工程的属性设置

创建了 FPGA 工程之后，在进行具体设计之前，应对 FPGA 工程的有关属性进行正确的设置，这样有利于工程的优化和后续设计过程的顺利进行。

在当前的 FPGA 工程下，选择菜单栏中的"工程"→"工程参数"命令，系统弹出相应的对话框来设置 FPGA 工程管理选项，如图 12-3 所示。

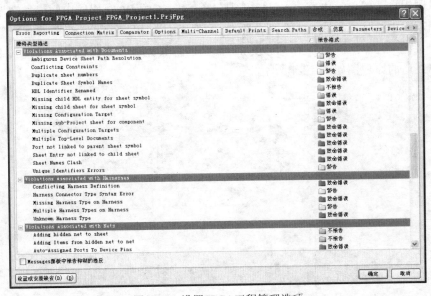

图 12-3　设置FPGA工程管理选项

该对话框中提供了多个设置选项卡，供用户进行分类设置。在 FPGA 工程管理选项设置对话框中有很多设置选项，用户不必一一了解，只需将主要的选项设置正确即可。建议初学者采用系统的默认设置，以免造成设置混乱，导致设计工作无法进行。出现这种情况时，可重新打开该对话框，单击对话框左下角的"设置成安装缺省"按钮，即可将所有选项恢复到默认状态。

12.3.3 绘制电路原理图

1. 加载集成库文件

前面提到不同厂家的 FPGA 在结构和功能上都不尽相同，AD13 针对不同 FPGA 芯片厂家生成的 EDIF 文件相互之间不兼容，所支持的元件库也不同。用户应根据设计需要，在设计原理图前决定最终使用哪种芯片，并根据所用芯片来选择对应的集成库文件。

本例中选择使用 Altera 公司的 EPM7128，它包含 8 个逻辑阵列块，128 个宏单元，有 2500 个逻辑门可供使用，所在的库文件为 Altera FPGA.IntLib。

（1）打开元件库面板，单击"库"按钮，弹出可用元件库对话框。

（2）在该对话框中，单击"添加库"按钮，在系统提供的库文件中，选择"…\Library\Altera"路径下的 Altera FPGA.IntLib 文件，单击"打开"按钮，完成对该库文件的加载。

（3）删除原先已经加载的其他库文件，提高系统的运行速度。虽然同样是在进行原理图设计，但是这里的原理图与通常意义上的原理图有所不同，应该根据设计内容加载所需要的库文件，Altera 库文件有多种，应根据设计需要选择加载。

2. 放置元件

前面章节介绍了放置元件的方法。根据设计要求，选择 TTL 电路中 74 系列的 A_74161，作为实现逻辑功能的单元电路。A_74161 是 4 位可预置的 BCD 码输出同步加法器，使用 4 片这样的逻辑电路可以完成 16 位加法器的工作。当然，用户也可以选择其他的逻辑器件来完成此项工作，选择器件的原则是能够以最简洁的方式完成电路设计。放置完 A_74161，并设置好属性后的原理图如图 12-4 所示。

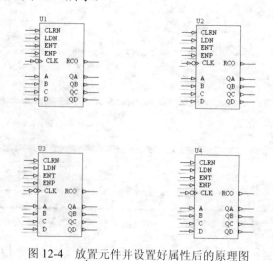

图 12-4 放置元件并设置好属性后的原理图

3. 放置端口

根据电路设计要求，对将来的 FPGA 电路要进行端口安排，为此要先放置端口。同普通的原理图一样，端口是用于上层电路设计，在这里是用于 EPM7128 器件的信号输出口。

选择菜单栏中的"放置"→"端口"命令，放置端口，并对端口属性进行相应的设置，具体过程在此不再赘述。

只有在 FPGA 工程设计中，才能使用总线端口代表一组联系紧密的电路端口，并且使用总线进行电气连接，这一点与普通电路原理图的设计不同。

4. 电气连接

根据设计目的进行电气连接，其过程请参考前面章节中的有关介绍。连接好的电路如图 12-5 所示。

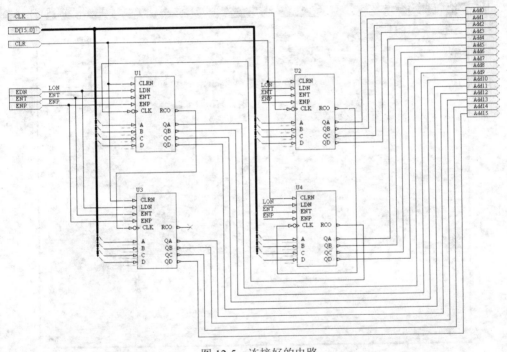

图 12-5　连接好的电路

12.3.4　默认 FPGA 芯片的选择

完成原理图设计后，要在 FPGA 优先设定中选择默认的 FPGA 芯片。

（1）在原理图设计环境中，选择菜单栏中的"工具"→"FPGA 参数"命令，系统弹出"参数选择"对话框。选择 Synthesis（合成）选项卡，如图 12-6 所示。

（2）单击"更改设备"按钮，在弹出的对话框中选择芯片。

在该对话框中列出了 Altera 公司的各种 FPGA 系列芯片，包括封装形式、引脚数目及速度级别等信息，供用户选择。这里根据设计需要，选择 64 引脚的 EPM7128S 作为工程所用芯片，如图 12-7 所示。

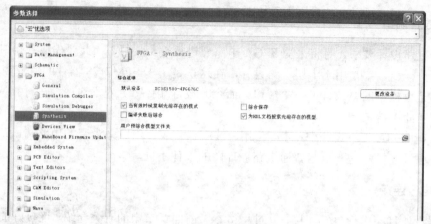

图 12-6　Synthesis选项卡

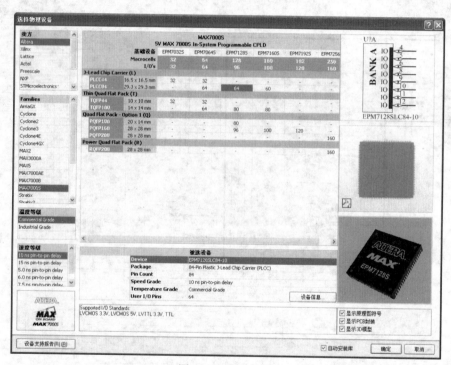

图 12-7　选择芯片

12.3.5　设计配置

在完成原理图设计并选择默认 FPGA 芯片后，应根据设计的需要对选择的 FPGA 芯片进行相关配置，以便使系统最后生成的 EDIF 文件能够顺利地下载到芯片中。

1. 芯片属性配置

（1）选择菜单栏中的"设计"→"文档选项"命令，系统将弹出如图 12-8 所示的"文档选项"对话框。

（2）选择"参数"选项卡，单击"编辑"按钮，在弹出的"参数属性"对话框中，为

FPGA 芯片进行相关属性配置，如图 12-9 所示。

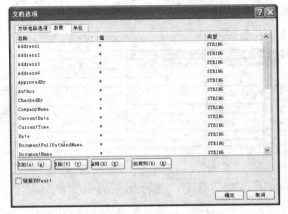

图 12-8 "文档选项"对话框

图 12-9 "参数属性"对话框

在"名称"文本框中显示 Part_name，在"值"文本框中显示所要使用的芯片名称 EPM7128，并且在"类型"列表框中显示 STRING（字符串）选项，单击"确定"按钮，完成芯片属性的配置。

除了采用上面介绍的操作方法外，也可以选择菜单栏中的"工程"→"工程参数"命令，在系统弹出的对话框中打开 Parameters 选项卡，如图 12-10 所示。在该选项卡中，单击"添加"按钮，系统弹出一个对话框来设置参数属性，如图 12-11 所示。在"名称"文本框中输入 Part_name，在"值"文本框中输入所要使用的芯片名称 EPM7128，同样可以完成芯片属性的设置。

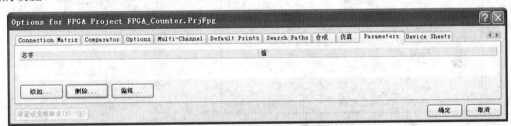

图 12-10 Parameters选项卡

图 12-11 设置参数属性

这里所设置的芯片名称参数作为以后生成 EDIF 文件时的一个芯片识别代号，为第三方软件使用者提供设计信息。

2．引脚配置

根据原理图中的端口信息，针对 FPGA 芯片进行引脚配置。该步操作将初步锁定芯片的引脚，使设计完成后的引脚功能与原理图中的端口功能相对应，可以通过相应端口的参数设置来完成。

（1）在原理图中，双击需要进行引脚配置的输入、输出端口，系统将弹出该端口的参数属性对话框，选择"参数"选项卡，如图 12-12 所示。

图 12-12 "参数"选项卡

（2）单击"添加"按钮，在弹出的参数属性对话框中，进行相应的引脚参数配置。图 12-13 所示是对某一输入端口的引脚参数设置。在"名称"文本框中输入 PinNum，在"值"文本框中输入要配置的引脚 54。

（3）单击"确定"按钮，完成该引脚的锁定配置。

（4）按照同样的操作，为每一个输入/输出端口进行相应的引脚配置。图 12-14 所示是部分端口的引脚配置。

图 12-13 设置引脚参数

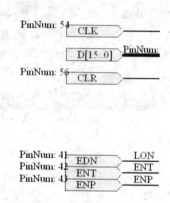

图 12-14 引脚配置

为总线端口进行引脚配置的方式与为单独端口配置引脚的方式一样，只是此时"值"选项区域中引脚的顺序应按照从左到右的顺序排列，引脚号码之间以逗号隔开，分别对应总线中的每一根数据线或地址线。

至此，已经配置好了原理图中能配置的所有参数。配置好参数的电路原理图如图 12-15 所示。

一般来说，如果在第三方软件中也提供了芯片引脚的配置操作，应该以第三方软件环境中的引脚锁定为准，因为在该环境中提供了详细的芯片引脚特性，特别是牵扯到全局时钟等引脚的应用时尤为明显。当然，如果用户对芯片十分了解，可以在 Altium Designer 13 中配置好引脚。

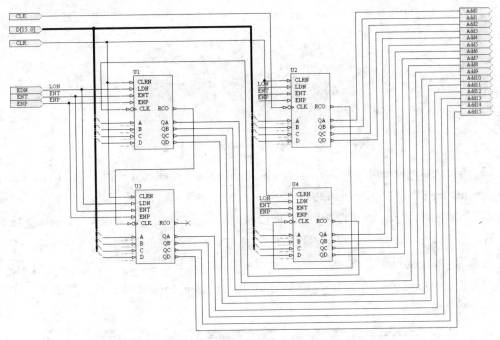

图 12-15　配置好参数的电路原理图

3. 工程配置

在完成对原理图的配置后，还需要对工程进行配置管理，以便使原理图所描述的功能和所选定的 FPGA 芯片相对应。在 Altium Designer 13 中，提供了 Altera 公司相关芯片的厂家约束文件，通过厂家提供的约束文件可以锁定芯片，完成工程配置。

（1）在原理图编辑环境中，选择菜单栏中的"工程"→"配置管理"命令，系统将弹出如图 12-16 所示的配置管理器。

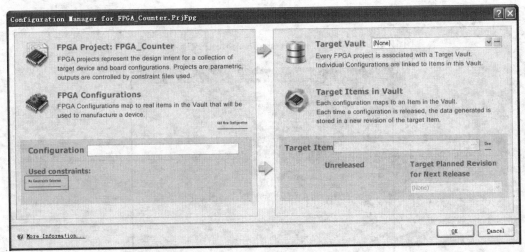

图 12-16　配置管理器

（2）在配置管理器左侧的 Configuration（配置）文本框中输入名称 EPM7128，如图 12-17 所示。

图 12-17　Configuration（配置）文本框

（3）单击 Configuration（配置）下方的 No Configuration Selected 按钮，弹出 Constraint-File Assignments for FPGA Project（ FPGA 工程中的配置文件）对话框，如图 12-18 所示，单击 Add（添加）按钮，弹出如图 12-19 所示的 Choose Constraint files to add to Project（选择添加 到工程的配置文件）对话框，根据工程中使用的 FPGA 芯片来选择相应的约束文件。约束文 件扩展名为 ".Constraint"。

（4）选择 Altera 公司的 NB1_6_EPM7128ELC84. Constraint 约束文件，单击 "打开" 按 钮，返回配置管理器。

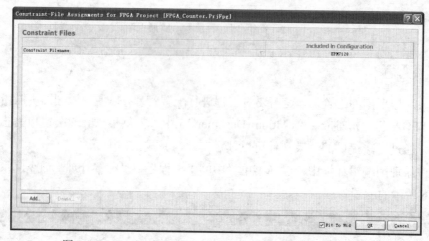

图 12-18　Constraint-File Assignments for FPGA Project对话框

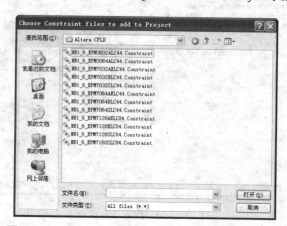

图 12-19　Choose Constraint files to add to Project对话框

12.3.6　生成 EDIF 文件

为了能够使设计工程下载到芯片中，必须使用第三方软件。由于大多数 FPGA 的第三方软件都支持 EDIF 格式的文件，因此需要将设计好的 FPGA 工程文件转化为 EDIF_FPGA 网络表文件。

选择菜单栏中的"设计"→"工程的网络表"→ EDIF for PCB（从 PCB 工程产生 EDIF 网络表）命令，即可生成 EDIF 文件，存放在当前工程下的 Generated 文件夹中，如图 12-20 所示。查看 Messages（信息）面板中的提示信息，根据提示信息可以对设计进行修改。

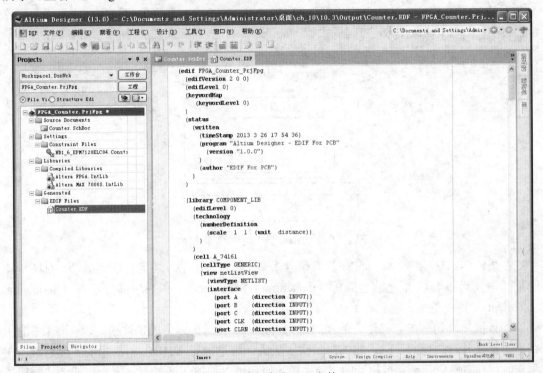

图 12-20　生成EDIF文件

12.3.7　反向标注 FPGA 工程

如果在设计好数字电路原理图之后，用户没有进行 FPGA 芯片的引脚配置，那么在利用第三方支持软件对 FPGA 芯片进行编程时，所配置的引脚可以反向传送到 FPGA 工程的原理图文件中，这个过程称为反向标注。另外，当用户完成了 PCB 设计后，也可以通过改变引脚的信息来反向注释原理图文件，这主要是为了删除不用的引脚参数，同时使设计前后对应。由于在上面介绍的实例中，已经为各个端口进行了相应的引脚配置，因此无须反向标注。

此外，在原理图环境中，选择菜单栏中的"工具"→"FPGA 信号管理器"命令，可以对 FPGA 信号进行管理；选择菜单栏中的"工具"→"由 FPGA 生成 PCB 工程向导"命令，可以根据当前的 FPGA 工程生成相关的原理图及 PCB 工程。具体过程在此不再详细叙述，用户可自行根据系统的向导完成相应的操作。

12.4 VHDL 语言

在 Altium Designer 13 系统中，提供了完善的使用 VHDL 语言进行可编程逻辑电路设计的环境。首先从系统级的功能设计开始，使用 VHDL 语言对系统的高层次模块进行行为描述，之后通过功能仿真完成对系统功能的具体验证，再将高层次设计自顶向下逐级细化，直到完成与所用的可编程逻辑器件相对应的逻辑描述。

在 VHDL 中，将一个能够完成特定独立功能的设计称为设计实体（Design Entity）。一个基本的 VHDL 设计实体的结构模型如图 12-21 所示。一个有意义的设计实体中至少包含库（或程序包）、实体和结构体三个部分。

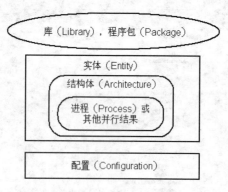

图 12-21　VHDL设计实体的结构模型

在描述电路功能的时候，仅有对象和运算操作符是不够的，还需要描述语句。对结构体的描述语句可以分成并行描述语句（Concurrent Statements）和顺序描述语句（Sequential Statements）两种类型。

并行描述语句是指能够作为单独的语句直接出现在结构体中的描述语句，结构体中的所有语句都是并行执行的，与语句的前后次序无关。这是因为 VHDL 所描述的实际系统，在工作时，许多操作都是并行执行的。顺序描述语句可以描述一些具有一定步骤或者按顺序执行的操作和行为。顺序描述语句的实现在硬件上依赖于具有次序性的结构，如状态机或者具有操作优先权的复杂组合逻辑。顺序描述语句只能出现在进程（Process）或者子程序（Sub programs）中。通常过程（Procedure）和函数（Function）统称为子程序。

1. 并行描述语句

常用的并行描述语句有以下几种。

（1）进程语句是最常用的并行语句。在一个结构体中，可以出现多个进程语句，各个进程语句并行执行，进程语句内部可以包含顺序描述语句。

进程语句的语法格式如下：

[进程标号:] PROCESS [（灵敏度参数列表）]
[变量声明项]

```
BEGIN
    顺序描述语句;
END PROCESS [进程标号:];
```

进程语句由多个部分构成。其中，"[ ]"内为可选部分；进程标号作为该进程的标识符号，便于区别其他进程；灵敏度参数列表（Sensitivity list）内为信号列表，该列表内信号的变化将触发进程执行（所有触发进程变化的信号都应包含到该表中）；变量声明项用来定义在该进程中需要用到的变量；顺序描述语句即一系列顺序执行的描述语句，具体语句将在下面的顺序描述语句中介绍。

为了启动进程，需要在进程结构中包含一个灵敏度参数列表，或者包含一个 WAIT 语句。要注意的是，灵敏度参数列表和 WAIT 语句是互斥的，只能出现一个。

（2）简单信号赋值语句是最常用的简单并行语句，它确定了数字系统中不同信号间的逻辑关系。简单信号赋值语句的语法格式如下：

```
赋值目标信号<=表达式;
```

其中，"<="是信号赋值语句的标志符，它表示将表达式的值赋给目标信号。如下面这段采用简单信号赋值语句描述与非门电路：

```
ARCHITECTURE arch1 OF nand_circuit IS
    SIGNAL    A, B: STD_LOGIC;
    SIGNAL    Y1,Y2: STD_LOGIC;
BEGIN
    Y1<=NOT (A AND B);
    Y2<=NOT (A AND B);
END arch1;
```

（3）条件信号赋值语句即根据条件的不同，将不同的表达式赋值给目标信号。条件信号赋值语句与普通软件编程语言中的 IF-THEN-ELSE 语句类似。条件信号赋值语句的语法格式如下：

```
[语句标号]赋值目标信号<= 表达式  WHEN  赋值条件  ELSE
                      {表达式  WHEN  赋值条件  ELSE}
                      表达式;
```

当 WHEN 后的赋值条件表达式为"真"时，即将其前面的表达式赋给目标信号，否则继续判断下一个条件表达式。当所有赋值条件均不成立时，则将最后一个表达式赋值给目标信号。在使用条件信号赋值语句时要注意，赋值条件表达式要具备足够的覆盖范围，尽可能地包括所有可能的情况，避免因条件不全出现死锁。

如下面这段采用条件赋值语句描述多路选择器电路。

```
ENTITY my_mux IS
    PORT (Sel:        IN STD_LOGIC_VECTOR (0 TO 1);
          A, B, C, D:  IN STD_LOGIC_VECTOR (0 TO 3);
          Y:          OUT STD_LOGIC_VECTOR (0 TO 3));
    END my_mux;
```

```
        ARCHITECTURE arch OF my_mux IS
            BEGIN
                Y<= A WHEN Sel="00"ELSE
                    B WHEN Sel="01" ELSE
                    C WHEN Sel="10" ELSE
                    D WHEN OTHERS;
            END arch;
```

（4）选择信号赋值语句是根据同一个选择表达式的不同取值，为目标信号赋予不同的表达式。选择信号赋值语句和条件信号赋值语句相似，所不同的是其赋值条件表达式之间没有先后关系，类似于 C 语言中的 CASE 语句。在 VHDL 中也有顺序执行的 CASE 语句，功能与选择信号赋值语句类似。选择信号赋值语句的语法格式如下：

```
        [语句标号] WITH  选择表达式  SELECT
        赋值目标信号<=  表达式  WHEN  选择式,
                      {表达式  WHEN  选择值,}
                       表达式  WHEN  选择值;
```

如下面这段采用选择信号赋值语句描述多路选择器电路：

```
        ENTITY my_mux IS
            PORT (Sel:          IN STD_LOGIC_VECTOR (0 TO 1);
                  A, B, C, D:    IN STD_LOGIC_VECTOR (0 TO 3);
                  Y:             OUT STD_LOGIC_VECTOR (0 TO 3));
        END my_mux;

        ARCHITECTURE arch OF my_mux IS
            BEGIN
                WITH Sel SELECT
                Y<=A WHEN Sel="00",
                   B WHEN Sel="01",
                   C WHEN Sel="10",
                   D WHEN OTHERS;
                END arch;
```

（5）过程调用语句是在并行区域内调用过程语句，与其他并行语句一起并行执行。过程语句本身是顺序执行的，但它可以作为一个整体出现在结构体的并行描述中。与进程语句相比，过程调用的好处是过程语句主体可以保存在其他区域内，如程序包内，并可以在整个设计中随时调用。过程调用语句在某些系统中可能不支持，需视条件使用。

过程调用语句的语法格式如下：

```
过程名（实参,实参）;
```

下面是一个过程 Dff 在结构体并行区域内调用的实例：

```
ARCHITECTURE arch OF SHIFT IS
    SIGNAL D, Qreg: STD_LOGIC_VECTEOR (0 TO 7);
```

```
        BEGIN
            D<= Data WHEN (Load='1') ELSE
                Qreg (1 TO 7) & Qreg (0);
                Dff (Rst, Clk, D, Qreg);
                Q<= Qreg;
            END arch;
```

（6）生成语句。在进行逻辑设计时，有时需要多次复制同一个子元件，并且将复制的元件按照一定规则连接起来，构成一个功能更强的元件。生成语句为执行上述逻辑操作提供了便捷的实现方式。生成语句有两种形式，即 IF 形式和 FOR 形式。IF 形式的生成语句对其包含的并行语句进行条件性的一次生成，而 FOR 形式的生成语句对于它所包含的并行语句则采用循环生成。FOR 形式生成语句的语法格式如下：

```
生成标号：FOR 生成变量 IN 变量范围 GENERATE
            {并行语句;}
            END GENERATE;
```

IF 形式生成语句的语法格式如下：

```
生成标号：IF 条件表达式 GENERATE
            {并行语句;}
            END GENERATE;
```

其中，生成标号是生成语句所必需的，条件表达式是一个结果为布尔值的表达式。下面举例说明它们的使用方式。

如下面这段采用生成语句描述由 8 个 1 位的 ALU 构成的 8 位 ALU 模块：

```
LIBRARY IEEE;
USE IEEE.STD_LOGIC_1164.ALL;

PACKAGE reg_pkg IS
    CONSTANT size: INTEGER: =8;
    TYPE reg IS ARRAY (size-1 DOWNTO 0) OF STD_LOGIC;
    TYPE bit4 IS ARRAY (3 DOWNTO 0) OF STD_LOGIC;
    END reg_pkg

LIBRARY IEEE;
USE IEEE.STD_LOGIC_1164.ALL;
USE work.reg_pkg.ALL;

ENTITY alu IS
    PORT (sel: IN bit4;
        rega, regb: IN reg;
        c, m: IN STD_LOGIC;
        cout: OUT STD_LOGIC;
```

```
                    result: OUT reg);
            END alu;

            ARCHITECTURE gen_alu OF alu IS
                SIGNAL carry: reg;
                COMPONENT alu_stage
                PORT (s3, s2, s1, s0, a1, b1, c1, m: IN STD_LOGIC;
                        c2, f1: OUT STD_LOGIC);
                END COMPONENT;

                BEGIN
                GN0: FOR i IN 0 TO size-1 GENERATE
                    GN1: IF i=0 GENERATE;
                    U1: alu_stage PORT MAP (sel (3), sel (2), sel (1), sel (0),
                        rega (i), regb (i), c, m, carry (i), result (i));
                        END GENERATE;
                GN2: IF i>0 AND i<size-1 GENERATE;
                    U2: alu_stage PORT MAP (sel (3), sel (2), sel (1), sel (0),
                        rega (i), regb (i), carry (i-1), m, carry(i), result (i));
                        END GENERATE;
                GN3: IF i=size-1 GENERATE;
                    U3: alu_stage PORT MAP (sel (3), sel (2), sel (1), sel (0),
                        rega (i), regb (i), carry (i-1), m, cout, result (i));
                        END GENERATE;
                    END GENERATE;
            END gen_alu;
```

（7）元件实例化语句是层次设计方法的一种具体实现。元件实例化语句使用户可以在当前工程设计中调用低一级的元件，实质上是在当前工程设计中生成一个特殊的元件副本。元件实例化时，被调用的元件首先要在该结构体的声明区域或外部程序包内进行声明，使其对于当前工程设计的结构体可见。元件实例化语句的语法格式如下：

```
    实例化名：元件名：
        GENERIC MAP(参数名:>参数值,...,参数名:>参数值);
        PORT MAP(元件端口=>连接端口,...,元件端口=>连接端口);
```

其中，实例化名为本次实例化的标号；元件名为底层模板元件的名称；类属映射（GENERIC MAP）用于给底层元件实体声明中的类属参数常量赋予实际参数值，如果底层实体没有类属声明，那么元件声明中也就不需要类属声明一项，此处的类属映射可以省略；端口映射（PORT MAP）用于将底层元件的端口与顶层元件的端口对应起来，"=>"左侧为底层元件端口名称，"=>"右侧为顶层端口名称。

上述的端口映射方式称为名称关联，即根据名称将相应的端口对应起来，此时，端口排列的前后位置不会影响映射的正确性；还有一种映射方式称为位置关联，即当顶层元件和底层元件的端口、信号或参数排列顺序完全一致时，可以省略底层元件的端口、信号、参数名称，即将"=>"左边的部分省略。其语法格式可简化成如下格式：

实例化名:元件名:

　　GENERIC MAP(参数值,...,参数值);

　　PORT MAP(连接端口,...,连接端口);

如下面这段采用元件实例化语句用半加器和全加器构成一个两位加法器：

```
ARCHITECTURES structure OF adder2 IS
    COMPONENT half_adder IS
        PORT (A, B: IN STD_LOGIC; Sum, Carry: OUT STD_LOGIC);
    END COMPONENT;
    COMPONENT full_adder IS
        PORT (A, B: IN STD_LOGIC; Sum, Carry: OUT STD_LOGIC);
    END COMPONENT;
    SIGNAL C: STD_LOGIC_VECTOR (0 TO 2);


BEGIN
    A0: half_adder PORT MAP (A>=A (0), B>=B (0), Sum>=S (0), Carry>=C (0));
    A1: full_adder PORT MAP (A>=A (1), B>=B (1), Sum>=S (1), Carry>=Cout);
END structure;
```

2. 顺序描述语句

顺序描述语句有以下几种。

（1）信号和变量赋值语句。前面讲述的信号赋值也可以出现在进程或子程序中，其语法格式不变；而变量赋值只能出现在进程或子程序中。需要注意的是，进程内的信号赋值与变量赋值有所不同。进程内，信号赋值语句一般都会隐藏一个时间延迟，因此紧随其后的顺序语句并不能得到该信号的新值；变量赋值时，无时间延迟，在执行了变量赋值语句之后，变量就获得了新值。了解信号和变量赋值的区别，有助于在设计中正确选择数据类型。变量赋值的语法格式如下：

变量名:=表达式;

（2）IF-THEN-ELSE 语句是 VHDL 语言中最常用的控制语句，它根据条件表达式的值决定执行哪一个分支语句。IF-THEN-ELSE 语句的语法结构如下：

```
IF 条件 1 THEN
    顺序语句
{ELSEIF 条件 2 THEN
    顺序语句}
[ELSE
    顺序语句]
END IF;
```

其中，"{ }"内是可选并可重复的结构，"[ ]"内的内容是可选的，条件表达式的结果必须为布尔值，顺序语句部分可以是任意的顺序执行语句，包括 IF-THEN-ELSE 语句，即可以嵌套执行该语句。下面举例说明其使用。

如下面这段采用 IF-THEN-ELSE 语句描述四选一多路选择器：

```
ENTITY mux4 IS
    PORT (Din: IN STD_LOGIC_VECTOR (3 DOWNTO 0);
          Sel: IN STD_LOGIC_VECTOR (1 DOWNTO 0);
            y: OUT STD_LOGIC);
END mux4;

ARCHITECTURE rt1 OF mux4 IS
 BEGIN
    PROCESS (Din, Sel)
    BEGIN
      IF (Sel="00") THEN
         y<=Din (0);
      ELSEIF (Sel="01") THEN
         y<=Din (1);
      ELSEIF (Sel="10") THEN
         y<=Din (2);
      ELSE
         y<=Din (3);
       END IF;
      END PROCESS;
END rt1;
```

（3）CASE 语句也是通过条件判断进行选择执行的语句。CASE 语句的语法格式如下：

```
CASE 控制表达式 IS
    WHEN 选择值 1 =>
           顺序语句
   {WHEN 选择值 2 =>
           顺序语句}
END CASE;
```

其中，"{ }"内是可选并可重复的结构，条件选择值必须是互斥的，即不能有两个相同的选择值出现，并且选择值必须覆盖控制表达式所有的值域范围，必要时可以用 OTHERS 代替其他可能值。

在 CASE 语句中，各个选择值之间的关系是并列的，没有优先权之分。而在 IF 语句中，总是先处理写在前面的条件，前面的条件不满足时，才处理下一个条件，即各个条件间在执行顺序上是有优先级的。

如下面这段采用 CASE 语句描述四选一多路选择器：

```
ENTITY mux4 IS
    PORT (Din: IN STD_LOGIC_VECTOR (3 DOWNTO 0);
        Sel: IN STD_LOGIC_VECTOR (1 DOWNTO 0);
            y: OUT STD_LOGIC);
END mux4;

ARCHITECTURE rt1 OF mux4 IS
BEGIN
    PROCESS (Din, Sel)
    BEGIN
        CASE SEL IS
        WHEN"00" => y<=Din (0);
        WHEN "01"=> y<=Din (1);
        WHEN "10"=> y<=Din (2);
        WHEN OTHERS => y<=Din (3);
        END CASE
    END PROCESS;
END rt1;
```

（4）LOOP 语句。使用循环（LOOP）语句可以实现重复操作和循环的迭代操作。LOOP 语句有三种基本形式，即 FOR LOOP、WHILE LOOP 和 INFINITE LOOP。LOOP 语句的语法格式如下：

[循环标号：] FOR 循环变量 IN 离散值范围 LOOP
　　　　　　顺序语句；
　　　　　　END LOOP [循环标号]；
[循环标号：] WHILE 判别表达式 LOOP
　　　　　　顺序语句；
　　　　　　END LOOP [循环标号]；

FOR 循环是指定执行次数的循环方式，其循环变量不需要预先声明，且变量值能够自动递增，IN 后的离散值范围说明了循环变量的取值范围，离散值范围的取值不一定为整数值，可以是其他类型的范围值。WHILE 循环是以判别表达式值的真伪作为循环与否的依据，当表达式值为真时，继续循环，否则退出循环。INFINITE 循环不包含 FOR 或 WHILE 关键字，但在循环语句中加入了停止条件。其语法格式如下：

[循环标号：] LOOP
　　　　　　顺序语句；
　　　　　　EXIT WHEN（条件表达式）；
　　　　　　END LOOP [循环标号]；

如下面这段 LOOP 语句的应用：

ARCHITECTURE looper OF myentity IS

```
            TYPE stage_value IS init, clear, send, receive, erro;
            BEGIN
                …
                PROCESS (a)
            BEGIN
                FOR stage IN stage_value LOOP
                    CASE stage IS
                        WHEN init=>
                            …
                        WHEN clear=>
                            …
                        WHEN send=>
                            …
                        WHEN receive=>
                            …
                        WHEN erro=>
                            …
                        END CASE;
                    END LOOP;
                END PROCESS;
                …
        END looper;
```

3. NEXT 语句

用于 LOOP 语句中的循环控制，它可以跳出本次循环操作，继续下一次的循环。NEXT 语句的语法格式如下：

```
NEXT [标号] [WHEN  条件表达式];
```

4. RETURN 语句

用在函数内部，用于返回函数的输出值。例如：

```
FUNCTION and_func (x, y: IN BIT) RETURN BIT IS
    BEGIN
        IF x='1'AND y='1'THEN
            RETURN '1';
        ELSE
            RETURN '0';
        END IF;
    END and_func;
```

在了解了 VHDL 的基本语法结构以后，就可以进行一些基础的 VHDL 设计了。

12.5 VHDL 应用设计实例

12.5.1 创建 FPGA 工程

对 VHDL 硬件描述语言有了初步的了解之后，将通过一个具体实例来详细介绍如何利用 VHDL 语言，在 Altium Designer 13 系统所提供的集成设计环境中完成 FPGA 工程的设计。

这里直接使用系统自带的一个例子，位于 "...\Altium\AD13\Examples\VHDL Simulation\BCD Counter" 路径下，是一个关于 4 位 BCD 码计数器的设计工程。为了便于读者的实际学习操作，将文件保存在 "...\yuanwenjian\ch_12\12.5" 中。

与使用原理图方式设计 FPGA 类似，利用 VHDL 语言进行 FPGA 工程设计，采用与前面章节中相同的方法，创建一个 FPGA 工程 BCD_Counter.PrjFpg。

12.5.2 创建 VHDL 设计文件

利用 VHDL 语言设计可编程逻辑器件的内部数字电路时，需要在创建的 FPGA 工程中追加两类文件，一类是 VHDL 设计文件，用于编辑 VHDL 语句，对内部的数字电路进行描述；另一类是电路原理图文件，用于描述内部数字电路与可编程逻辑器件引脚之间的对应关系。

（1）在 BCD_Counter.PrjFpg 上右击，在弹出的快捷菜单中选择"给工程添加新的"→VHDL Document（VHDL 文件）命令，则在工程中出现了一个 VHDL 设计文件，默认名为 VHDL1.Vhd。

（2）在 VHDL1.Vhd 上右击，在弹出的快捷菜单中选择"保存为"命令，选择合适路径保存该文件，并重新命名为 Bcd.Vhd。

在创建新的 VHDL 设计文件的同时，系统进入了 VHDL 的设计环境，如图 12-22 所示。

VHDL 设计环境实际是一个文本编辑环境，也可以使用自己熟悉的文本编辑环境进行代码的编辑输入工作，然后加入到 VHDL 环境中。

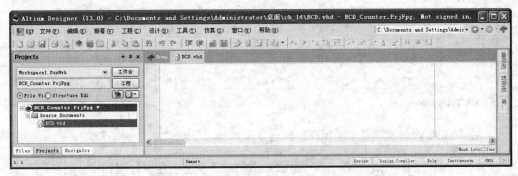

图 12-22 VHDL的设计环境

12.5.3　创建电路原理图文件

在这里之所以要创建原理图文件，是为了让读者了解复杂电路的 FPGA 设计方法，当然读者可以单独使用 VHDL 文件完成一个 FPGA 工程的设计。电路原理图文件的创建与前面章节中介绍的完全相同。

（1）在 BCD_Counter.PrjFpg 上右击，在弹出的快捷菜单中选择"给工程添加到新的"→Schematic（原理图）命令，则在工程中出现了一个电路原理图文件，默认名为 Sheetl.SchDoc。

（2）在 Sheetl.SchDoc 上右击，在弹出的快捷菜单中选择"保存为"命令，选择合适路径保存该文件，并重新命名为 BCD8.SchDoc，如图 12-23 所示。

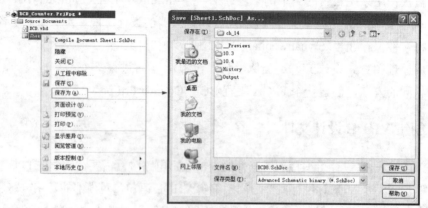

图 12-23　创建电路原理图文件

（3）按照前面有关章节中的介绍，完成该电路原理图相关参数的设置。

12.5.4　顶层电路原理图的设计

如上所述，在当前所创建的 FPGA 工程中既有 VHDL 设计文件，也有电路原理图文件。其中，VHDL 文件属于底层文件，电路原理图文件属于顶层文件，两者之间通过图纸符号建立连接。

1．编辑 VHDL 设计文件

由于本章所介绍的内容主要是使用 VHDL 语言进行 FPGA 工程的设计，对于 VHDL 语言的具体编写过程则不再赘述。因此，在这里直接使用系统提供的 VHDL 设计文件 BCD.vhd，读者可自行参考相关书籍练习编写。

在 Projects（工程）面板中，双击 BCD.vhd，打开该文件，如图 12-24 所示。这是一个结构化的 VHDL 文件。

2．由 VHDL 设计文件生成图纸符号

（1）打开创建的电路原理图文件"BCD8.SchDoc"，显示在设计窗口中。

（2）选择菜单栏中的"设计"→"HDL 文件或图纸生成图表符"命令，系统将弹出如图 12-25 所示的 Choose Document to Place（放置选择文件）对话框。

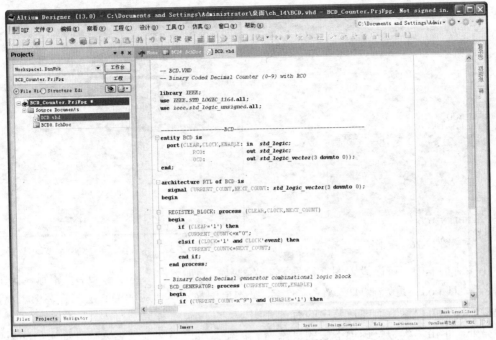

图 12-24　打开BCD.vhd文件

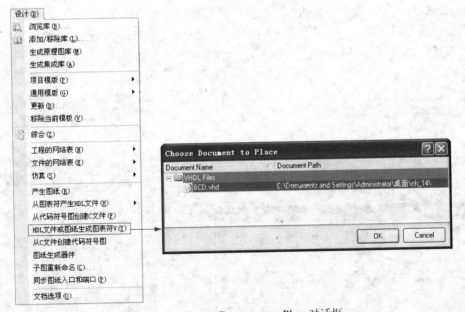

图 12-25　Choose Document to Place对话框

（3）在该对话框中选择文件 BCD.vhd，单击 OK（确定）按钮。此时，由 VHDL 设计文件生成的图纸符号出现在原理图上，如图 12-26 所示。

（4）双击所放置的图纸符号，系统将弹出相应的对话框来设置图纸符号属性，如图 12-27 示。

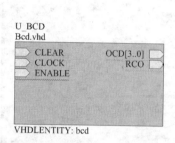

图 12-26　图纸符号

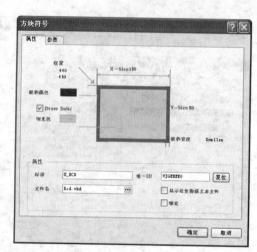

图 12-27　设置图纸符号属性

在该对话框中，可以设置图纸符号的有关参数。例如，在"标识"文本框中输入图纸符号的名称"U_bod"修改为"H1"，在"文件名"文本框中显示了所对应的底层文件名 BCD.vhd，其他参数设置可以参看前面章节中的有关介绍。

另外，单击"参数"选项卡中的"添加"按钮，可以为图纸符号添加其他需要的参数。如图 12-28 所示，系统已经自动添加了一个名称为 VHDLENTITY、数值为 bcd、类型为 STRING 的参数，并勾选"可见的"复选框，使其显示在原理图上。

（5）按照相同的操作，在原理图中再放置一个底层文件为 BCD.vhd 的图纸符号，并进行相关设置，如图 12-29 所示。

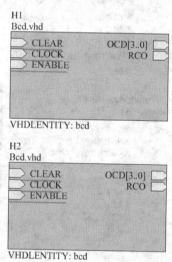

VHDLENTITY: bcd

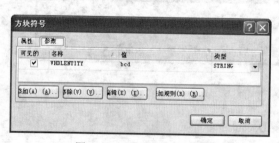

图 12-28　"参数"选项卡

图 12-29　放置两个图纸符号

3. 放置其他元件

在顶层电路原理图中，除了由 VHDL 源文件所生成的图纸符号以外，还需要放置其他的元件。元件的放置方法与普通电路原理图中一样。只是为了后续的仿真操作，在这里所放置的元件应具有仿真属性，或者是在 VHDL 库文件中存在的 VHDL 库元件。

本例中所要用到的其他元件存放在系统提供的库文件 Bcd.SchLib 中，可以将该库文件添加到前面创建的工程 BCD_Counter.PrjFpg 中。

（1）在 BCD_Counter.PrjFpg 上右击，在弹出的快捷菜单中选择"添加现有文件到工程"命令，系统弹出文件选择对话框。

（2）选择"...\ Altium\AD13\Examples\VHDL Simulation\BCD Counter \SCH Library\"路径下的库文件 Bcd.SchLib，为操作方便，将其复制到源文件文件夹下，单击"打开"按钮，完成对该库的添加。该库文件将出现在工程 BCD_Counter.PrjFpg 下面的 Libraries 文件夹中，如图 12-30 所示。

（3）打开元件库面板，可以看到在 Bcd.SchLib 库中只有两个 VHDL 元件，即 BUFGS 和 PARITYC，如图 12-31 所示。

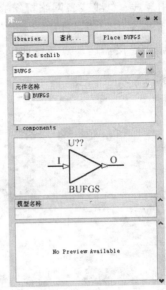

图 12-30　添加库文件　　　　　图 12-31　VHDL元件

（4）分别单击 Place BUFGS（放置 BUFGS）和 Place PARITYC（放置 PARITYC）按钮，将两个库元件放置在顶层原理图中，并完成相应参数的设置。

放置好元件的顶层原理图如图 12-32 所示。

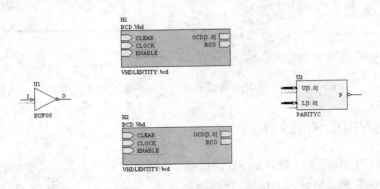

图 12-32　放置好元件的顶层原理图

4．放置端口

在顶层原理图中，需要使用输入/输出端口，把用 VHDL 语言所描述的内部逻辑电路的输入、输出与可编程逻辑器件的引脚对应连接起来。

对于端口的放置方法，在前面层次原理图的绘制中已经详细讲过，这里不再重复。

本例中需要三个输入端口——CLEAR、CLOCK、ENABLE，两个单线输出端口——URCO、PARITY，两个总线输出端口——UPPER[3..0]、LOWER[3..0]。放置好端口的顶层原理图如图 12-33 所示。

5．电气连接

完成了元件、端口的放置及参数的设置以后，调整好它们之间的相互位置，根据设计要求，可以使用导线、总线或者网络标签完成电气连接。连接好的电路原理图如图 12-34 所示。

只有在 FPGA 工程的设计中，才能使用总线端口代表一组联系紧密的电路端口，并且使用总线进行电气连接，这一点与普通电路原理图的设计是不同的。

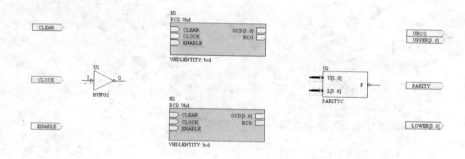

图 12-33　放置好端口的顶层原理图

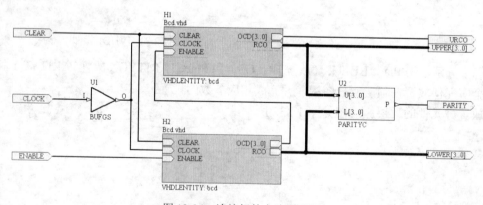

图 12-34　连接好的电路原理图

12.5.5　创建 VHDL 测试文件

在使用 VHDL 语言进行 FPGA 设计的过程中，仿真是一个必不可少的阶段。通过仿真，可以完成对可编程逻辑器件内部电路的测试。Altium Designer 13 对此类 FPGA 工程的仿真需要涉及两个文件，一个是关于整个工程的 VHDL 测试文件（VHDL Testbench Document），另一个是关于原理图中各个元件的 VHDL 行为描述文件。

VHDL 测试文件是一种用来描述顶层电路需要运行的一系列仿真测试的 VHDL 源文件，它不包含在任何网络表文件和层次结构文件中。下面为前面绘制完成的顶层电路原理图建立一个 VHDL 测试文件。其操作步骤如下：

（1）选择菜单栏中的"文件"→"新建"→ Other（其他）→VHDL TestBench（VHDL 测试文件）命令，创建一个 VHDL 测试文件，默认名为 VHDL Testbenchl.VHDTST，显示在 Projects（工程）面板中。

（2）在 VHDL Testbenchl.VHDTST 上右击，在弹出的快捷菜单中选择"保存为"命令，选择合适路径保存该文件，并重新命名为 TestBCD.VHDTST。

在创建 VHDL 测试文件的同时，系统进入了 VHDL 的文本编辑环境，在该环境中可以编辑测试文件，如图 12-35 所示。

图 12-35　VHDL的文本编辑环境

12.5.6　创建 VHDL 行为描述文件

VHDL 行为描述文件用来描述设计的每一部分在仿真过程中的具体行为。顶层电路原理图中的每一个元件都必须具有相应的 VHDL 行为描述文件才能完成最终的仿真。对于元件的行为描述，在 Altium Designer 13 系统中提供了相应的两种文件，即 VHDL 文件和 VHDL 库文件。其中，VHDL 文件用于描述单个元件的仿真行为，而 VHDL 库文件则是一系列 VHDL 文件的组合，包括不同的元件名称、不同的行为描述等。

在本例中，用到了两个自定义的元件，即 BUFGS（缓冲器）和 PARITYC（奇偶分辨器）。对于这两个元件，将采用建立 VHDL 库文件的方式来对其电路行为加以描述。

1. 建立元件 BUFGS 的 VHDL 文件

（1）选择菜单栏中的"文件"→ New（新建）→VHDL 文件命令，则在 Projects（工程）面板中出现了一个 VHDL 设计文件，默认名为 VHDL1.Vhd。

（2）在 VHDL1.Vhd 上右击，在弹出的快捷菜单中选择"保存为"命令，选择合适路径保存该文件，并重新命名为 Bufgs.vhd。在该文件中可以建立、编辑元件 BUFGS 的 VHDL 文件，如图 12-36 所示。

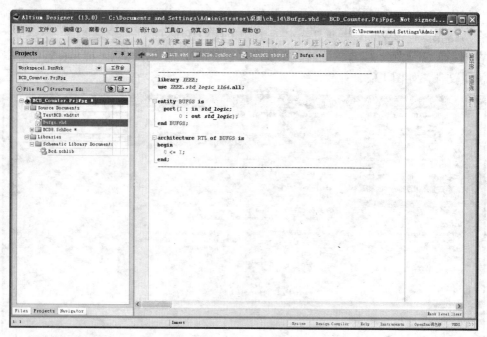

图 12-36　建立元件BUFGS的VHDL文件

2. 建立元件 PARITYC 的 VHDL 文件

（1）选择菜单栏中的"文件"→ New（新建）→"VHDL 文件"命令，则在 Projects（工程）面板中出现了一个 VHDL 设计文件，默认名为 HDL1.Vhd。

（2）在 VHDL1.Vhd 上右击，在弹出的快捷菜单中选择"保存为"命令，选择合适路径保存该文件，并重新命名为 Parity.vhd。在该文件中可以建立、编辑元件 PARITYC 的 VHDL 文件，如图 12-37 所示。

在文件 Parityc.vhd 的建立过程中，用到一个程序包 Utility，该程序包的建立、编辑过程同上面的操作类似，如图 12-38 所示。

3. 建立 VHDL 库文件

（1）在 BCD_Counter.PrjFpg 上右击，在弹出的快捷菜单中选择"给工程添加新的"→VHDL Library（VHDL 库文件）命令，则系统在当前工程下创建了一个 VHDL 库文件，默认名为 VHDLLibrary1. VhdLib，保存在 VHDL Libraries 文件夹下面，如图 12-39 所示。

（2）在 VHDLLibrary1.VhdLib 上右击，在弹出的快捷菜单中选择"保存为"命令，选择合适路径保存该文件，并重新命名为 BCD_LIB.VhdLib。此时，该库文件是一个空白文件。

（3）选择菜单栏中的 VHDL→"添加文件"命令，将上面建立的三个 VHDL 文件添加到该库文件中，如图 12-40 所示。此时如果显示的是文件的绝对路径，选择菜单栏中的 VHDL→"切换路径"命令，可以只显示文件的相对路径。

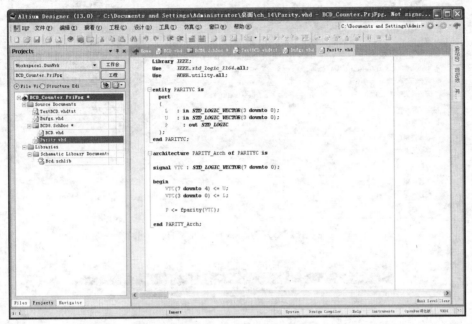

图 12-37　建立元件PARITYC的VHDL文件

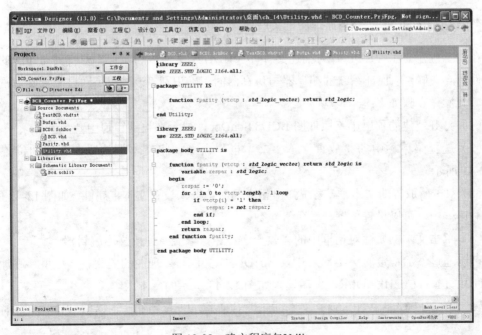

图 12-38　建立程序包Utility

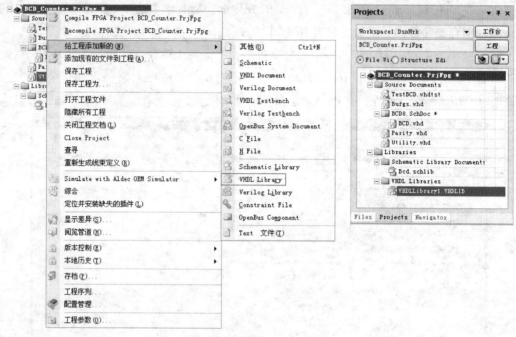

图 12-39 建立VHDL库文件

图 12-40 添加VHDL文件

4. 建立 VHDL 库文件与原理图的关联

在为工程建立了 VHDL 行为描述文件即 VHDL 库文件以后，还需要将其与对应的原理图文件建立关联，以保证系统的编译器与仿真器的正确识别。该过程是通过放置文本框来完成的。其操作步骤如下：

（1）打开创建的顶层电路原理图 BCD8.SchDoc，显示在设计窗口中。

（2）选择菜单栏中的"放置"→"文本框"命令，将文本框放置在合适的位置，如图 12-41 所示。

（3）双击所放置的文本框，系统弹出相应的对话框来设置文本框属性，如图 12-42 所示。在该对话框中，可以设置位置、颜色等参数。

（4）单击文本框属性对话框中的"改变"按钮，系统将弹出文本编辑器。

可以通过添加特定的头文本来建立 VHDL 库文件与原理图的关联。在这里，添加头文本 VHDL_ENTITY_HEADER，之后输入如图 12-43 所示的文本内容。

（5）单击"确定"按钮，返回文本框属性对话框，单击"确定"按钮，返回原理图窗口。

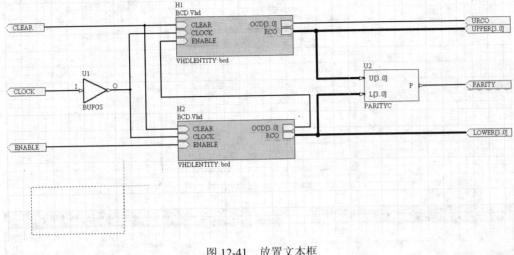

图 12-41　放置文本框

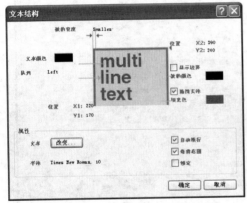

图 12-42　设置文本框属性

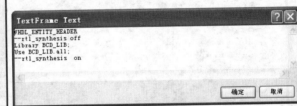

图 12-43　文本编辑器

12.5.7　FPGA 工程的设置

在上面的操作中，完成了顶层电路原理图的绘制和相关 VHDL 文件的编辑，包括 VHDL 测试文件及 VHDL 库文件的建立。在进行下面的编译、仿真之前，还需要对 FPGA 工程的有关属性进行设置。

（1）打开当前工程 BCD_Counter.PrjFpg 中的任一文件，如原理图文件 BCD8.SchDoc。

（2）选择菜单栏中的"工程"→"工程序列"命令，系统将弹出如图 12-44 所示的 Project Order（工程序号）对话框。在该对话框中列出了当前工程中的所有源文件及库文件。由于仿真器在编译时是按照自下而上的顺序进行编译的，因此，通过单击 Move Up（上移）按钮，可将后编译的文件向上移动，单击 Move Down（下移）按钮，可将需要先编译的文件向下移动。设置完毕后，单击 OK（确定）按钮。如果工程中包含了较多的文件，用户也可以不必手动安排编译的顺序，而是由系统在编译过程中自动调整。

（3）选择菜单栏中的"工具"→"FPGA 参数"命令，系统将弹出 FPGA 仿真编译器首选项对话框。只需勾选"智能回归编译"复选框，则系统在编译时会自动调整工程中的文件编译顺序，如图 12-45 所示。

图 12-44　Project Order对话框

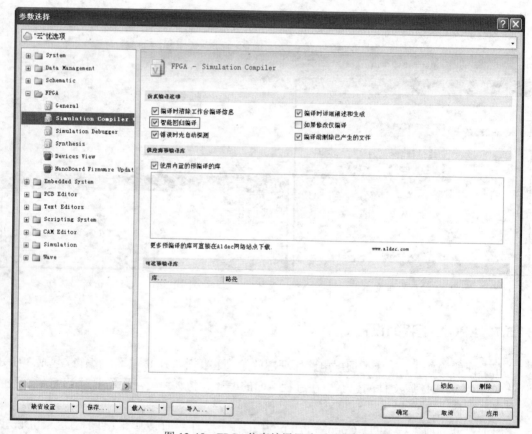

图 12-45　FPGA仿真编译器选项对话框

　　（4）选择菜单栏中的"工程"→"工程参数"命令，系统将弹出工程选项设置对话框。打开"仿真"选项卡，设置电路仿真时的各项属性。如图 12-46 所示，单击"添加"按钮，在弹出的"配置 Testbenches"选项区域中选择"Testbench 文档"为 TestBCD.vhdtst，在"顶层实体"文本框中输入 TESTBCD，在"结构体系"文本框中输入 STIMULUS（激励），单击"确定"按钮，退出对话框。设置"SDF 优化"为 Min，选择"VHDL 标准"为 VHDL93。

　　（5）打开"合成"选项卡，该选项卡中各选项均采用系统默认设置。设置完毕单击"确定"按钮。

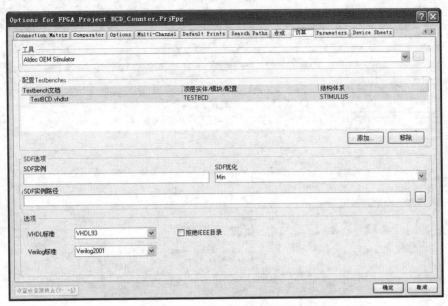

图 12-46　"仿真"选项卡

12.5.8　FPGA 工程的编译

在整个 FPGA 工程的编译过程中，系统是先编译所有的库文件，然后再编译用户所设计的源文件。而对于电路原理图文件，仿真器会先将其转换为相应的 VHDL 文件，然后再编译。具体的操作步骤如下：

（1）打开当前工程 BCD_Counter.PrjFpg 中的 VHDL 文件 Bcd.Vhd，选择菜单栏中的"工程"→ Compile Document Bcd.Vhd（编译文件）命令，系统对该 VHDL 文件进行编译。

（2）编译完成后，在 Messages（信息）面板中列出了编译的详细信息，如图 12-47 所示。

（3）选择菜单栏中的"仿真器"→ Simulate with Aldec OEM Simulator→STIMULUS of TESTBCD in TestBCD.vhdtst 命令，系统开始编译整个工程。编译完成后，系统自动在当前工程下添加了一个 Generated 文件夹，其中放置了编译后的 VHDL 文件 BCD8.VHD，如图 12-48 所示。

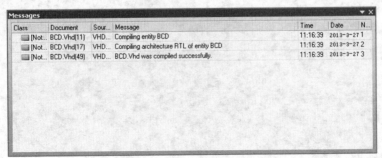

图 12-47　Messages（信息）面板

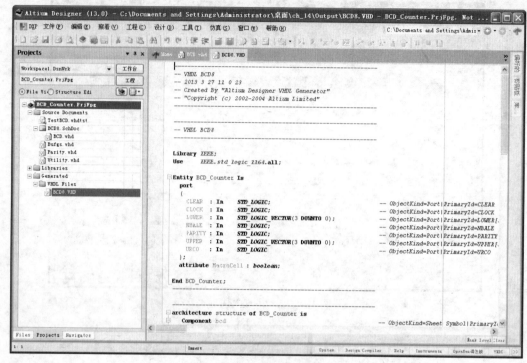

图 12-48　编译后的BCD8.VHD文件